上海高校市级重点课程配套教材

概率论与数理统计

——基于 Python

主　编　许忠好

副主编　李丹萍　王亚平　武　萍

吴述金　吴贤毅

华东师范大学精品教材建设基金资助

科学出版社

北　京

内 容 简 介

本书是上海高校市级重点课程配套教材. 全书共 7 章, 内容包括概率、一维随机变量、多维随机变量、数字特征、数理统计基础、参数估计、假设检验等.

本书注重对基本概念、基本原理和基本方法的讲解与运用, 并配有 Python 代码供学生操作使用, 且以二维码形式链接了代码解析讲解视频和每章测试题; 以大量的例题和注记帮助读者轻松掌握重要知识点, 对一些稍困难的证明或值得读者去了解的知识点单独放置在“补充”中, 供学有余力的读者参考.

本书适合高等院校数学类、物理类、化学类等理工科专业, 以及经管类专业的本科生作为概率论与数理统计课程的教材使用, 同时也适合具有微积分基础的自学者学习.

图书在版编目(CIP)数据

概率论与数理统计 : 基于 Python / 许忠好主编. -- 北京 : 科学出版社, 2024. 11. -- ISBN 978-7-03-079065-1

Ⅰ. O21

中国国家版本馆 CIP 数据核字第 2024ZG0116 号

责任编辑：胡海霞　范培培 / 责任校对：杨聪敏

责任印制：师艳茹 / 封面设计：无极书装

科学出版社 出版

北京东黄城根北街 16 号

邮政编码: 100717

http://www.sciencep.com

三河市骏杰印刷有限公司印刷

科学出版社发行　各地新华书店经销

*

2024 年 11 月第　一　版　开本：720×1000　1/16

2024 年 11 月第二次印刷　印张：19

字数：383 000

定价：69.00 元

(如有印装质量问题, 我社负责调换)

前　言

概率论与数理统计是一门研究和探索客观世界随机现象规律的数学分支，在金融、保险、经济与企业管理、工农业生产、医学、地质学、气象与自然灾害预报等方面都起到非常重要的作用. 随着社会的进步和科学技术的发展，特别是在当前的大数据时代，概率论与数理统计在自然科学和社会科学的各个领域应用越来越广泛. 党的二十大报告指出“必须坚持科技是第一生产力、人才是第一资源、创新是第一动力”，概率论与数理统计作为许多领域的重要工具，其发展和应用对于推动科技创新和人才培养具有重要意义.

本书是对前期教学研究成果的凝练，以基础、应用、实践、创新的教学体系为框架，通过丰富的案例教学、统计软件 (Python) 操作，适当增加一些实践内容，便于学生更加容易理解基本理论，增加直观性、趣味性及应用性，调动学生学习本课程的积极性和主动性，提高学生解决实际问题的能力.

相比于同类教材，本书有如下几个主要特点.

(1) 重整教学内容，注重学生数学基础和专业需求的差异，便于实施分层次教学. 结合编者多年的成功教学经验和我国学生的实际情况，不仅对结构做了不同于国内外许多同类教材的调整，而且设计、搜集和整理了大量的例题、习题和相关资料. 这些内容既有助于学生理解和掌握概率论与数理统计的基本理论及其应用，也有利于教师灵活掌握本书的使用，并有所侧重.

(2) 以应用为导向，注重学生动手能力和实践能力的培养. 针对多数统计实例附有 Python 代码，供学生进行统计方法的实操训练，学以致用，并通过大量习题和实例呈现现实应用场景，涵盖物理、化学、生物、教育等多领域的应用.

(3) 着眼于基本概念、基本理论和基本方法的讲解，淡化复杂数学计算，突出概率思维和统计方法，强调直观性与准确性.

本书引言和第 1 章由吴贤毅编写，第 2 章由许忠好编写，第 3 章由吴述金编写，第 4 章由李丹萍编写，第 5 章由王亚平编写，第 6、7 章由武萍编写，全书由许忠好统稿. 限于编者水平，书中内容安排和叙述方式等方面可能有不妥之处，敬请读者批评指正. 我们欢迎读者任何有关本书的批评或建议 (可发送至电子邮箱 zhxu@sfs.ecnu.edu.cn).

在本书编写过程中, 华东师范大学统计学院的领导和同事们给予了极大的支持和帮助, 编者借此机会对诸位为本书顺利出版所做的工作表示诚挚的谢意.

编 者

2023 年 12 月

部分记号列表

ω	样本点
Ω	样本空间、必然事件
$A, B, C, \cdots$	随机事件或集合
$\varnothing$	不可能事件或空集
$\mathbb{R}$	实数集
$\mathbb{Q}$	有理数集
e	自然常数
$X, Y, Z, T, \cdots$	随机变量
$F(x),\ F(x,y)$	分布函数
$p(x),\ p(x,y)$	概率密度函数
EX	随机变量 X 的数学期望
$\mathrm{Var}X$	随机变量 X 的方差
$\mathrm{Cov}(X,Y)$	随机变量 X 与 Y 的协方差
$\mathrm{Corr}(X,Y),\ \rho_{XY}$	随机变量 X 与 Y 的相关系数

目　录

第 0 章　为什么要学习概率论与数理统计

概率论是研究随机现象的一门数学分支，主要涉及随机事件发生的可能性以及如何用数学模型来刻画这种不确定性. 而统计学则是研究当用概率论表述的数学模型未知或者不完全已知时，如何通过数据或者样本对感兴趣的量进行估计的分支，换句话说，是关于如何通过数据收集、整理以及分析来得到结论的学问. 统计学根据尚未解释的数据来解释差异，根据数据发现知识. 对于随机环境下的现实问题，概率论研究其数学模型，统计学则提供解决方案，两位一体，相辅相成.

每天我们都面临着大量的不确定性, 必须根据不完整的信息做出决策: 我应该跑步去赶公共汽车吗? 我应该买哪只股票? 我该嫁给哪个人? 我应该吃这种药吗? 我应该给我的孩子接种疫苗吗? 虽然有不少问题, 比如 "我应该嫁给哪个人?", 因为它们涉及太多的未知变量与主观感受, 显然超出了统计范围. 但在许多情况下, 统计学可以帮助从给定的信息中提取最大限度的知识, 并清楚地说明我们知道什么和不知道什么. 例如, 它可以把一个模糊的陈述, 如 "这种药物可能导致恶心" 或 "如果不服用这种药物, 可能会死亡" 变成一个具体的陈述, 如 "一千名患者中有三个人在服用这种药物时感到恶心" 或 "如果不服用这种药物, 有 95%的概率会死亡". 如果没有统计学, 对数据的解释很快就会陷入巨大的麻烦.

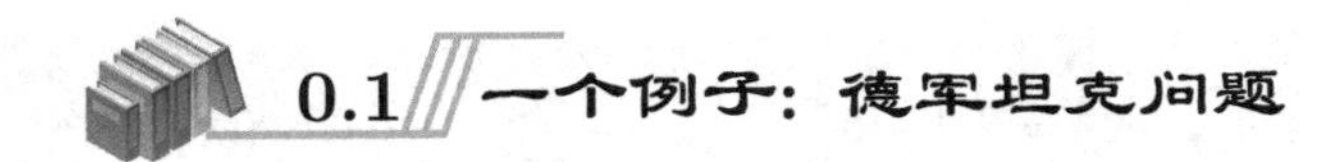

0.1 一个例子: 德军坦克问题

让我们先来看一个著名而有趣的例子: 第二次世界大战期间德军坦克产量估计. 该问题在统计学界称为 "德军坦克问题"(German tank problem). 在战争的过程中, 盟军一直在努力确定德国坦克生产速度, 以便估计德军拥有的坦克数量, 这对战场决策是至关重要的变量. 盟军通过两种方式去获得相关信息: 常规情报收集和统计估计. 情报系统估计德国某月生产的坦克数量为 1550 辆. 另一方面, 因为德国每辆坦克都有一个序号, 盟军根据在战场上缴获的德军坦克的序号数据, 使用统计方法对德军每月生产的坦克数量进行了估计, 结果为 327 辆.

这里通过直观来看统计学怎样估计坦克数量, 学过简单数学就能理解该方法的合理性, 虽然其科学性的论证需要用到更多的数学知识. 其实, 统计学大抵如此:

无需很高深的数学即可理解统计方法的合理性, 但是对其科学性的论证往往需要很高深的数学知识.

设某个时间段德军坦克总量为 N, 并被编号为 $1,2,\cdots,N$. 战场上截获了 m 辆坦克, 记录下编号为 $x_1,x_2,\cdots,x_m$. 将这 m 个编号从小到大排列得到 $x_{(1)}<x_{(2)}<\cdots<x_{(m)}$. 如何通过这 m 个数字来估计未知的坦克总量 N 呢? 首先, 因为没有理由可以假定这 m 个编号会有某种特定的分布方式, 比如偏小号码, 或者偏大号码或者集中在中部, 假设这 m 个编号均匀地来自 $1,2,\cdots,N$ (均匀是统计学意义下的术语, 但是不妨碍我们直观地进行理解), 其在 N 个号码中大致位置如下:

$$1,\quad \underbrace{\cdots,}_{\text{间隔}x_{(1)}-1-1\text{个号码}}\quad x_{(1)},\quad \overbrace{\cdots,}^{\text{间隔}x_{(2)}-x_{(1)}-1\text{个号码}}\quad x_{(2)},\cdots,\quad x_{(m)},\quad \underbrace{\cdots,}_{\text{间隔}N-x_{(m)}-1\text{个号码}}\quad N$$

一个显然关系是

$$N=x_{(m)}+N-x_{(m)}.$$

虽然 $N-x_{(m)}$ 不知道, 但是作为间隔, 根据均匀性假定, $N-x_{(m)}$ 与 $x_{(1)}-1,x_{(2)}-x_{(1)},\cdots,x_{(m)}-x_{(m-1)}$ 这些观察到的量应该大概差不多, 所以用一个平均值 (平均是统计学的核心手段)

$$\frac{1}{m}\left[x_{(1)}-1+\sum_{k=2}^{m}(x_{(k)}-x_{(k-1)})\right]=\frac{1}{m}(x_{(m)}-1)$$

来代替, 得到 N 的估算值 (估计值)

$$\hat{N}=x_{(m)}+\frac{1}{m}(x_{(m)}-1)=\left(1+\frac{1}{m}\right)x_{(m)}-\frac{1}{m}. \tag{0.1.1}$$

这个公式与正确的估计公式基本相当. 表 0.1 是某几个月份的数据.

表 0.1 德军坦克生产数量估计

时间	情报人员估计	统计估计	实际产量
1940 年 6 月	1000	169	122
1941 年 6 月	1550	244	271
1942 年 8 月	1550	327	342

注: 来自 http: //en.wikipedia.org/wiki/German_tank_problem.

在第二次世界大战后, 盟军根据核查德军坦克生产记录, 发现真实数据是 342 辆. 这个例子体现了统计学在基于数据进行推断和决策上的科学性. 统计学除了设计出(0.1.1)这样的公式, 还研究如果使用该公式, 能够保证具有什么样的数学性质.

很显然, 德军坦克问题的统计学方法可以直接应用于商业分析或者商业智能 (business intelligence), 比如汽车、手机等带有序列号的产品的市场供给或者市场销量的分析.

0.2 概率论与数理统计的重要性

今天, 概率论与数理统计在几乎所有的自然科学和社会科学领域甚至日常生活中都有着大量的应用, 比如物理学、化学、地理、生物、医学、经济学、工程、工业生产等, 并且形成了具有各自特色的统计学研究范畴, 如生物统计、计量心理学、计量经济学、量化投资、精算、商业分析、质量控制等. 特别地, 这是一个大数据时代, 有些大众媒体以及出版物宣称 "'大数据' 将推动我们的未来". 从将基因组信息转化为新疗法, 到利用网络解决复杂的社会互动, 再到侦测传染病暴发等各种大数据的应用, AlphaGo 及 AlphaZero 战胜人类围棋的最高水平者, 无不是统计学方法加上强大的算力来达成的. 概率论与数理统计是一门从数据中学习以及测量、控制和传达不确定性的课程, 统计学知识可以帮助我们使用正确的方法收集数据, 采用正确的分析, 并有效地呈现结果. 统计是我们在科学领域中进行发现、基于数据做出决策以及进行预测的关键过程. 统计学可以让人更深入地理解一个主题. 因此, 它为科学和社会进步的进程提供了必要的导航. 随着学术界、企业和政府越来越依赖数据驱动的决策, 这一领域将变得越来越重要, 从而扩大了对统计专业知识的需求.

(1) 科学与统计学的融合常常推动科学研究的重大突破.

真锅淑郎 (Syukuro Manabe)、克劳斯 • 哈塞尔曼 (Klaus Hasselmann) 因建立了地球气候模型, 乔治 • 帕里西 (Giorgio Parisi) 因发现从原子到行星尺度的物理系统中无序和涨落之间的相互影响, 三人共同分享了 2021 年诺贝尔物理学奖. 这些发现得益于复杂的统计方法, 以证明这一发现不是由不精确测量或计算错误导致的. 统计方法还使验证齐多夫定 (zidovudine, 抗病毒药物) 可降低受感染孕妇向婴儿传播艾滋病毒 (HIV) 风险的试验得以及早终止, 使无数儿童受益. 统计原则一直是提高农业质量的实地试验的基石, 也是随机化临床试验的黄金标准, 更是药物监管体系的坚实支柱. 与统计学有关的诺贝尔奖获得者还包括汤姆斯 • 萨金特 (Thomas Sargent) 等.

(2) 概率论与数理统计可以用于政策制定.

例如, 在评估污染物时, 统计模型分离出与疾病和死亡的真实联系. 大数据的回报可能是巨大的, 但也有很多陷阱. 以个性化医疗为例: 实现这一目标需要整合来自大量患者的基因组学数据、临床数据及其他相关数据. 这会导致伪发现 (false discovery) 的可能性很大. 需要新的统计方法来解决其中一些问题. 类似的挑战也出现在社交网络、经济和其他活动的大量信息中, 原本寄望这些信息被挖掘出来以造福科学、商业和社会. 与统计人员密切合作是确保发现关键问题并找到解决方案的最佳方式.

(3) 概率论与数理统计知识可以帮助我们避免常见的陷阱.

利用统计分析得出研究结果是一个漫长过程的结果. 这一过程包括构建研究设计, 选择和测量变量, 设计抽样技术和样本量, 清理数据, 并确定众多其他问题中的分析方法. 结果的整体质量取决于整个事件链. 单个薄弱环节可能会产生不可靠的结果. 下面的列表提供了一些可能影响研究的潜在问题和分析错误.

• 准确性和精确度: 在收集数据之前, 必须确定测量系统的准确性和精确度. 毕竟, 如果我们不能相信自己的数据, 那么也不能相信结果!

• 有偏样本: 一个不正确的样本会从一开始就使结论产生偏差. 例如, 如果一项研究使用人类受试者, 受试者在某个层面不同于非受试者, 而该层面正好会影响结果.

• 过度泛化: 从一个总体得到的研究结果可能不适用于另一个总体. 不幸的是, 人们并不清楚是什么将一个总体与另一个总体分开来. 统计推断总是有局限性的, 我们必须了解这些局限性.

• 因果关系: 如何确定什么时候 X 导致了 Y 的变化? 统计学家需要严格的标准来假设因果关系, 而其他人则更容易接受因果关系. 当 A 在 B 之前, A 和 B 是相关的, 许多人错误地认为这是因果关系! 然而, 我们需要使用包括随机分配在内的实验设计, 以自信地假设结果代表因果关系.

• 错误分析: 在面对一个多变量的研究领域, 我们是否过于简化地只使用单一变量进行分析? 或者, 使用一组不充分的变量? 也许我们评估的是平均值, 而中位数可能更好? 或者, 我们是否对非线性数据进行线性拟合? 虽然我们可以使用各种各样的分析工具, 但并不是所有的工具都适用于特定的情况.

• 违反分析的假设: 大多数统计分析都有假设. 这些假设通常涉及样本、变量、数据和模型的属性. 更复杂的是, 我们可以在特定条件下放弃一些假设——有时要感谢中心极限定理. 当我们违背了一个重要的假设, 我们就冒着产生误导结果的风险.

• 数据挖掘: 即使分析师在其他方面都做得很好, 但他们也会因为长期研究某个数据集而产生错误的显著结果. 当分析师进行许多检验时, 由于数据中的随机性, 有些检验会在统计上显著. 严谨的统计学家会跟踪研究过程中所进行的检验数量, 并用适当的上下文环境解释结果.

需要大量正确的因素才能得出值得信赖的结论. 不幸的是, 有很多方法会打乱分析并产生误导的结果. 概率论与数理统计知识可以引导人们穿过这片沼泽!

(4) 利用统计数据在自己的领域产生影响.

如前所述, 统计分析几乎应用于所有领域, 以理解大量可用的数据. 即使统计领域不是我们的主要研究领域, 它也可以帮助我们在选择的领域产生影响. 我们很有可能需要统计学方法论的实用知识, 以便在我们的领域产生新的发现, 并理解其他人的工作.

统计知识提供了理解所有这些问题的工具. 关于统计, 最有代表性的一句话来自约翰·图基 (John Tukey): “作为一名统计学家, 最大的好处就是你可以在其他人的后院玩耍. ” 历史上, 比如涉猎优生学、遗传学等诸多领域的弗朗西斯·高尔顿 (Francis Galton), 在其一生所涉及各个领域开展的研究工作中, 有一个共同的词汇——统计学.

(5) 使用统计知识来保护自己.

“谎言, 该死的谎言和统计.” 我相信人们很熟悉关于 “该死的谎言和统计” 的说法, 这是马克·吐温 (Mark Twain) 和其他人传播的. 然而, 真是这样吗?

不择手段的分析人员可以使用错误的方法得出毫无根据的结论. 这些大量的意外陷阱可能很快成为某种技术的来源, 从而有意地产生误导性的分析. 但是, 人们怎么知道呢? 如果不熟悉统计数据, 则很难发现这些操作. 概率论与数理统计知识可以解决这个问题. 用它来保护自己不受操纵, 并对信息做出明智的反应.

弄明白道听途说的证据是如何与统计方法相反, 以及它如何将人们引入歧途!

当今世界产生的数据和分析比以往任何时候都多, 旨在影响我们. 我们准备好了吗?

0.3 如何学好概率论与数理统计

一般来说, 统计解决实际问题的步骤大概是:

(1) 明确问题;

(2) 确定可用来回答该问题变量和变量的测量值;

(3) 确定所需样本量;

(4) 描述分布;

(5) 对被估计的量进行定量的陈述;

(6) 基于数据进行预测.

统计学的基础是概率论, 人们通过概率论, 用数学语言描述具有不确定性/随机性的关于科学的、社会的、经济的等领域的各种问题 (上述步骤 (1), (2)), 然后依然使用数学的语言, 通过对数据的收集、处理、分析的过程来解决这些不确定性的刻画、评估, 在不确定性之下的决策、预测等问题 (上述步骤 (3)—(6)), 相关的方法、算法及其理论上的优良性讨论 (统计学理论部分), 等等.

学习概率论与数理统计就像其他许多事情一样, 需要付出努力, 这点自然不必多说, 正如统计学奠基者之一的高斯 (Gauss) 所言: "我必须努力工作; 如果你也努力工作, 你也会成功的." 统计学终究是一门关于数据分析的学科, 正如阅读关于弹钢琴的书籍无法令人成为伟大的钢琴家一样, 简单地阅读统计学书本同样不会令人成为数据分析专家, 即使在课程结束时得到了很高的分数, 但要成为数据分析高手，必须进行大量的实际数据分析工作. 其次, 对随机性的认识也是学习统计的重要一环, 所以, 对相关理论的计算机实验也构成概率论与数理统计学习的重要部分.

统计学重新繁荣的契机来自计算机科学和统计学的幸福结合. 统计学和计算机科学的世界已经碰撞并融合在一起, 因为统计实践过程已经通过编程形式转移到我们的电子设备上. R 和 Python 是统计实践使用较多的两种编程语言, 其中在学术界主要使用 R, Python 是一种具有开发功能的程序设计语言, 同时具备了强大的数据分析处理能力, 这两者都是备受欢迎的编程语言. 统计学自诞生以来已经取得了长足的进步, 对计算机的利用只会让它更快、更有效地发展并影响该领域.

第 1 章 概　　率

本章简要地介绍概率论中描述不确定世界的一些基本概念.

1.1 随机事件

统计学解决带有随机性的实际问题的前提, 是用概率论建立关于现实的带有随机性的世界的数学模型. 统计学研究对象的根本特点是“随机性”, 随机性是一个带有哲学意义的概念, 是一个无法定义却易于理解的概念, 概率论将我们拟研究的问题的随机性用概率空间这个概念来建模. 描述随机性最简单的方式就是讨论事件的随机性, 概率论借用集合这一工具来表示随机事件, 并将概率用从事件到 [0, 1] 上的映射或者函数来表示, 而为了能够从数学的角度对相关的量进行研究, 引入了事件域这一数学工具, 形成了一套公理化的定义. 通过这一方法, 将随机现象用数学模型来表示, 所有关于随机事件的表述及运算基本等价于将文字表述的含义翻译成集合的语言并进行相关运算. 这为进一步的量化研究奠定了数学基础.

本节的任务就是将有关的概念进行介绍. 这里需要说明的是, 本书所介绍的知识并不需要直接涉及“事件域”这一概念.

1.1.1 样本空间

在人类的社会活动及自然界中, 存在着两类现象, 一类是确定性现象, 即在一定条件下必然发生某一结果的现象. 例如, 水在 1 个标准大气压下加热到 100℃ 就会沸腾、太阳从东方升起等, 都是确定性现象. 另一类是

定义 1.1.1 在一定条件下并不是总出现相同结果的现象, 称为随机现象.

例 1.1.1 下列现象都是随机现象:

(1) 抛一枚均匀的硬币, 正面向上还是反面向上;

(2) 掷一枚骰子出现的点数;

(3) 一天内进入某购物广场的顾客数;

(4) 某种品牌型号手机的寿命.

利用概率论对现实不确定性进行建模, 需要如下的假定, 这些假定是人们长期实践的产物, 看起来是合理的, 但是无法进行理论证明.

假设 1.1.1 (统计规律性假定)

(1) 随机现象具有两个特点: 出现的结果不止一个; 事先我们并不知道哪个结果会出现.

(2) 尽管随机现象的结果事先不可预知, 但是很多随机现象的发生会表现出一定的规律性, 例如, 重复抛一枚均匀的硬币足够多的次数, 我们会发现, 出现正面向上的次数和反面向上的次数大致相当. 随机现象的这种规律性称为**统计规律性**, 其正是概率统计的研究对象.

为研究随机现象的统计规律性, 我们需要进行随机试验.

定义 1.1.2 对随机现象进行的实验和观察, 都称为随机试验. 随机试验需要具有两个特征: (1) 每次观察或者试验的结果具有随机性; (2) 观察或者试验可以重复进行. 随机试验的每一个可能结果, 称为样本点, 通常记为 ω.

随机试验常用大写字母 E 来表示, 来自英文单词 Experiment.

例 1.1.2 做下列随机试验:

(1) 抛一枚均匀的硬币, 观察其是正面向上还是反面向上. 用 H 表示正面向上, T 表示反面向上, 则 H 和 T 都是样本点.

(2) 投掷一枚骰子, 观察其出现的点数, 则 $1,2,3,4,5,6$ 都是样本点.

(3) 观察一天内进入某购物广场的顾客数, 则 $0,1,2,\cdots$ 都是样本点.

(4) 记录某个品牌型号的手机寿命, 则任意非负实数都是样本点.

为了刻画随机试验的试验结果, 我们定义

定义 1.1.3 随机试验的所有样本点组成的集合, 称为样本空间, 通常记为 Ω.

注记 1.1.1 样本空间来自随机试验.

例 1.1.3 写出下列随机试验的样本空间:

(1) 抛一枚均匀的硬币, 观察其是正面向上还是反面向上;

(2) 投掷一枚骰子, 观察其出现的点数;

(3) 观察一天内进入某购物广场的顾客数;

(4) 记录某个品牌型号的手机寿命;

(5) 研究某个地区的经济增长率.

解 由上例, 不难得到样本空间分别为

(1) $\Omega_1 = \{H,T\}$.

(2) $\Omega_2 = \{1, 2, 3, 4, 5, 6\}$.

(3) $\Omega_3 = \{0, 1, 2, \cdots\}$.

(4) $\Omega_4 = [0, +\infty)$.

(5) $\Omega_5 = (-\infty, +\infty)$. □

需要说明, 首先, 样本点或者是样本空间的确定并不是唯一的, 比如上例中手机寿命, 虽然手机寿命不会是负值, 但是以后会知道, 完全可以取样本空间为 $(-\infty, +\infty)$, 这对相关的数据分析不会产生什么影响. 其次, 根据样本空间所含样本点的个数, 将样本空间分为两类, 一类是离散样本空间, 如果其含有有限个 (此时亦称为有限样本空间) 或可列个样本点; 另一类是连续样本空间, 如果其含有无穷不可列个样本点. 例如, 上例中 $\Omega_1, \Omega_2, \Omega_3$ 都是离散样本空间, 其中 Ω_1 和 Ω_2 是有限样本空间, 但 Ω_4 和 Ω_5 是连续样本空间.

1.1.2 随机事件

样本空间刻画了随机试验的所有可能的结果, 其子集代表了其中的部分试验结果, 尤其是那些具备某些相同的自然特性的试验结果所构成的子集, 在实际中具备特有的意义, 可以用来表达日常所说的 "事件" 这一概念. 为此, 我们引入随机事件的概念.

定义 1.1.4 随机试验的某些可能的结果组成的集合, 即样本空间 Ω 中的部分元素所组成的集合, 称为随机事件, 简称为事件, 通常用大写英文字母 A, B, C 等来表示.

例 1.1.4 投掷一枚骰子, 观察其出现的点数, 其样本空间为 $\Omega = \{1, 2, 3, 4, 5, 6\}$. 于是, 其子集及其用自然语言表达的含义可以由表 1.1 所示.

表 1.1 随机事件的表达和含义

事件的集合表达	事件的自然含义
$A = \{2\}$	骰子出现 2 点
$B = \{2, 4, 6\}$	骰子出现偶数点
$C = \{1, 3, 5\}$	骰子出现奇数点
$D = \{4, 5, 6\}$	骰子出现 4 以上的点

概率论建模的任务之一就是把自然含义的事件用恰当的集合来表示.

注记 1.1.2 几类特殊事件.

(1) 基本事件: 只含有一个样本点的事件.

(2) 必然事件: 包含全部样本点的事件, 即 Ω.

(3) 不可能事件: 不含有任何样本点的事件, 用 $\varnothing$ 来表示.

例 1.1.5 在例 1.1.4 中, A 是基本事件, Ω 是必然事件.

定义 1.1.5 如果某次随机试验出现的结果 ω 包含在随机事件 A 中, 我们就称事件 A 发生了. 以集合论的语言来说, 即 $\omega \in A$.

例 1.1.6 在例 1.1.4 中, 如果某次掷得的点数是 2, 我们就说事件 A 发生了, B 也发生了, 但是 C 和 D 都没有发生; 若掷得的点数是 4, 我们就说事件 B 和 D 发生了, A 和 C 皆未发生.

既然随机事件就是集合, 因而可以依照集合的关系和运算来定义事件间的关系和运算, 只不过, 这里赋予了事件的自然含义.

定义 1.1.6 事件间的关系

(1) 包含: 若事件 A 发生必然导致事件 B 也发生, 则称事件 A 包含于事件 B, 事件 B 包含事件 A 或者事件 A 是事件 B 的子事件. 记为 $A \subset B$ 或者 $B \supset A$.

(2) 相等: 若事件 A 与 B 使得 $A \subset B$ 和 $B \subset A$ 同时满足, 则称事件 A 与 B 相等或等价, 即是同一事件, 记为 $A = B$.

(3) 互不相容: 若事件 A 与 B 不能同时发生, 则称事件 A 与 B 互不相容.

例 1.1.7 在例 1.1.4 中, $A \subset B$, A 与 C 互不相容, B 与 C 互不相容.

定义 1.1.7 事件间的运算

(1) 并: 由事件 A 与 B 至少有一个发生构成的事件, 称为事件 A 与 B 的并, 记为 $A \cup B$.

(2) 交: 由事件 A 与 B 同时发生构成的事件, 称为事件 A 与 B 的交, 记为 $A \cap B$ 或 AB.

(3) 差: 由事件 A 发生而 B 不发生构成的事件, 称为事件 A 与事件 B 的差, 记为 $A \backslash B$.

(4) 对立: 事件 $\Omega \backslash A$ 称为事件 A 的对立事件, 记为 $\overline{A}$.

(5) 对称差: 事件 $A \backslash B$ 和 $B \backslash A$ 的并称为事件 A 与 B 的对称差, 记为 $A \triangle B$.

由定义, 我们有

注记 1.1.3 (1) $A\cup B=B\cup A$, $AB=BA$.

(2) 一般地, $A\backslash B\neq B\backslash A$, 但 $A\triangle B=B\triangle A$.

(3) 事件 A 与 B 互不相容当且仅当 $AB=\varnothing$.

(4) 事件 A 与 B 对立, 则一定互不相容; 反之不真.

(5) $\overline{\overline{A}}=A$; $\overline{A}=B$ 当且仅当 $AB=\varnothing$ 且 $A\cup B=\Omega$ 成立.

今后为方便起见, 本书中我们约定:

(1) 当 $AB=\varnothing$ 时, 将 $A\cup B$ 写为 $A+B$.

(2) 当 $A\supset B$ 时, 将 $A\backslash B$ 写为 $A-B$.

此约定也适用于多个事件的情形, 譬如用 $\sum$ 表示不相容的事件的并运算.

有了上述约定后, 我们有

(1) $\overline{A}=\Omega-A$.

(2) $\overline{A}=B$ 当且仅当 $A+B=\Omega$.

(3) $A\triangle B=(A\backslash B)+(B\backslash A)$, $A\cup B=(A\triangle B)+AB$.

例 1.1.8 接例 1.1.4, $A\cup B=B$, $AB=A$, $\overline{B}=C$, $A\backslash B=\varnothing$, $B\backslash A=\{4,6\}$.

事件间的运算实质上是集合间的运算, 因此满足交换律、结合律和分配律等运算性质, 限于篇幅, 这里我们不再详述, 只列出今后经常用到的对偶公式; 事件间的关系和运算以及它们的性质自然地可以推广到任意有限个或可列个的情形, 这里也不再一一叙述.

定理 1.1.1 对偶公式:

$$(1)\ \overline{A\cup B}=\overline{A}\cap\overline{B},\qquad (2)\ \overline{A\cap B}=\overline{A}\cup\overline{B}.$$

证明 * (1) 先证 $\overline{A\cup B}\subset\overline{A}\cap\overline{B}$. 事实上, 若 $\omega\in\overline{A\cup B}$, 则 $\omega\notin A\cup B$. 于是, $\omega\notin A$ 且 $\omega\notin B$, 即 $\omega\in\overline{A}$ 且 $\omega\in\overline{B}$, 从而 $\omega\in\overline{A}\cap\overline{B}$. 故 $\overline{A\cup B}\subset\overline{A}\cap\overline{B}$.

再证, $\overline{A}\cap\overline{B}\subset\overline{A\cup B}$. 只需将上述证明过程逆叙即可.

(2) 的证明有两种方法. 方法一: 可仿照 (1) 的证明过程, 这里略去; 方法二: 对事件 $\overline{A}$ 和 $\overline{B}$ 直接利用 (1) 的结论, 并注意到对立事件的对立事件是其自身这个事实, 我们有

$$\overline{A}\cup\overline{B}=\overline{\overline{\overline{A}\cup\overline{B}}}=\overline{\overline{\overline{A}}\cap\overline{\overline{B}}}=\overline{A\cap B}.$$

□

例 1.1.9 设 A,B,C 为三个事件, 试用 A,B,C 表示下列事件:

(1) A 发生.

(2) 仅 A 发生.

(3) 恰有一个发生.

(4) 至少有一个发生.

(5) 至多有一个发生.
(6) 都不发生.
(7) 不都发生.
(8) 至少有两个发生.

解 不难写出

(1) A.
(2) $A\overline{B}\,\overline{C}$.
(3) $A\overline{B}\,\overline{C}\cup\overline{A}B\overline{C}\cup\overline{A}\,\overline{B}C$.
(4) $A\cup B\cup C$.
(5) $\overline{A}\,\overline{B}\,\overline{C}\cup A\overline{B}\,\overline{C}\cup\overline{A}B\overline{C}\cup\overline{A}\,\overline{B}C$.
(6) $\overline{A}\,\overline{B}\,\overline{C}$.
(7) $\overline{ABC}$.
(8) $AB\cup AC\cup BC$. □

随机事件是样本空间 Ω 的子集, 但是很多场合下并不能把样本空间 Ω 所有的子集都作为随机事件, 否则会在数学上给事件概率带来不可克服的困难 (其详细解释超出本书范围). 另外, 也不见得需要去研究 Ω 的每一个子集. 数学上通用的做法是, 考虑样本空间 Ω 的部分子集所组成的事件类, 它需要满足一定的条件, 定义如下.

定义 1.1.8 设 Ω 表示样本空间, $\mathcal{F}$ 是由 Ω 的部分子集组成的集合类, 若 $\mathcal{F}$ 满足

(1) $\Omega\in\mathcal{F}$;

(2) $A\in\mathcal{F}$ 蕴含 $\overline{A}\in\mathcal{F}$;

(3) 对任意的 $n\geqslant 1$, $A_n\in\mathcal{F}$ 蕴含 $\bigcup\limits_{n=1}^{+\infty}A_n\in\mathcal{F}$,

则称 $\mathcal{F}$ 为样本空间 Ω 上的一个事件域, 简称为事件域, 亦有称为 σ-代数或者 σ-域的.

例 1.1.10 (1) $\mathcal{F}_0=\{\Omega,\varnothing\}$ 和 $\mathcal{F}_1=\{A:A\subset\Omega\}$ 都是事件域.

(2) 设 $\mathcal{F}$ 为样本空间 Ω 上的任意事件域, 则必有 $\mathcal{F}_0\subset\mathcal{F}\subset\mathcal{F}_1$.

(3) 设 $\mathcal{F}$ 为样本空间 Ω 上的事件域, 则 $\mathcal{F}$ 对事件的有限并、有限交、可列交等运算都封闭.

(4) 设 $A\subset\Omega$, 且 $A\neq\varnothing$, $A\neq\Omega$, 则 $\{\Omega,\varnothing,A,\overline{A}\}$ 构成一个事件域.

注记 1.1.4 今后, 我们总是假定, 样本空间 Ω 和事件域 $\mathcal{F}$ 都已给定, 除非特别说明.

为研究问题的方便, 我们有时需要对样本空间进行适当的分割.

定义 1.1.9 设事件 $A_1,A_2,\cdots,A_n\in\mathcal{F}$ 满足

(1) 若 $i\neq j$, 则 $A_iA_j=\varnothing$;

(2) $A_1 \cup A_2 \cup \cdots \cup A_n = \Omega$,
则称事件 $A_1, A_2, \cdots, A_n$ 是样本空间 Ω 的一组分割.

注记 1.1.5 显然, 给定样本空间 Ω 和事件域 $\mathcal{F}$, 样本空间 Ω 的分割可能不是唯一的.

在结束本节之前, 我们给出概率论中事件的关系和运算与集合论中的集合的关系和运算的对照表, 见表 1.2.

表 1.2 概率论与集合论相关概念对照表

记号	概率论	集合论
Ω	样本空间, 必然事件	全集
$\varnothing$	不可能事件	空集
$A \subset B$	A 发生必然导致 B 发生	A 是 B 的子集
$A \cup B$	A 与 B 至少有一个发生	A 和 B 的并集
AB	A 与 B 同时发生	A 和 B 的交集
$AB = \varnothing$	A 与 B 互不相容	A 与 B 无共同元素
$A \backslash B$	A 发生且 B 不发生	A 与 B 的差集
$\overline{A}$	A 不发生	A 的余集

✍习题 1.1

1. 在 $0, 1, \cdots, 9$ 中任取一个数, A 表示事件 “取到的数不超过 3”, B 表示事件 “取到的数不小于 5”, 求下列事件:

$$A \cup B, \quad AB, \quad \overline{A}, \quad \overline{B}.$$

2. 设 $\Omega = (-\infty, +\infty)$, $A = \{x \in \Omega : 1 \leqslant x \leqslant 5\}$, $B = \{x \in \Omega : 3 < x < 7\}$, $C = \{x \in \Omega : x < 0\}$, 求下列事件:

$$\overline{A}, \quad A \cup B, \quad B\overline{C}, \quad \overline{A} \cap \overline{B} \cap \overline{C}, \quad (A \cup B)C.$$

3. 写出下列事件的对立事件:

(1) $A =$ “掷三枚硬币, 全为正面”;

(2) $B =$ “抽检一批产品, 至少有三个次品”;

(3) $C =$ “射击三次, 至多命中一次”.

4. 设 I 是任意指标集, $\{A_i, i\in I\}$ 是一事件类, 证明

$$\overline{\bigcup_{i\in I} A_i}=\bigcap_{i\in I}\overline{A}_i,\quad \overline{\bigcap_{i\in I} A_i}=\bigcup_{i\in I}\overline{A}_i.$$

5. 设 $\mathcal{F}$ 是 Ω 上的事件域, $A,B\in\mathcal{F}$. 证明: $A\cup B$, AB, $A\backslash B$, $A\triangle B\in\mathcal{F}$.

6. 设 $\mathcal{F}$ 是 Ω 上的事件域, $A,B,C\in\mathcal{F}$. 证明事件运算的分配律:

$$A(B\cup C)=(AB)\cup(AC),\quad A\cup(BC)=(A\cup B)(A\cup C).$$

7. 设 $\mathcal{F}$ 是 Ω 上的事件域, $B\in\mathcal{F}$. 证明: 集类 $\mathcal{F}_B=\{AB: A\in\mathcal{F}\}$ 是 $\Omega_B=\Omega\cap B=B$ 上的事件域.

1.2 概率及其性质

虽然不能确定某次随机试验中某个试验结果是否会发生, 但是我们可以确定该结果发生的可能性有多大. 可能性的大小通常用 $[0,1]$ 中的数来度量, 这个数就称为概率, 同样从直观的角度来看, 概率这个概念在数学上需要满足如下三个条件.

定义 1.2.1 (概率的公理化定义) 设 $P(\cdot)$ 是定义在 $\mathcal{F}$ 上的实值函数, 如果其满足下面三条公理,

(1) 非负性公理 : $P(A)\geqslant 0$.

(2) 正则性公理 : $P(\Omega)=1$.

(3) 可列可加性公理 : 若 $A_1,\cdots,A_n,\cdots$ 互不相容, 则

$$P\left(\sum_{n=1}^{+\infty} A_n\right)=\sum_{n=1}^{+\infty} P(A_n).$$

则称 $P(\cdot)$ 为概率测度或概率.

数学上, 把对满足上述三个条件的集函数的任何理论都称为概率论, 这是“公理化定义”这一说法的由来, 但现实中的概率 P 必须有其特定的、用来表示可能性的意义.

例 1.2.1 设 $\Omega=\{H,T\}$, $\mathcal{F}=2^{\Omega}=\{\Omega,\varnothing,\{H\},\{T\}\}$, $\mathcal{F}$ 上的概率 P 满足

$$P(\Omega)=1,\quad P(\varnothing)=0,\quad P(\{H\})=p,\quad P(\{T\})=1-p,$$

对某个 $p: 0<p<1$ 成立.

本质上, 概率可以理解为 $\mathcal{F}$ 上的一个集函数, 即自变量是集合 (事件), 取值为 $[0,1]$ 区间的函数. 数学上将三元体 $(\Omega, \mathcal{F}, P)$ 称为**概率空间**. 从上面的三条公理出发, 可以证明 P 具有以下性质, 对概率要求这些性质是合理的, 这可以从一个侧面说明概率公理化定义的合理性.

定理 1.2.1 (概率的性质) 设 $(\Omega, \mathcal{F}, P)$ 是给定的概率空间, $A, B, C \in \mathcal{F}$, 我们有

(1) $P(\varnothing)=0$.

(2) 对立事件公式: $P(\overline{A})=1-P(A)$.

(3) 有限可加性: 若 $n \geqslant 1$, $A_1, \cdots, A_n \in \mathcal{F}$ 且互不相容, 则

$$P\left(\sum_{k=1}^{n} A_k\right)=\sum_{k=1}^{n} P(A_k).$$

特别, 若 $AB=\varnothing$, 则 $P(A+B)=P(A)+P(B)$.

(4) 可减性: 若 $A \supset B$, 则 $P(A \backslash B)=P(A)-P(B)$.

一般地, $P(A \backslash B)=P(A)-P(AB)$.

(5) 单调性: 若 $A \supset B$, 则 $P(A) \geqslant P(B)$.

(6) 有界性: $0 \leqslant P(A) \leqslant 1$.

(7) 加法公式: $P(A \cup B)=P(A)+P(B)-P(AB)$.

(8) 次可加性: $P(A \cup B) \leqslant P(A)+P(B)$.

(9) $P(A \cup B \cup C)=P(A)+P(B)+P(C)-P(AB)-P(AC)-P(BC)+P(ABC)$.

证明 我们逐条来证明.

(1) 首先由 $\mathcal{F}$ 的定义知, $\varnothing \in \mathcal{F}$.

令 $A_1=\Omega$, $A_k=\varnothing$, $k \geqslant 2$, 则 $\{A_k, k \geqslant 1\}$ 是 $\mathcal{F}$ 中互不相容的事件列, 且 $\Omega=\sum\limits_{k=1}^{+\infty} A_k$. 由概率的正则性和可列可加性公理,

$$1=P(\Omega)=P\left(\sum_{k=1}^{+\infty} A_k\right)=\sum_{k=1}^{+\infty} P(A_k)=P(\Omega)+\sum_{k=2}^{+\infty} P(\varnothing)=1+P(\varnothing) \sum_{k=2}^{+\infty} 1.$$

故 $P(\varnothing)=0$.

(2) 令 $A_1=A$, $A_2=\overline{A}$, $A_k=\varnothing$, $k \geqslant 3$, 则 $\{A_k, k \geqslant 1\}$ 是 $\mathcal{F}$ 中互不相容的

事件列, 且 $\Omega=\sum\limits_{k=1}^{+\infty}A_k$. 由概率的正则性和可列可加性公理, 并应用 (1), 有

$$1=P(\Omega)=P\left(\sum_{k=1}^{+\infty}A_k\right)=\sum_{k=1}^{+\infty}P(A_k)=P(A)+P(\overline{A}),$$

移项即得.

(3) 令 $A_k=\varnothing,\ k\geqslant n$, 则 $\{A_k,k\geqslant 1\}$ 是 $\mathcal{F}$ 中互不相容的事件列. 由概率的可列可加性公理, 并应用 (1), 有

$$P\left(\sum_{k=1}^{n}A_k\right)=P\left(\sum_{k=1}^{+\infty}A_k\right)=\sum_{k=1}^{+\infty}P(A_k)=\sum_{k=1}^{n}P(A_k).$$

(4) 因为 $A\supset B$, 故 $A=A\backslash B+B$. 由 (3) 知, $P(A)=P(A\backslash B)+P(B)$, 移项即得 $P(A\backslash B)=P(A)-P(B)$. 一般地, 因为 $AB\subset A$, $A\backslash B=A\backslash AB$, 故

$$P(A\backslash B)=P(A\backslash AB)=P(A)-P(AB).$$

(5) 由 (4), $P(A)-P(B)=P(A\backslash B)$, 由概率的非负性公理, $P(A\backslash B)\geqslant 0$. 故 $P(A)-P(B)\geqslant 0$, 即 $P(A)\geqslant P(B)$.

(6) 只需证明 $P(A)\leqslant 1$. 由单调性和 $A\subset\Omega$ 得 $P(A)\leqslant P(\Omega)=1$.

(7) 注意到 $A\cup B=A\backslash B+B$, 由 (3) 和 (4) 即得.

(8) 由 (7), 并注意到 $P(AB)\geqslant 0$ 即可.

(9) 由 (7), 并注意到 $A\cup B\cup C=(A\cup B)\cup C$, $(A\cup B)C=(AC)\cup(BC)$ 和 $(AC)\cap(BC)=ABC$,

$$\begin{aligned}&P(A\cup B\cup C)\\=&P((A\cup B)\cup C)=P(A\cup B)+P(C)-P((A\cup B)C)\\=&P(A)+P(B)-P(AB)+P(C)-[P(AC)+P(BC)-P(ABC)]\\=&P(A)+P(B)+P(C)-P(AB)-P(AC)-P(BC)+P(ABC).\end{aligned}$$

□

注记 1.2.1 若 $P(\cdot)$ 是定义在 $\mathcal{F}$ 上的实值函数, 且满足非负性、正则性公理, 则由可列可加性可以推出有限可加性, 但反之不真 (反例见例 1.6.2).

下面给出几个利用概率的性质计算随机事件发生的概率的例子.

例 1.2.2 $AB=\varnothing$, $P(A)=0.6$, $P(A\cup B)=0.8$, 求 $P(\overline{B})$.

解 因为 $AB=\varnothing$, 所以

$$P(B)=P(A\cup B)-P(A)=0.8-0.6=0.2,$$

于是, $P(\overline{B})=1-P(B)=1-0.2=0.8$. □

例 1.2.3 $P(A)=0.4$, $P(B)=0.3$, $P(A\cup B)=0.6$, 求 $P(A\setminus B)$.

解 由已知及概率的性质,

$$P(A\setminus B)=P(A)-P(AB)=P(A\cup B)-P(B)=0.6-0.3=0.3. \qquad \square$$

例 1.2.4 $P(A)=P(B)=P(C)=\dfrac{1}{4}$, $P(AB)=0$, $P(AC)=P(BC)=\dfrac{1}{12}$, 求 A,B,C 都不发生的概率.

解 由概率的单调性和 $ABC\subset AB$ 知, $P(ABC)\leqslant P(AB)=0$, 于是由概率的非负性知, $P(ABC)=0$.

由对立事件公式和加法公式, 所求概率为

$$\begin{aligned}P\left(\overline{A}\cap\overline{B}\cap\overline{C}\right)&=P\left(\overline{A\cup B\cup C}\right)=1-P(A\cup B\cup C)\\&=1-[P(A)+P(B)+P(C)-P(AB)\\&\quad -P(AC)-P(BC)+P(ABC)]\\&=1-\left[\frac{1}{4}+\frac{1}{4}+\frac{1}{4}-0-\frac{1}{12}-\frac{1}{12}+0\right]=\frac{5}{12}.\end{aligned} \qquad \square$$

定理 1.2.2 (多个事件的加法公式) 一般地, 若 $n\geqslant 1$, $A_1,A_2,\cdots,A_n\in\mathcal{F}$, 则

$$\begin{aligned}P\left(\bigcup_{k=1}^{n}A_k\right)=&\sum_{k=1}^{n}P(A_k)-\sum_{i<j}P(A_iA_j)+\sum_{i<j<k}P(A_iA_jA_k)\\&+\cdots+(-1)^{n-1}P(A_1A_2\cdots A_n).\end{aligned}$$

可以通过数学归纳法证明, 这里略去.

注记 1.2.2 多个事件的加法公式又称为庞加莱 (Poincaré) 公式 (施利亚耶夫, 2008). 若记

$$S_m=\sum_{1\leqslant i_1<\cdots<i_m\leqslant n}P(A_{i_1}\cap\cdots\cap A_{i_m}),$$

则庞加莱公式可写为

$$P\left(\bigcup_{k=1}^{n}A_k\right)=\sum_{m=1}^{n}(-1)^{m-1}S_m.$$

✍习题 1.2

1. 设 $P(A)=a, P(B)=b, P(A\cup B)=c$, 求概率 $P(\overline{\bar{A}\cup\bar{B}})$.

2. 设 $P(A)=0.7$, $P(A\setminus B)=0.3$, 求概率 $P(\overline{AB})$.

3. 设 $A,B\in\mathcal{F}$, 证明

$$P(A)=P(AB)+P(A\overline{B}),\quad P(A\triangle B)=P(A)+P(B)-2P(AB).$$

4. 设随机事件 A 和 B 发生的概率 $P(A)$ 和 $P(B)$ 已知, 请分别在下列两个条件下:

(1) $P(A)+P(B)>1$;

(2) $P(A)+P(B)<1$,

求 $P(AB)$ 的最大值和最小值.

5. 设 $A_1,A_2,\cdots,A_n$ 是 $\mathcal{F}$ 中互不相容的事件, 证明 $P\left(\sum\limits_{k=1}^{n}A_k\right)=\sum\limits_{k=1}^{n}P(A_k)$.

6. 设 $\{A_n,n\geqslant 1\}$ 是 $\mathcal{F}$ 中的事件列, 定义 $B_1=A_1$,

$$B_n=\bigcap_{k=1}^{n-1}\overline{A}_k\cap A_n,\quad n=2,3,\cdots.$$

证明事件列 $\{B_n,n\geqslant 1\}$ 两两互不相容, 且

$$P\left(\bigcup_{k=1}^{n}A_k\right)=\sum_{k=1}^{n}P(B_k),\quad n=1,2,\cdots$$

和

$$P\left(\bigcup_{n=1}^{+\infty}A_n\right)=\sum_{n=1}^{+\infty}P(B_n).$$

7. 设 $A_1,A_2,\cdots,A_n$ 是 $\mathcal{F}$ 中的事件, 证明邦费罗尼 (Bonferroni) 不等式

$$P\left(\bigcap_{k=1}^{n}A_k\right)\geqslant 1-\sum_{k=1}^{n}P(\overline{A}_k).$$

8. 设 $A_1,A_2,\cdots$ 是一列事件, 且对任意的 $k\geqslant 1$, $P(A_k)=1$, 求概率

$$P\left(\bigcap_{k=1}^{n}A_k\right).$$

9. 证明多个事件的加法公式: 若 $n \geqslant 1, A_1, A_2, \cdots, A_n \in \mathcal{F}$, 则

$$P\left(\bigcup_{k=1}^{n} A_k\right) = \sum_{k=1}^{n} P(A_k) - \sum_{i<j} P(A_iA_j) + \sum_{i<j<k} P(A_iA_jA_k) + \cdots + (-1)^{n-1}P(A_1A_2\cdots A_n).$$

1.3 概率的计算

对应于两种场合, 概率的确定基本上有两种方法. 一种场合, 根据事件概率的某些性质通过数学计算可以直接确定出事件的概率, 例如下文介绍的古典方法和几何方法. 另一种场合是数学的计算无法或者很难确定出概率, 这时候, 利用统计规律性, 用事件出现的频率来估计概率, 或者通过专家方法进行估计, 这种方法得到的概率也叫主观概率. 本节还会介绍若干概率模型下相关概率的计算方法.

1.3.1 等可能性下概率的计算

本小节中, 我们着重介绍几种比较常用的确定概率的方法: 古典方法、几何方法和主观方法. 这几种方法各自适用于不同的场合.

1. 古典方法

古典方法适用于满足如下两个条件的随机试验:

- 样本空间 Ω 是有限集;
- 每个基本事件的发生是等可能的.

定理 1.3.1 在前述两个条件下, 事件 A 发生的概率与其所含的样本点的个数成正比, 即 $P(A) = \dfrac{|A|}{|\Omega|}$, 其中 $|A|$ 表示事件 A 所含样本点的个数.

例 1.3.1 现掷一颗骰子, 设 A 表示事件 "掷得的点数为偶数", 求 A 发生的概率.

解 设样本空间 $\Omega = \{1, 2, 3, 4, 5, 6\}$, 则 Ω 中的每个样本点出现的可能性相等, 且 $A = \{2, 4, 6\}$. 于是, A 发生的概率为

$$P(A) = \frac{|A|}{|\Omega|} = \frac{3}{6} = \frac{1}{2}.$$ □

我们在使用古典方法计算随机事件发生的概率时, 除了需要注意样本空间是有限集之外, 还必须要求每个基本事件的发生是等可能的. 因此, 选择恰当的样本

空间是值得引起注意的. 例如, 用 H 表示正面, T 表示反面, 现抛一枚均匀的硬币两次, 所得的样本空间至少有两种方式可以来记录, 分别用 Ω_1 和 Ω_2 来表示, 即

$$\Omega_1=\{(HH),(HT),(TH),(TT)\},\qquad \Omega_2=\{2H,2T,1H1T\}.$$

显然, Ω_1 中的每个样本点的发生是等可能的, Ω_2 中的样本点不是等可能的.

例 1.3.2 一副标准的扑克牌由 52 张 (除去大小王) 组成, 有 4 种花式、13 种牌型. 现从这一副牌中任取一张, 求取出的是红桃的概率.

解 注意到一副标准的扑克牌有 13 张红桃, 且 52 张 (除去大小王) 扑克牌被抽到的可能性是相同的. 设 A 表示事件 "取出的是红桃", 则由古典方法知, A 发生的概率为

$$P(A)=\frac{|A|}{|\Omega|}=\frac{13}{52}=\frac{1}{4}.$$ □

注记 1.3.1 古典方法求随机事件发生的概率时, 需要计算样本空间和所考察的随机事件中样本点的个数. 通常我们不需要具体列出所有的样本点, 只需要知道所含样本点的个数即可, 所以计算中经常要用到排列组合工具. 为便于读者使用, 我们将有关排列组合的知识补充在 1.6 节.

例 1.3.3 口袋中有 $n-1$ 个黑球、1 个白球, 每次从口袋中随机地摸出一个球, 并换入一个黑球. 求取第 k 次时取到的球是黑球的概率.

解 设 A_k 表示事件 "取第 k 次时取到的球是黑球", $k=1,2,\cdots$. 显然 $P(A_1)=\dfrac{n-1}{n}$, $\overline{A}_k$ 表示事件 "取第 k 次时取到的球是白球". 因为一旦某次取到白球, 之后每次取到的都是黑球, 故 $\overline{A}_k=A_1\cdots A_{k-1}\overline{A}_k$, $k=2,3,\cdots$. 由对立事件公式,

$$P(A_k)=1-P(\overline{A}_k)=1-P(A_1\cdots A_{k-1}\overline{A}_k)=1-\frac{(n-1)^{k-1}\cdot 1}{n^k}=\frac{n^k-(n-1)^{k-1}}{n^k},$$

$k=2,3,\cdots$. □

读者可以利用例 1.3.3 的结果考虑下面的思考题.

思考题: 口袋中有 2 个白球, 每次从口袋中随机地摸出一个球, 并换入一个黑球. 求第 k 次时取到的球是黑球的概率.

例 1.3.4 一颗骰子掷 4 次, 求至少出现一次 6 点的概率.

解 设 A 表示事件 "至少出现一次 6 点", 则 $\overline{A}$ 表示事件 "一次 6 点都不出现". 由对立事件公式,

$$P(A)=1-P(\overline{A})=1-\frac{5^4}{6^4}=0.5177.$$ □

例 1.3.5 两颗骰子同时掷 24 次, 求至少出现一次双 6 点的概率.

解 类似于上例,

$$P(A) = 1 - P(\bar{A}) = 1 - \frac{35^{24}}{36^{24}} = 0.4914. \qquad \square$$

例 1.3.6 从 $1, 2, \cdots, 9$ 中有返回地取 n 次, 求取出的 n 个数的乘积能被 10 整除的概率.

解 A 表示 "取到过 5", B 表示 "取到过偶数", 则由对立事件公式和加法公式, 所求概率为

$$P(AB) = 1 - P(\bar{A} \cup \bar{B}) = 1 - P(\bar{A}) - P(\bar{B}) + P(\bar{A}\bar{B}) = 1 - \frac{8^n}{9^n} - \frac{5^n}{9^n} + \frac{4^n}{9^n}. \ \square$$

有时我们需要根据实际问题的具体情况来计算概率.

例 1.3.7 一枚均匀的硬币, 甲掷 $n+1$ 次, 乙掷 n 次. 求甲掷出的正面数比乙掷出的正面数多的概率.

解 用 A, B 分别表示甲、乙掷得的正面数, C, D 分别表示甲、乙掷得的反面数. 于是, 易知所求概率满足

$$\begin{aligned} P(A > B) &= P(n + 1 - C > n - D) = P(C - 1 < D) \\ &= P(C \leqslant D) = 1 - P(C > D) = 1 - P(A > B), \end{aligned}$$

其中第四个等号由对立事件公式得到, 最后一个等号应用了硬币的对称性.

故 $P(A > B) = 0.5$. $\square$

2. 几何方法

几何方法是古典方法在连续样本空间场合的拓广, 其借助于几何度量 (长度、面积或体积等) 来计算随机事件的概率的方法. 使用几何方法, 需要满足两个条件:

(1) 样本空间 Ω 是 n 维空间中的有界区域, $L(\Omega) > 0$. 用 $L(A)$ 表示 A 的某个度量.

(2) 每个样本点落在某个子区域的概率与该区域的度量大小成正比, 与区域的形状和位置无关.

定理 1.3.2 在上述两个条件下, 事件 A 的概率为 $P(A) = \dfrac{L(A)}{L(\Omega)}$.

例 1.3.8 已知某路公交车经过某公交车站的时刻差为 5 分钟, 求乘客在此站台等候该路公交车的时间不超过 3 分钟的概率.

解 设 ω 表示从前一辆公交车开出开始计算时间, 乘客到达车站的时刻. 于是, 样本空间可以表示为 $\Omega=\{\omega:\omega\in[0,5)\}$. 令 A 表示事件 "乘客候车不超过 3 分钟", 则 $A=\{\omega\in\Omega:2\leqslant\omega<5\}$. 故事件 A 发生的概率为

$$P(A)=\frac{L(A)}{L(\Omega)}=\frac{3}{5}.$$ □

例 1.3.9 (会面问题) 甲、乙二人相约于 8 点至 9 点之间在某地会面, 先到者等候 20 分钟即可离去. 求甲、乙二人成功会面的概率.

解 从 8 点开始计时, 设甲、乙二人到达约会地的时刻分别为 x 和 y, 则 (x,y) 可能取值于

$$\Omega=\{(x,y):0\leqslant x\leqslant 60,0\leqslant y\leqslant 60\}.$$

设 A 表示事件 "二人成功会面", 则

$$A=\{(x,y)\in\Omega:|x-y|\leqslant 20\}.$$

如图 1.1 所示, 计算面积可得事件 A 发生的概率为

$$P(A)=\frac{L(A)}{L(\Omega)}=\frac{60^2-40^2}{60^2}=\frac{5}{9}.$$ □

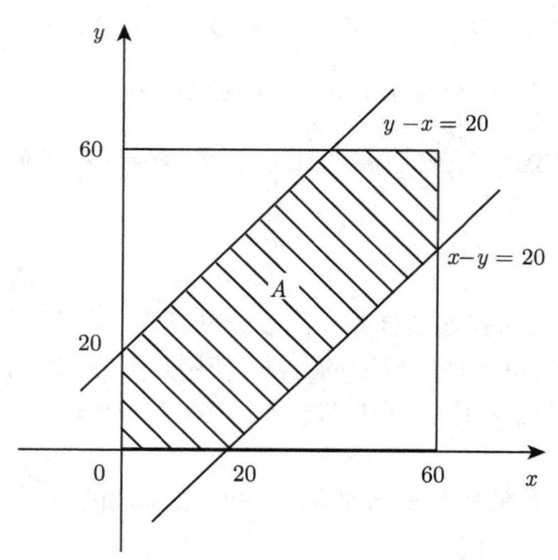

图 1.1 会面问题中事件 Ω 与 A 的图示

由例 1.3.9, 我们不难得出

注记 1.3.2 **零概率事件未必是不可能事件**. 事实上, 在例 1.3.9 中, 记 $B=\{(x,y)\in\Omega:x-y=20\}$, 则由于 B 的面积 $L(B)=0$, 故 $P(B)=0$, 但是显然 $B\neq\varnothing$.

例 1.3.10 (投针问题) 向画有距离为 d 的一组平行线的平面任意投一长为 $l\,(l<d)$ 的针, 求针与任一平行线相交的概率.

解 设 x 表示针的中点到最近的平行线的距离, θ 表示针与此平行线的交角, 如图 1.2 所示.

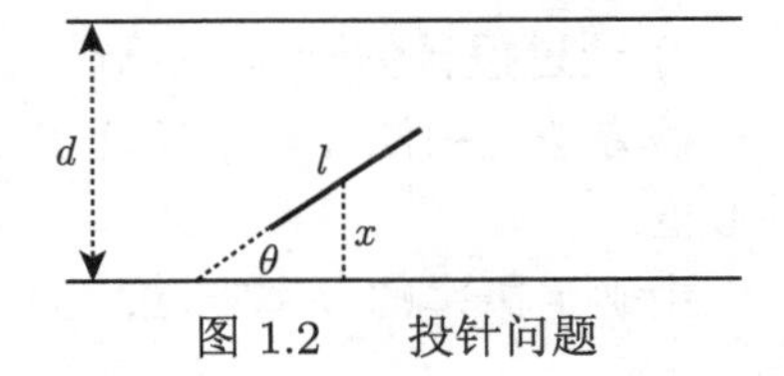

图 1.2 投针问题

于是, 针的位置可表示为

$$\Omega=\left\{(x,\theta):0\leqslant x\leqslant\frac{d}{2},0\leqslant\theta<\pi\right\}.$$

令 A 表示事件 "针与任一平行线相交", 则

$$A=\left\{(x,\theta):0\leqslant x\leqslant\frac{l}{2}\sin\theta,0\leqslant\theta<\pi\right\}.$$

计算 Ω 和 A 的面积可得事件 A 发生的概率为

$$P(A)=\frac{L(A)}{L(\Omega)}=\frac{\int_0^{\pi}\frac{l}{2}\sin\theta\mathrm{d}\theta}{\frac{d}{2}\pi}=\frac{2l}{\pi d}.$$ □

3. 频率与概率

随机现象的统计规律性是指在大量重复试验中, 事件出现的频率会稳定于其概率. 因此, 可以用大量重复试验下的频率值来近似代替概率, 基本思想是:

(1) 随机试验可大量重复进行.

(2) $n(A)$ 表示 n 次重复试验中事件 A 发生的次数, 称 $f_n(A)=\dfrac{n(A)}{n}$ 为事件 A 发生的频率.

(3) 频率 $f_n(A)$ 会稳定于某一常数 (稳定值).

(4) 用频率的稳定值作为事件 A 发生的概率.

这本质上使用了大数定律 (参见第 4 章), 而且该方法是统计估计方法. 下面是历史上一些著名的频率试验.

1) **硬币正面出现的概率**

概率的古典方法告诉我们, 抛一枚均匀的硬币正面向上的概率是 $\dfrac{1}{2}$. 为验证一枚新的硬币是否均匀, 可以重复抛掷 n 次, 记录正面向上的次数为 m 次, 则正面向上的频率为 $\dfrac{m}{n}$. 如果发现随着 n 的增大, $\dfrac{m}{n}$ 稳定在 0.5 附近, 我们就认为该硬币是均匀的; 如果发现 $\dfrac{m}{n}$ 稳定在 0.8 附近, 我们完全可以认为该硬币是不均匀的. 历史上, 有许多人作了硬币抛掷试验, 结果如表 1.3 所示.

表 1.3 历史上硬币抛掷试验结果

试验者	抛掷次数	正面次数	频率
De Morgan	2048	1061	0.5181
Buffon	4040	2048	0.5069
Feller	10000	4979	0.4979
Karl Pearson	12000	6019	0.5016
Egon Pearson	24000	12012	0.5005

2) 通过投针估计 π 的数值

该方法是由法国数学家蒲丰 (Buffon) 于 1777 年提出的, 可以用来计算 π 的近似值.

由确定概率的频率方法, 当投针次数 n 足够大时, 概率 $P(A)$ 可以用频率 $\frac{m}{n}$ 替代. 于是, 根据例 1.3.10 的结论, 由 $\frac{m}{n} \approx \frac{2l}{\pi d}$ 计算得

$$\pi \approx \frac{2nl}{dm}.$$

因此, 只要知道了 d 和 l, 就可以计算 π 的近似值. 历史上, 为了估计 π 的近似值, 有许多人做了这样的投针试验, 结果如表 1.4 所示. 这种由构建概率模型来做近似计算的方法通常称为蒙特卡罗 (Monte Carlo) 方法.

表 1.4 历史上投针试验结果

试验者	年份	投针次数	相交次数	π 的近似值
Wolf	1850 年	5000	2532	3.1596
Smith	1855 年	3204	1219	3.1554
De Morgan	1860 年	600	383	3.137
Fox	1884 年	1030	489	3.1595
Lazzerini	1901 年	3408	1808	3.1415929
Reina	1925 年	2520	859	3.1795

读者可以使用 Python 仿真模拟 Buffon 投针试验, 代码如下所示.

```
1  import numpy as np
2
3  def buff(l=0.520, a=1.314, n=10000):
4    # l = 0.520 # 针长
5    # a = 1.314 # 两平行线间距
6    # n = 10000 # 投针次数
7    m = 0 # 初始相交次数
8    x=np.random.rand(1,n)*(a/2)#产生n个 [0, a/2] 随机数, 用来表示针中点到最近平行线的距离
9    fai = np.random.rand(1,n)*(np.pi) #产生 n 个角度值
10   for i,j in zip(x[0],fai[0]):
```

```
11      if i <= (1/2)*np.sin(j):
12          m += 1
13   p = m/n # 10000 次随机试验相交的频率
14   m_pi = (2*l)/(a*p)
15   print("利用蒙特卡罗方法模拟投针试验得到的pi值: {:.4f}".format(m_pi))
16
17
18 buff()
```

4. 主观概率

概率论大概可以分为两个学派: 主观概率学派和客观概率学派. 主观概率学派认为, 实际生活中很多随机现象是不能通过随机试验或大量重复的随机试验进行观察或记录的, 例如"明天会不会下雨", 或者某地"下一年是否会发生地震"等. 这时有关事件发生的概率就要通过相关专家的领域知识主观方法来确定. 当然, 客观概率学派中有些人不认可这种观点, 他们坚持只有大量重复意义下谈论概率才有意义, 而且那些主观概率学派看起来不能重复的事件在客观概率学派看来都是能重复的. 比如所谓"明天会不会下雨"的概率, 本质上指, 当"第一天如今天一样"的条件,"第二天下雨"的概率是多少. "下一年是否会发生地震"也可以类似解释.

例 1.3.11 主观方法确定概率的例子.

(1) 某普通股民认为下个交易日某只股票价格上涨的概率为 0.9, 这是根据其对该股票历史数据的分析和公司的运营状况的了解所给出的主观概率.

(2) 某数学老师断定某学生通过期末考试的概率为 0.3, 这是该老师通过对学生平时学习情况的了解而做出的判断.

(3) 某房产中介人员认为短期内某板块商品房价格下跌的概率为 0.1, 这是基于其对该板块商品房供需行情的掌握而给出的结论.

主观方法确定概率是当事人基于手头掌握的资料和经验而做出的判断, 是对随机事件发生的概率的一种推断和估计, 其准确与否, 完全取决于人对相关问题的知识积累的程度. 当然, 主观方法确定的概率需要符合概率的公理化定义.

1.3.2 一些常见概率模型

下面介绍几种常见的概率模型, 许多实际问题可归结为这几类模型来考虑.

1. 不返回抽样

设有 N 个产品, 其中 M 个不合格, $N-M$ 个合格. 从中不返回任取 n 个, 则此 n 个中有 m 个不合格的概率为

$$\frac{C_M^m \cdot C_{N-M}^{n-m}}{C_N^n}, \qquad n \leqslant N,\ m \leqslant M,\ n-m \leqslant N-M.$$

这个模型又被称为超几何模型.

例 1.3.12 口袋中有 5 个白球、7 个黑球和 4 个红球. 从中不返回任取 3 个. 求取出的 3 个球颜色各不相同的概率.

解 由不返回抽样模型易知所求的概率为 $\dfrac{C_5^1 C_7^1 C_4^1}{C_{16}^3} = \dfrac{1}{4}$. □

2. 返回抽样

设有 N 个产品, 其中 M 个不合格, $N-M$ 个合格. 从中有返回地任取 n 个, 则此 n 个中有 m 个不合格的概率为

$$C_n^m \frac{M^m (N-M)^{n-m}}{N^n} = C_n^m \left(\frac{M}{N}\right)^m \left(\frac{N-M}{N}\right)^{n-m}, \quad m = 0, 1, \cdots, n.$$

例 1.3.13 从装有 7 个白球和 3 个黑球的袋子中有返回地取出 3 个, 求这 3 个球中有 2 个为黑球的概率.

解 这显然是一个返回抽样问题. 所求的概率应为 $C_3^2 \cdot \dfrac{3^2 \times 7^1}{10^3} = 0.189$. □

3. 盒子模型

n 个不同的球放入 N 个不同的盒子中, 每个盒子放球数不限, 则恰有 n 个盒子各有一个球的概率为

$$\frac{P_N^n}{N^n} = \frac{N!}{N^n (N-n)!}.$$

例 1.3.14 (生日问题) 求 n ($n < 365$) 个人中至少有两人生日相同的概率 p_n.

解 令 A 表示事件 "至少有两人生日相同", 记 $p_n = P(A)$. 考虑对立事件 $\overline{A}$, 令 $N = 365$, 由盒子模型可知,

$$P(\overline{A}) = \frac{365!}{365^n (365-n)!}.$$

故由对立事件公式,

$$p_n = P(A) = 1 - P(\overline{A}) = 1 - \frac{365!}{365^n (365-n)!}.$$

可以进一步计算得 $p_{20} = 0.4114, p_{23} = 0.5073, p_{30} = 0.7063, p_{60} = 0.9941$. □

4. 配对模型

例 1.3.15 考虑 n 个人、n 顶帽子, 每人任取 1 顶, 至少一个人拿对自己帽子的概率.

解 对每个 $k=1,2,\cdots,n$, 记 $A_k=$ “第 k 个人拿对自己的帽子”, 则所求概率为 $P\left(\bigcup_{k=1}^{n} A_k\right)$. 易知,

$$P(A_k)=\frac{1}{n}, \quad k=1,2,\cdots,n,$$

$$P(A_iA_j)=\frac{1}{n(n-1)}, \quad i\neq j,$$

$$P(A_iA_jA_k)=\frac{1}{n(n-1)(n-2)}, \quad i\neq j\neq k,$$

$$\cdots\cdots$$

$$P(A_1A_2\cdots A_n)=\frac{1}{n!}.$$

于是, 由加法公式,

$$\begin{aligned}P\left(\bigcup_{k=1}^{n} A_k\right) &= \sum_{k=1}^{n} P(A_k)-\sum_{i<j} P(A_iA_j)+\sum_{i<j<k} P(A_iA_jA_k) \\ &\quad +\cdots+(-1)^{n-1}P(A_1A_2\cdots A_n) \\ &= n\cdot\frac{1}{n}-\mathrm{C}_n^2\cdot\frac{1}{n(n-1)}+\mathrm{C}_n^3\cdot\frac{1}{n(n-1)(n-2)}+\cdots+(-1)^{n-1}\frac{1}{n!} \\ &= \sum_{k=1}^{n}(-1)^{k-1}\frac{1}{k!}.\end{aligned}$$

□

✍习题 1.3

1. 现从有 15 名男生和 30 名女生的班级中随机挑选 10 名同学参加某项课外活动, 求在被挑选的同学中恰好有 3 名男生的概率.

2. 一副标准的扑克牌有 52 张 (除去大小王), 一张一张地轮流分给 4 名游戏者, 每人 13 张, 求每人恰好有一张 A 的概率.

3. 一副标准的扑克牌有 52 张 (除去大小王), 一张一张地轮流分给 4 名游戏者, 每人 13 张, 求 4 张 A 恰好全被一人得到的概率.

4. 从装有 10 双不同尺码或不同样式的皮鞋的箱子中, 任取 4 只, 求其中

能成 k $(0 \leqslant k \leqslant 2)$ 双的概率.

5. 求一个有 20 人的班级中有且仅有 2 人生日相同的概率.

6. 一副标准的扑克牌 52 张 (除去大小王), 一张一张地轮流分给 4 名游戏者甲、乙、丙、丁, 每人 13 张, 求事件“甲得到 6 张红桃, 乙得到 4 张红桃, 丙得到 2 张红桃, 丁得到 1 张红桃”的概率.

7. 同时抛 4 枚硬币, 求至少出现一个正面的概率.

8. 同时掷 6 颗骰子, 求每个骰子的点数各不相同的概率.

9. 同时掷 7 颗骰子, 求每种点数至少都出现一次的概率.

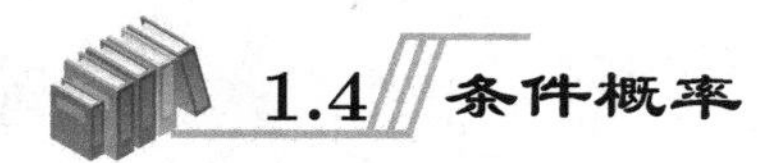

1.4 条件概率

我们先从一个引例开始.

考虑随机试验掷骰子, 样本空间 $\Omega = \{1,2,3,4,5,6\}$. 令 A ={掷得点数 2}, 在等可能条件下, 事件 A 发生的概率是 1/6. 若已经知道“掷得点数是偶数”这个事件 (记为 B), 掷得的点数只能是 $2,4,6$ 中的一种情形, 由古典方法知, 此时 A 发生的概率是 1/3, 或者理解为事件 B 发生的条件下 A 发生的概率为 1/3. 这里, 除了样本空间 Ω 外, 已经知道随机试验的一部分信息或某事件已经发生, 利用这一新条件所计算的概率称为条件概率, 记为 $P(A|B)$, 表示 B 发生的条件下 A 发生的概率.

“B 发生的条件下 A 发生”涉及两件事, 一是事件 B 发生了, 二是事件 A 也发生了, 当然这意味着 AB 这个交事件发生了. 回忆前一节关于概率的频率方法. 假定在 n 次试验中, A 发生了 $f_n(A)$ 次, AB 发生了 $f_n(AB)$ 次, 显然 $f_n(AB) \leqslant f_n(B)$, 而且 $\dfrac{f_n(AB)}{f_n(B)}$ 表示在所有 B 发生的 $f_n(B)$ 次试验中 A 发生的频率, 因此, 直观地有

$$P(A|B) = \lim_{n\to+\infty} \frac{f_n(AB)}{f_n(B)} = \lim_{n\to+\infty} \frac{f_n(AB)/n}{f_n(B)/n} = \frac{P(AB)}{P(B)}.$$

定义 1.4.1 设 $(\Omega, \mathcal{F}, P)$ 是给定的概率空间, $B \in \mathcal{F}$ 且满足 $P(B) > 0$. 对任意的事件 $A \in \mathcal{F}$, 令

$$P(A|B) \triangleq \frac{P(AB)}{P(B)}.$$

称 $P(A|B)$ 为在事件 B 发生的条件下, 事件 A 发生的条件概率.

相对应地, 我们称 $P(A)$ 为事件 A 的**无条件概率**. 很显然, 若令 $B=\Omega$, 则 $P(A)=P(A|\Omega)$, 即可以将无条件概率视为条件概率. 另外, 条件概率也是原样本空间 $(\Omega,\mathcal{F})$ 上的一个概率测度.

定理 1.4.1 在概率空间 $(\Omega,\mathcal{F},P)$ 中, 对于给定的 $B\in\mathcal{F}$, 且 $P(B)>0$, 则由

$$P_B(A)=P(A|B),\quad \forall A\in\mathcal{F},$$

定义的 $\mathcal{F}$ 上的集函数满足概率的三条公理, 即条件概率是概率.

证明 显然, P_B 是 $\mathcal{F}$ 到 $\mathbb{R}$ 上的函数, 由概率的定义, 只需证明 P_B 满足非负性、正则性和可列可加性公理.

(1) 非负性: 对任意的 $A\in\mathcal{F}$, $P_B(A)=P(A|B)=\dfrac{P(AB)}{P(B)}\geqslant 0$.

(2) 正则性: $P_B(\Omega)=\dfrac{P(\Omega B)}{P(B)}=1$.

(3) 可列可加性: 若 $A_1,A_2,\cdots\in\mathcal{F}$, 且对任意的 $i\neq j$, $A_iA_j=\varnothing$, 则由 P 的可列可加性,

$$\begin{aligned}
P_B\left(\sum_{k=1}^{+\infty}A_k\right)&=P\left(\sum_{k=1}^{+\infty}A_k\middle|B\right)=\frac{P\left(B\sum\limits_{k=1}^{+\infty}A_k\right)}{P(B)}\\
&=\frac{P\left(\sum\limits_{k=1}^{+\infty}A_kB\right)}{P(B)}=\frac{\sum\limits_{k=1}^{+\infty}P(A_kB)}{P(B)}\\
&=\sum_{k=1}^{+\infty}\frac{P(A_kB)}{P(B)}=\sum_{k=1}^{+\infty}P(A_k|B)=\sum_{k=1}^{+\infty}P_B(A_k).
\end{aligned}$$

□

既然条件概率是概率, 因而必满足概率的性质, 例如

(1) $P(\overline{A}|B)=1-P(A|B)$;

(2) $P(A\cup C|B)=P(A|B)+P(C|B)-P(AC|B)$;

(3) $P(A\backslash C|B)=P(A|B)-P(AC|B)$

等, 从逻辑上说, 这些结论无需证明.

例 1.4.1 在本节开头的引例中, A 表示事件 “掷得的点数是 2”, B 表示事件 “掷得的点数是偶数”. 于是, $A=\{2\}$, $B=\{2,4,6\}$, $AB=\{2\}$, 从而

$$P(A)=\frac{1}{6},\quad P(B)=\frac{1}{2},\quad P(AB)=\frac{1}{6}.$$

故由条件概率的定义知, 若已经知道掷得的点数是偶数, 掷得的点数是偶数的条件概率为

$$P(A|B)=\frac{P(AB)}{P(B)}=\frac{1/6}{1/2}=\frac{1}{3}.$$

显见, 这里 $P(A)\neq P(A|B)$.

注记 1.4.1 条件概率除了满足概率的性质以外, 还有一些特殊的性质. 设 $(\Omega,\mathcal{F},P)$ 是给定的概率空间, $B\in\mathcal{F}$, $P(B)>0$, 则我们有

(1) $P(B|B)=1$;

(2) 若 $P(B)=1$, 则 $P(A|B)=P(A)$, 特别, $P(A)=P(A|\Omega)$;

(3) 若 $AB=\varnothing$, 则 $P(A|B)=0$;

(4) 若 $A\subset B$, 则 $P(A|B)=\dfrac{P(A)}{P(B)}$,

以及**乘法公式**、**全概率公式**和**贝叶斯 (Bayes) 公式**等.

定理 1.4.2 (乘法公式) 设 $(\Omega,\mathcal{F},P)$ 是给定的概率空间,

(1) 若 $A,B\in\mathcal{F}$, 且 $P(A)>0,P(B)>0$, 则

$$P(AB)=P(A)P(B|A)=P(B)P(A|B).$$

(2) 若 $n>1$, $A_1,A_2,\cdots,A_n\in\mathcal{F}$, 且 $P(A_1A_2\cdots A_{n-1})>0$, 则

$$P(A_1A_2\cdots A_n)=P(A_1)P(A_2|A_1)\cdots P(A_n|A_1A_2\cdots A_{n-1}).$$

证明 (1) 因为 $P(A)>0,P(B)>0$, 故 $P(B|A)$ 和 $P(A|B)$ 都有意义. 等式由条件概率的定义立得.

(2) 由概率的单调性,

$$P(A_1)\geqslant P(A_1A_2)\geqslant\cdots\geqslant P(A_1A_2\cdots A_{n-1})>0,$$

于是, 等式右边的条件概率都有意义. 注意到 $A_1A_2\cdots A_n=(A_1A_2\cdots A_{n-1})A_n$ 及

$$P(A_1A_2\cdots A_n)=P(A_1A_2\cdots A_{n-1})P(A_n|A_1A_2\cdots A_{n-1}),$$

等式由归纳法立得. □

例 1.4.2 一批零件共有 100 个, 其中有 10 个不合格品. 从中一个一个不返回取出, 求第三次才取出不合格品的概率.

解 记 A_i =“第 i 次取出的是合格品”, $i=1,2,3$. 由乘法公式, 所求概率为

$$P(A_1A_2\overline{A}_3)=P(A_1)P(A_2|A_1)P(\overline{A}_3|A_1A_2)=\frac{90}{100}\cdot\frac{89}{99}\cdot\frac{10}{98}=\frac{89}{1078}.$$ □

例 1.4.3 已知 $P(A)=0.6$, $P(A\cup B)=0.84$, $P(\overline{B}|A)=0.4$, 求 $P(B)$.

解 注意到 $A\cup B=B+A\overline{B}$, 由概率的性质和乘法公式,

$$\begin{aligned}P(B)&=P(A\cup B)-P(A\overline{B})\\&=P(A\cup B)-P(A)P(\overline{B}|A)\\&=0.84-0.6\times0.4=0.6.\end{aligned}$$

□

乘法公式通常用于求多个事件同时发生的概率, 它将无条件概率化为多个条件概率的乘积来计算.

注记 1.4.2 (乘法公式的条件概率版本) 若 $B,A_1,A_2,\cdots,A_n\in\mathcal{F}$, 且 $P(A_1A_2\cdots A_{n-1}B)>0$, 则

$$P(A_1A_2\cdots A_n|B)=P(A_1|B)P(A_2|A_1B)\cdots P(A_n|A_1A_2\cdots A_{n-1}B).$$

证明 留给读者思考. □

定理 1.4.3 (全概率公式) 设 $(\Omega,\mathcal{F},P)$ 是给定的概率空间,

(1) 对于任意事件 A 和 B, 若 $0<P(B)<1$, 则

$$P(A)=P(A|B)P(B)+P(A|\overline{B})P(\overline{B}).$$

(2) 设 $B_1,B_2,\cdots,B_n$ 是样本空间 Ω 的一组分割, 且 $P(B_k)>0$, $k=1,2,\cdots,n$, 则对任意的事件 $A\in\mathcal{F}$, 有

$$P(A)=\sum_{k=1}^{n}P(B_k)P(A|B_k).$$

证明 (1) 是 (2) 的特例, 只需证 (2).

注意到 $A=A\Omega=A\sum\limits_{k=1}^{n}B_k=\sum\limits_{k=1}^{n}AB_k$, 由概率的有限可加性和乘法公式, 得

$$P(A)=P\left(\sum_{k=1}^{n}AB_k\right)=\sum_{k=1}^{n}P(AB_k)=\sum_{k=1}^{n}P(B_k)P(A|B_k).$$

□

注记 1.4.3 全概率公式是概率论的核心公式之一, 可用于求复杂事件的概率, 其关键在于寻找另一组事件来“分割”样本空间.

例 1.4.4 设 10 件产品中有 3 件不合格品, 从中不返回地取两次, 每次一件, 求取出的第二件为不合格品的概率.

解 设 $A=$"第一次取得不合格品", $B=$"第二次取得不合格品". 由全概率公式, 所求概率为

$$P(B)=P(A)P(B|A)+P(\bar{A})P(B|\bar{A})=\frac{3}{10}\cdot\frac{2}{9}+\frac{7}{10}\cdot\frac{3}{9}=\frac{3}{10}. \qquad \square$$

例 1.4.5 (抽签原理) 假定现有 n 支签, 其中有 k 支是好签. 让 n 个人不返回地依次抽取一支. 求第 $m(1\leqslant m\leqslant n)$ 个人抽到好签的概率.

解 设 A_m 表示事件 "第 m 个人抽到好签", $m=1,2,\cdots,n$. 于是, 显然有 $P(A_1)=\dfrac{k}{n}$. 由全概率公式, 当 $n\geqslant 2$ 时,

$$\begin{aligned}P(A_2)&=P(A_1)P(A_2|A_1)+P(\overline{A}_1)P(A_2|\overline{A}_1)\\&=\frac{k}{n}\cdot\frac{k-1}{n-1}+\frac{n-k}{n}\cdot\frac{k}{n-1}=\frac{k}{n};\end{aligned}$$

当 $n\geqslant 3$ 时,

$$\begin{aligned}P(A_3)=&P(A_1A_2)P(A_3|A_1A_2)+P(\overline{A}_1A_2)P(A_3|\overline{A}_1A_2)\\&+P(A_1\overline{A}_2)P(A_3|A_1\overline{A}_2)+P(\overline{A}_1\overline{A}_2)P(A_3|\overline{A}_1\overline{A}_2)\\=&\frac{k(k-1)}{n(n-1)}\cdot\frac{k-2}{n-2}+\frac{k(n-k)}{n(n-1)}\cdot\frac{k-1}{n-2}\\&+\frac{(n-k)k}{n(n-1)}\cdot\frac{k-1}{n-2}+\frac{(n-k)(n-k-1)}{n(n-1)}\cdot\frac{k}{n-2}=\frac{k}{n}.\end{aligned}$$

由此, 我们猜测 $P(A_m)=k/n$, 接下来归纳证明之. 由全概率公式,

$$\begin{aligned}P(A_{m+1})&=P(A_1)P(A_{m+1}|A_1)+P(\overline{A}_1)P(A_{m+1}|\overline{A}_1)\\&=\frac{k}{n}\cdot\frac{k-1}{n-1}+\frac{n-k}{n}\cdot\frac{k}{n-1}=\frac{k}{n},\end{aligned}$$

这里 $P(A_{m+1}|A_1)=\dfrac{k-1}{n-1}$ 是因为在 A_1 发生后, $n-1$ 支签中有 $k-1$ 支好签, 第 $m+1$ 个人抽签实际是以此为初始状态的第 m 次抽取, 从而由归纳假设立得; 同理, $P(A_{m+1}|\overline{A}_1)=\dfrac{k}{n-1}$.

综上, 第 $m(1\leqslant m\leqslant n)$ 个人抽到好签的概率为 k/n, 即与 m 的大小无关. □

注记 1.4.4 抽签原理与日常生活经验是一致的. 我们经常看到在一些体育赛事中采用抽签的方式来选择场地或出场次序, 这对参赛各方都是公平的.

例 1.4.6 甲口袋有 a 只白球、b 只黑球, 乙口袋有 n 只白球、m 只黑球. 从甲口袋任取一球放入乙口袋, 然后从乙口袋中任取一球, 求从乙口袋中取出的是白球的概率.

解 设 A 表示事件 "从甲口袋中取出的球是白球", B 表示事件 "从乙口袋中取出的球是白球", 则易知

$$P(A)=\frac{a}{a+b},\quad P(\overline{A})=\frac{b}{a+b},$$

$$P(B|A)=\frac{n+1}{m+n+1},\quad P(B|\overline{A})=\frac{n}{m+n+1},$$

所求概率为 $P(B)$. 由全概率公式,

$$\begin{aligned}P(B)&=P(A)P(B|A)+P(\overline{A})P(B|\overline{A})\\&=\frac{a}{a+b}\cdot\frac{n+1}{m+n+1}+\frac{b}{a+b}\cdot\frac{n}{m+n+1}=\frac{(a+b)n+a}{(a+b)(m+n+1)}.\end{aligned}$$ □

例 1.4.7 (敏感性问题的调查) 假设现在需要在某校发放问卷, 调查学生考试作弊的比例. 作弊对学生而言是不光彩的事情, 因此, 为获取更加真实的数据, 在调查问卷中, 给出两个问题: (1) 你的生日在 7 月 1 日之前? (2) 你是否曾经作弊过? 要求被调查者通过摸球决定回答哪个问题, 假设从装有 a 个白球和 b 个黑球的袋子中随机取一球, 若取得白球回答问题 (1), 否则回答问题 (2). 只有被调查者知道自己回答哪个问题, 且答卷只需填写 "是" 或 "否" 的答案. 假定现在收集到有效问卷 n 张, 回答 "是" 的问卷 m 张. 现在要求据此估计该校学生作弊的比例.

解 令 A 表示事件 "答案为 '是'", B 表示事件 "回答问题 (2)", 则由已知, 我们所要估计的是概率 $p=P(A|B)$. 易知 $P(B)=\dfrac{b}{a+b}$, $P(\overline{B})=\dfrac{a}{a+b}$. 一般认为, 生日在 7 月 1 日之前和在 7 月 1 日之后是等可能的, 故 $P(A|\overline{B})=\dfrac{1}{2}$.

由概率的频率方法, A 发生的概率 $P(A)$ 可近似认为是 $\dfrac{m}{n}$. 于是, 由全概率公式 $P(A)=P(B)P(A|B)+P(\overline{B})P(A|\overline{B})$ 得

$$\frac{m}{n}=\frac{b}{a+b}\cdot p+\frac{a}{a+b}\cdot\frac{1}{2},$$

解得

$$p=\frac{2m(a+b)-na}{2nb}.$$

这样我们就估计出了该校学生作弊的比例. 譬如 $a=40$, $b=60$, $n=1000$, $m=250$, 计算得到

$$p=\frac{2\times 250\times(40+60)-1000\times 40}{2\times 1000\times 60}=0.083,$$

即该校大约有 8.3% 的学生曾经作弊过. □

注记 1.4.5 (全概率公式的条件概率版本) 设 $B_1,B_2,\cdots,B_n$ 是样本空间 Ω 的一组分割, $A,C\in\mathcal{F}$ 且 $P(B_kC)>0$, $k=1,2,\cdots,n$, 则

$$P(A|C)=\sum_{k=1}^{n}P(B_k|C)P(A|B_kC).$$

证明 留给读者思考. □

由条件概率的定义、乘法公式和全概率公式, 我们可以得出

定理 1.4.4 (贝叶斯公式) 设 $B_1,B_2,\cdots,B_n$ 是样本空间 Ω 的一组分割, 且 $P(B_k)>0$, $k=1,2,\cdots,n$, 又有 $A\in\mathcal{F}$, 且 $P(A)>0$, 则对每个 $j=1,2,\cdots,n$, 我们有

$$P(B_j|A)=\frac{P(B_j)P(A|B_j)}{\sum\limits_{k=1}^{n}P(B_k)P(A|B_k)},\quad j=1,2,\cdots,n.$$

证明 由乘法公式, $P(AB_j)=P(B_j)P(A|B_j)$; 由全概率公式, $P(A)=\sum\limits_{k=1}^{n}P(B_k)P(A|B_k)$. 故由条件概率的定义,

$$P(B_j|A)=\frac{P(AB_j)}{P(A)}=\frac{P(B_j)P(A|B_j)}{\sum\limits_{k=1}^{n}P(B_k)P(A|B_k)},$$

对任意的 $j=1,2,\cdots,n$ 都成立. □

注记 1.4.6 $B_1,B_2,\cdots,B_n$ 可以看作导致 A 发生的原因; 通常称 $P(B_k)$ 为先验概率, $P(B_k|A)$ 是在事件 A 发生的条件下, 某个原因 B_k 发生的概率, 称为“后验概率”. 乘法公式是求“几个事件同时发生”的概率; 全概率公式是求“最后结果”的概率; 贝叶斯公式是已知“最后结果”, 求“原因”的概率. 因此, 贝叶斯公式又称“后验概率公式”或“逆概率公式”.

例 1.4.8 某商品由三个厂家供应, 其供应量为: 甲厂家是乙厂家的 2 倍; 乙、丙两厂相等. 各厂产品的次品率分别为 2%, 2%, 4%. 若从市场上随机抽取一件此种商品, 发现是次品, 求它是甲厂生产的概率?

解 设 A 表示事件“随机抽取的一件是次品”, B_1 表示事件“随机抽取的一件是甲厂生产的”, B_2 表示事件“随机抽取的一件是乙厂生产的”, B_3 表示事件“随机抽取的一件是丙厂生产的”. 由题设, 易知 $P(B_1)=\dfrac{1}{2}$, $P(B_2)=P(B_3)=\dfrac{1}{4}$, $P(A|B_1)=P(A|B_2)=2\%$, $P(A|B_3)=4\%$. 由贝叶斯公式, 所求的概率为

$$P(B_1|A)=\frac{P(B_1)P(A|B_1)}{\sum\limits_{i=1}^{3}P(B_i)P(A|B_i)}=\frac{\frac{1}{2}\times 2\%}{\frac{1}{2}\times 2\%+\frac{1}{4}\times 2\%+\frac{1}{4}\times 4\%}=\frac{2}{5}. \qquad \square$$

例 1.4.9 一道选择题有 m 个备选答案, 只有 1 个是正确答案. 假定考生不知道正确答案时, 会等可能地从 m 个备选答案中选一个. 设某考生知道正确答案的概率为 p, 求该考生答对该题的概率. 若已知该考生答对了该题, 求其确实知道正确答案的概率.

解 设 A 表示事件“考生答对了该题”, B 表示事件“考生知道正确答案”. 由题设,

$$P(B)=p,\quad P(\overline{B})=1-p,\quad P(A|B)=1,\quad P(A|\overline{B})=\frac{1}{m}.$$

由全概率公式知, 考生答对该题的概率为

$$P(A)=P(B)P(A|B)+P(\overline{B})P(A|\overline{B})=p\cdot 1+(1-p)\cdot\frac{1}{m}=\frac{1+(m-1)p}{m}.$$

若已知该考生答对了该题, 由贝叶斯公式, 其确实知道正确答案的概率为

$$P(B|A)=\frac{P(B)P(A|B)}{P(B)P(A|B)+P(\overline{B})P(A|\overline{B})}=\frac{p\times 1}{\frac{1+(m-1)p}{m}}=\frac{mp}{1+(m-1)p}. \qquad \square$$

注记 1.4.7 (贝叶斯公式的条件概率版本) 设 $B_1,B_2,\cdots,B_n$ 是样本空间 Ω 的一组分割, $A,C\in\mathcal{F}$, 且 $P(AC)>0$, $P(B_kC)>0$, $k=1,2,\cdots,n$, 则对每个 $j=1,2,\cdots,n$, 我们有

$$P(B_j|AC)=\frac{P(B_j|C)P(A|B_jC)}{\sum\limits_{k=1}^{n}P(B_k|C)P(A|B_kC)},\quad j=1,2,\cdots,n.$$

证明留给读者思考.

✍习题 1.4

1. 设掷 2 颗骰子, 掷得的点数之和记为 X, 已知 X 为奇数, 求 $X<8$ 的概率.

2. 已知 $P(A)=\dfrac{1}{4}, P(B|A)=\dfrac{1}{3}, P(A|B)=\dfrac{1}{2}$, 求概率 $P(A\cup B)$.

3. 设 $P(A)=P(B)=\dfrac{1}{3}, P(A|B)=\dfrac{1}{6}$, 求概率 $P(\overline{A}|\overline{B})$.

4. 从装有 r 个红球和 w 个白球的盒子中不返回地取出两个, 求事件 "第一个为红球, 第二个为白球" 的概率.

5. 甲袋中装有 2 个白球和 4 个黑球, 乙袋中装有 3 个白球和 2 个黑球, 现随机地从乙袋中取出一球放入甲袋, 然后从甲袋中随机取出一球, 试求从甲袋中取得的球是白球的概率.

6. 已知 12 个乒乓球都是全新的. 每次比赛时随机取出 3 个, 用完再放回. 求第三次比赛时取出的 3 个球都是新球的概率.

7. 设有三张卡片, 第一张两面皆为红色, 第二张两面皆为黄色, 第三张一面是红色一面是黄色. 随机地选择一张卡片并随机地选择其中一面. 如果已知此面是红色, 求另一面也是红色的概率.

8. 设 n 只罐子的每一只中装有 4 个白球和 6 个黑球, 另有一只罐子中装有 5 个白球和 5 个黑球. 从这 $n+1$ 只罐子中随机地选择一只罐子, 从中任取两个球, 结果发现两个都是黑球. 已知在此条件下, 有 5 个白球和 3 个黑球留在选出的罐子中的条件概率是 $\dfrac{1}{7}$, 求 n 的值.

9. 有 N 把钥匙, 只有一把能开房门, 随机不放回地抽取钥匙开门, 求恰好第 $n(n\leqslant N)$ 次打开房门的概率.

1.5 独立性

独立性是概率论中特有的概念, 无论是在理论上还是实际应用中都有着特别重要的地位.

1.5.1 两个事件的独立

设 $(\Omega,\mathcal{F},P)$ 是给定的概率空间, $A,B\in\mathcal{F}$, 当 $P(B)>0$ 时, 条件概率 $P(A|B)$ 有意义. 如果 $P(A|B)\neq P(A)$, 表示 "事件 B 发生" 这个事实改变了事件 A 发生的概率. 如果 $P(A|B)=P(A)$, 表示 "事件 B 发生" 这个事实不会改变

事件 A 发生的概率, 这时称 A, B 独立. 但是这种定义需要条件 $P(B)>0$ 成立, 究其原因是我们没有对 $P(B)=0$ 的情形定义条件概率 (这需要更高级的知识). 为此, 这里采用下面的定义.

定义 1.5.1 (两个事件间的相互独立) 若 $A, B \in \mathcal{F}$ 满足

$$P(AB)=P(A)P(B),$$

则称事件 A 与 B 相互独立, 简称 A, B 独立.

例 1.5.1 甲、乙两射手独立地向同一目标射击一次, 其命中率分别为 0.9 和 0.8, 求目标被击中的概率.

解 设 A 表示事件"甲击中目标", B 表示事件"乙击中目标", 于是, 事件 A 和 B 相互独立, $P(A)=0.9$, $P(B)=0.8$, 且 $A\cup B$="目标被击中". 由加法公式和 A, B 的独立性, 目标被击中的概率为

$$\begin{aligned} P(A\cup B) &= P(A)+P(B)-P(AB)=P(A)+P(B)-P(A)P(B) \\ &= 0.9+0.8-0.9\times 0.8=0.98. \end{aligned}$$

□

例 1.5.2 两名实习工人各自加工一零件, 加工为正品的概率分别为 0.6 和 0.7, 假设两个零件是否加工为正品相互独立, 求这两个零件都是次品的概率.

解 设 A 表示事件"第一件是正品", B 表示事件"第二件是正品", 于是事件 A 和 B 相互独立, $P(A)=0.6$, $P(B)=0.7$. 由 A 与 B 的独立性和概率的性质知, 所求概率为

$$\begin{aligned} P(\overline{A}\,\overline{B}) &= 1-P(A\cup B)=1-[P(A)+P(B)-P(AB)] \\ &= 1-P(A)-P(B)+P(A)P(B) \\ &= 1-0.6-0.7+0.6\times 0.7=0.12. \end{aligned}$$

□

注记 1.5.1 如果事件 A, B 独立, 且 $P(A)P(B)>0$, 则 $P(A|B)=P(A)$ 和 $P(B|A)=P(B)$ 成立, 即 A 和 B 的发生互不影响.

注记 1.5.2 由独立性的定义和事件的单调性, 若事件 A 是零概率事件, 即 $P(A)=0$, 则 A 与任何事件 B 都独立. 特别地, 不可能事件 $\varnothing$ 与任何事件独立.

注记 1.5.3 (0-1 律) 若事件 A 与其自身独立, 则 $P(A)=0$ 或 1.

证明 由定义, $P(A\cap A)=P(A)\cdot P(A)$, 即 $P(A)=P(A)^2$, 故 $P(A)=0$ 或 1.

□

例 1.5.3 考虑掷一枚均匀的硬币两次的随机试验, 用 A 表示事件"第一次掷得的是正面", B 表示事件"第二次掷得的是反面". 易知样本空间 $\Omega = \{(H,H),(H,T),(T,H),(T,T)\}$, $A = \{(H,H),(H,T)\}$, $B = \{(H,T),(T,T)\}$, $AB = \{(H,T)\}$, 于是

$$P(A) = P(B) = \frac{1}{2}, \quad P(AB) = \frac{1}{4}, \quad P(AB) = P(A)P(B),$$

故 A 与 B 独立.

定理 1.5.1 下列表述相互等价:

(1) 事件 A 与 B 独立;

(2) 事件 $\overline{A}$ 与 B 独立;

(3) 事件 A 与 $\overline{B}$ 独立;

(4) 事件 $\overline{A}$ 与 $\overline{B}$ 独立.

证明 我们只证明 (1) $\Rightarrow$ (2) 和 (4) $\Rightarrow$ (1). (3) $\Rightarrow$ (4) 可以仿 (1) $\Rightarrow$ (2) 证得, 只需将 B 替换为 $\overline{B}$. (2) $\Rightarrow$ (3) 可以仿 (4) $\Rightarrow$ (1) 证得, 只需将 $\overline{B}$ 替换为 B.

(1) $\Rightarrow$ (2): 由概率的性质和 $P(AB) = P(A)P(B)$,

$$\begin{aligned} P(\overline{A}B) &= P(B \setminus AB) = P(B) - P(AB) = P(B) - P(A)P(B) \\ &= (1 - P(A))P(B) = P(\overline{A})P(B). \end{aligned}$$

(4) $\Rightarrow$ (1): 由概率的性质和 $P(\overline{A}\,\overline{B}) = P(\overline{A})P(\overline{B})$,

$$\begin{aligned} P(AB) &= P(\overline{\overline{A} \cup \overline{B}}) = 1 - P(\overline{A} \cup \overline{B}) \\ &= 1 - \left[P(\overline{A}) + P(\overline{B}) - P(\overline{A}\,\overline{B})\right] = 1 - \left[P(\overline{A}) + P(\overline{B}) - P(\overline{A})P(\overline{B})\right] \\ &= 1 - \{1 - P(A) + 1 - P(B) - [1 - P(A)]\,[1 - P(B)]\} = P(A)P(B). \end{aligned}$$ □

注记 1.5.4 不难验证, 在例 1.5.3 中, 定理 1.5.1 的结论成立.

注记 1.5.5 若 $P(A) = 0$ 或 1, 则 A 与任一事件都独立 (证明留作习题).

注记 1.5.6 设有随机事件 A, B 和 C, 满足 $P(BC) > 0$. 事件 A 和 B 相互独立推不出 $P(A|BC) = P(A|C)$.

证明 考虑如下的反例: 设样本空间 $\Omega = \{1,2,3,4,5,6,7,8\}$, 每个样本点出现的可能性相等. 记 $A = \{1,2,3,4\}$, $B = \{1,2,5,6\}$, $C = \{3,5,7\}$. 剩下的留给读者验证. □

注记 1.5.7 设有随机事件 A, B 和 C, 满足 $P(C)>0$. 若 $P(AB|C)=P(A|C)P(B|C)$, 称 A 和 B 在 C 发生时条件独立. 显然, 若 $P(BC)>0$, A 和 B 在 C 发生时条件独立, 则有 $P(A|BC)=P(A|C)$.

1.5.2 多个事件的独立

定义 1.5.2 (多个事件间的相互独立) 称 $n(\geqslant 2)$ 个事件 $A_1,A_2,\cdots,A_n\in\mathcal{F}$ **相互独立**, 若对任意的整数 $m:2\leqslant m\leqslant n$ 及任意的 $1\leqslant i_1<\cdots<i_m\leqslant n$,

$$P(A_{i_1}\cap\cdots\cap A_{i_m})=P(A_{i_1})\cdots P(A_{i_m})$$

都成立.

定义 1.5.3 (两两独立) 称 $n(\geqslant 2)$ 个事件 $A_1,A_2,\cdots,A_n\in\mathcal{F}$ **两两独立**, 若对任意的 $1\leqslant i<j\leqslant n$,

$$P(A_iA_j)=P(A_i)\cdot P(A_j)$$

都成立, 即任意两个不同的事件同时发生的概率等于各自发生的概率的乘积.

定义 1.5.4 (三三独立) 称 $n(\geqslant 3)$ 个事件 $A_1,A_2,\cdots,A_n\in\mathcal{F}$ **三三独立**, 若对任意的 $1\leqslant i<j<k\leqslant n$,

$$P(A_iA_jA_k)=P(A_i)\cdot P(A_j)\cdot P(A_k)$$

都成立, 即任意三个互异的事件同时发生的概率等于各自发生的概率的乘积.

类似地, 对于足够多的事件, 我们可以定义 n 个事件的四四独立, $\cdots$, nn 独立.

注记 1.5.8 $n(\geqslant 2)$ 个事件 $A_1,A_2,\cdots,A_n\in\mathcal{F}$ 相互独立当且仅当这 n 个事件两两独立, 三三独立, $\cdots$, nn 独立.

注记 1.5.9 $n(\geqslant 2)$ 个事件 $A_1,A_2,\cdots,A_n\in\mathcal{F}$ 相互独立当且仅当对任意的整数 $m:2\leqslant m\leqslant n$, 其中的任意 m 个互异的事件都相互独立.

特别地,

定义 1.5.5 (三个事件间的相互独立) 称事件 A, B 和 C **相互独立**, 简称 A,

B 和 C **独立**, 如果它们两两独立和三三独立, 即满足

$$P(AB) = P(A)P(B), \quad P(AC) = P(A)P(C), \quad P(BC) = P(B)P(C)$$

和

$$P(ABC) = P(A)P(B)P(C).$$

例 1.5.4 设样本空间 $\Omega = \{1,2,3,4,5,6,7,8\}$, 每个样本点出现的可能性相等. 记 $A = \{1,2,3,4\}$, $B = \{1,2,5,6\}$, $C = \{1,3,5,7\}$. 于是 $AB = \{1,2\}$, $AC = \{1,3\}$, $BC = \{1,5\}$, $ABC = \{1\}$. 故

$$P(A) = P(B) = P(C) = \frac{1}{2}, \quad P(AB) = P(AC) = P(BC) = \frac{1}{4}, \quad P(ABC) = \frac{1}{8},$$

从而事件 A, B 和 C 相互独立.

注记 1.5.10 若事件 A, B 和 C 相互独立, 则 $A \cup B$ 与 C 独立, $A \cap B$ 与 C 独立, $A \setminus B$ 与 C 独立. 注意此处相互独立不能替换为两两独立.

注记 1.5.11 两两独立未必三三独立, 三三独立未必两两独立.

例 1.5.5 考虑掷一枚均匀的硬币两次的随机试验, 用 A 表示事件 "第一次掷得的是正面", B 表示事件 "第二次掷得的是正面", C 表示事件 "两次掷得的结果是相同的". 易知样本空间 $\Omega = \{(H,H),(H,T),(T,H),(T,T)\}$, $A = \{(H,H),(H,T)\}$, $B = \{(H,H),(T,H)\}$, $C = \{(H,H),(T,T)\}$, $AB = AC = BC = ABC = \{(H,H)\}$, $A \cup B = \{(H,H),(H,T),(T,H)\}$, $(A \cup B)C = \{(H,H)\}$, $A \backslash B = \{(H,T)\}$. 于是

$$P(A) = P(B) = P(C) = \frac{1}{2}, \quad P(A \cup B) = \frac{3}{4}, \quad P(A \backslash B) = \frac{1}{4}$$

且

$$P(AB) = P(AC) = P(BC) = P(ABC) = P((A \cup B)C) = \frac{1}{4}.$$

故事件 A, B 和 C 两两独立, 但非三三独立. 尽管 A 与 C 独立, B 与 C 独立, 但 $A \cup B$ 与 C 不独立, $A \cap B$ 与 C 不独立, $A \backslash B$ 与 C 不独立.

例 1.5.6 设样本空间 $\Omega = \{1,2,3,4,5,6,7,8\}$, 每个样本点出现的可能性相等. 记 $A = \{1,2,3,4\}$, $B = \{1,5,6,7\}$, $C = \{1,6,7,8\}$. 于是 $AB = AC = ABC = \{1\}$, $BC = \{1,6,7\}$. 故

$$P(A) = P(B) = P(C) = \frac{1}{2}, \quad P(BC) = \frac{3}{8}; \quad P(AB) = P(AC) = P(ABC) = \frac{1}{8},$$

从而事件 A, B 和 C 三三独立, 但不两两独立.

相互独立时, 多个事件的加法公式即庞加莱公式有着简单的表现形式.

定理 1.5.2 若事件 $A_1,\cdots,A_n(n\geqslant 2)$ 相互独立, 则

$$P\left(\bigcup_{k=1}^{n}A_k\right)=1-\prod_{k=1}^{n}(1-P(A_k)).$$

证明 因为 $A_1,\cdots,A_n$ 相互独立, 不难推出 $\overline{A}_1,\cdots,\overline{A}_n$ 也相互独立, 于是

$$\begin{aligned}P\left(\bigcup_{k=1}^{n}A_k\right)&=1-P\left(\overline{\bigcup_{k=1}^{n}A_k}\right)=1-P\left(\bigcap_{k=1}^{n}\overline{A}_k\right)\\&=1-\prod_{k=1}^{n}P(\overline{A}_k)=1-\prod_{k=1}^{n}(1-P(A_k)).\end{aligned}$$ □

1.5.3 试验的独立

有些时候, 我们可能需要研究来自不同随机试验的随机事件. 我们有下面的定义.

定义 1.5.6 若试验 E_1 的任一结果与试验 E_2 的任一结果都是相互独立的事件, 则称这两个试验相互独立, 或称独立试验.

定义 1.5.7 若某种试验只有两个结果 (例如: 成功、失败; 黑球、白球; 正面、反面), 则称这个试验为伯努利 (Bernoulli) 试验.

例 1.5.7 掷一枚均匀的硬币观察 "正面朝上" 或 "反面朝上" 的试验; 抛一颗骰子观察 "出现的点数是偶数还是奇数" 的试验, 都是伯努利试验.

注记 1.5.12 在伯努利试验中, 一般记 "成功" 的概率为 p; n 重伯努利试验, 即 n 次独立重复的伯努利试验.

注记 1.5.13 由定理 1.5.2 知, 若 $A_1,\cdots,A_n$ 相互独立, 且发生的概率相同, 皆为 $\delta: 0<\delta<1$, 则 $A_1,\cdots,A_n$ 至少有一个发生的概率随着 n 的增大趋向于 1. 特别地, 虽然在一次试验中, 事件 A 是小概率事件 (即 $P(A)$ 非常小但是大于 0), 然而只要试验次数足够多, 事件 A 几乎必然发生.

✍习题 1.5

1. 两个随机事件的相互独立和互不相容有何区别?
2. 若 $P(A)=0$ 或 1, 证明 A 与任一事件都独立.

3. 证明当 $P(B)>0$ 时, 事件 A 与 B 独立的充要条件是 $P(A|B)=P(A)$.

4. 10 件产品中有 3 件不合格品, 现从中随机抽取 2 件, A_1 表示事件 "第一件是不合格品", A_2 表示事件 "第二件是不合格品". 问:

(1) 若抽取是有返回的, A_1 与 A_2 是否独立?

(2) 若抽取是不返回的, A_1 与 A_2 是否独立?

5. 制作某个产品有两道关键工序, 第一道和第二道工序的不合格品的概率分别为 3% 和 5%, 假定两道工序互不影响, 试问该产品为不合格品的概率.

6. 三人独立地对同一目标进行射击, 各人击中的概率分别为 0.7, 0.8, 0.6. 求目标被击中的概率.

7. 甲、乙、丙三个同学同时独立参加考试, 不及格的概率分别为 0.2, 0.3, 0.4, (1) 求恰有 2 位同学不及格的概率; (2) 若已知 3 位同学中有 2 位不及格, 求其中 1 位是同学乙的概率.

8. 一袋中有 10 个球, 3 个黑球、7 个白球, 每次有返回地从中随机取出一球. 若共取 10 次, 求 10 次中能取到黑球的概率及 10 次中恰好取到 3 次黑球的概率.

9*. 甲、乙、丙三人轮流掷一枚均匀的硬币, 甲先掷, 谁先掷得正面则得胜, 分别求出甲、乙、丙得胜的概率.

*1.6 补充

本节我们首先补充给出利用古典方法计算概率所需的排列组合知识, 再给出概率的连续性定理.

1.6.1 排列组合

排列组合知识在中学数学中已经学过, 这里主要从应用古典方法计算概率的角度, 对排列组合知识进行简单的回顾. 我们借助两个模型来说明. 首先来看袋子模型.

1. 袋子模型

设袋子中装有标号为 $1,2,\cdots,n$ 的 n 个球, 从中按照以下方式任取 r 个球, 分别计算每种情形下可能的样本点总数.

(1) 取球有放回, 讲究取球的次序;

(2) 取球不放回, 讲究取球的次序;

(3) 取球不放回, 不讲究取球的次序;

(4) 取球有放回, 不讲究取球的次序.

易知, 对应于四种情形的样本空间可以表述为

(1) $\Omega_1=\{(i_1,\cdots,i_r):1\leqslant i_j\leqslant n,j=1,\cdots,n\}$;

(2) $\Omega_2=\{(i_1,\cdots,i_r):1\leqslant i_j\leqslant n,j=1,\cdots,n,\text{且 } i_j \text{ 互异}\}$;

(3) $\Omega_3=\big\{\{i_1,\cdots,i_r\}:1\leqslant i_j\leqslant n,j=1,\cdots,n\big\}$, 这里每个样本点都是一个集合, 由集合元素的互异性知, i_j 是互异的;

(4) $\Omega_4=\{(x_1,\cdots,x_n):\sum\limits_{k=1}^{n}x_k=r,x_k\text{都取非负整数}\}$, 这里 x_k 表示标号为 k 的球被取到的次数.

由排列组合的加法原理和乘法原理知, 计算上述四个样本空间所含的样本点数分别对应于:

(1) **重复排列** $|\Omega_1|=n^r$;

(2) **选排列** $|\Omega_2|=\mathrm{P}_n^r=\dfrac{n!}{(n-r)!}=n(n-1)\cdots(n-r+1)$;

(3) **组合** $|\Omega_3|=\mathrm{C}_n^r=\dfrac{\mathrm{P}_n^r}{r!}=\dfrac{n!}{r!(n-r)!}$;

(4) **重复组合** $|\Omega_4|=\mathrm{C}_{n+r-1}^r=\dfrac{(n+r-1)!}{r!(n-1)!}$.

2. 占位模型

考虑将 r 个球放到标号为 $1,\cdots,n$ 的 n 个盒子中, 分别计算每种情形下可能的样本点总数.

(1) 球有区别, 每盒所装球数不限;

(2) 球有区别, 每盒至多装一球;

(3) 球无区别, 每盒至多装一球;

(4) 球无区别, 每盒所装球数不限.

因为袋子模型中 "取到标号为 i 的球" 对应于占位模型中 "标号为 i 的盒子被占用", 故占位模型与袋子模型是等价的, 只是同一问题的不同描述而已. 我们把这两个模型相对应的情形及可能样本点数列表如表 1.5 所示.

表 1.5 常见的排列组合模型

名称	袋子模型	占位模型	可能结果数
重复排列	有放回, 讲究次序	球有区别, 盒子不限制球数	n^r
选排列	不放回, 讲究次序	球有区别, 每盒至多一球	P_n^r
组合	不放回, 不讲次序	球无区别, 每盒至多一球	C_n^r
重复组合	有放回, 不讲次序	球无区别, 盒子不限制球数	C_{n+r-1}^r

例 1.6.1 (抽签原理) 设有 n 支签, 其中 k 支是好签, n 个人依次不返回地随

机抽取一支. 求第 $m(1 \leqslant m \leqslant n)$ 个人抽到好签的概率.

解 前面我们已经利用全概率公式给出了解答 (见例 1.4.5), 这里利用占位模型和古典方法来计算概率.

n 个人依次抽签可视为将 n 支不同的签放到 n 个格子中, 每格一支. 这是全排列问题, 故 $|\Omega| = n!$. 设 A_m 表示事件 "第 m 个人抽到好签", $m = 1, \cdots, n$. 事件 A_m 发生, 等价于第 m 个格子可以放 k 支好签中的任一支, 因而有 k 种放法; 接着将剩下的 $n-1$ 支不同的签放到 $n-1$ 个格子中, 每格一支, 有 $(n-1)!$ 种放法. 于是由乘法原理, $|A_m| = k \cdot (n-1)!$. 故

$$P(A_m) = \frac{k \cdot (n-1)!}{n!} = \frac{k}{n}. \qquad \square$$

1.6.2 概率的连续性

概率的性质表明, 概率具有有限可加性: 若 $A_1, \cdots, A_n \in \mathcal{F}$, 且对任意的 $i \neq j$, $A_iA_j = \varnothing$, 则

$$P\left(\sum_{k=1}^{n} A_k\right) = \sum_{k=1}^{n} P(A_k).$$

即有限个互不相容的事件的和发生的概率等于这有限个事件发生的概率的和. 但是我们不能在概率的定义中将可列可加性公理替换为有限可加性性质, 因为对于满足非负性和正则性公理的集函数, 有限可加性不能推出可列可加性.

例 1.6.2 设 $\Omega = [0,1] \cap \mathbb{Q}$, 即 Ω 是 $[0,1]$ 中的全体有理数构成的集合. 定义

$$\mathcal{C} = \{A_{a,b} : A_{a,b} = [a,b] \cap \Omega, \text{其中} 0 \leqslant a \leqslant b \leqslant 1, a, b \in \Omega\},$$

$\mathcal{F}$ 是包含 $\mathcal{C}$ 的最小事件域. 定义 $\mathcal{F}$ 上的集函数, 满足 $\mu(A_{a,b}) = b - a$.

易知 μ 满足有限可加性但不满足可列可加性. 事实上, 既然 Ω 是可列集, 记 $\Omega = \{r_1, r_2, \cdots\}$, $A_n = \{r_n\}$, 则 $\mu\left(\sum_{n=1}^{+\infty} A_n\right) = \mu(\Omega) = 1$, 但 $\mu(A_n) = \mu(\{r_n\}) = 0$, 因而不满足可列可加性.

为讨论有限可加性和可列可加性之间的关系, 我们需要定义:

定义 1.6.1 设 $\{A_n, n \geqslant 1\}$ 是 $\mathcal{F}$ 中的事件列,

(1) 若 $A_1 \subset A_2 \subset \cdots \subset A_n \subset \cdots$, 即 $\{A_n, n \geqslant 1\}$ 是单调不减的, 记 $\lim\limits_{n \to +\infty} A_n = \bigcup\limits_{n=1}^{+\infty} A_n$;

(2) 若 $A_1 \supset A_2 \supset \cdots \supset A_n \supset \cdots$, 即 $\{A_n, n \geqslant 1\}$ 是单调不增的, 记

$$\lim_{n\to+\infty} A_n = \bigcap_{n=1}^{+\infty} A_n.$$

称 $\lim\limits_{n\to+\infty} A_n$ 为事件列 $\{A_n, n\geqslant 1\}$ 的**极限事件**.

定义 1.6.2 称定义在 $\mathcal{F}$ 上的集函数 $\mu(\cdot)$ 是

(1) **下连续的**, 若对单调不减的事件列 $\{A_n, n\geqslant 1\}$ 满足

$$\mu\left(\lim_{n\to+\infty} A_n\right) = \lim_{n\to+\infty} \mu(A_n);$$

(2) **上连续的**, 若对单调不增的事件列 $\{A_n, n\geqslant 1\}$ 满足

$$\mu\left(\lim_{n\to+\infty} A_n\right) = \lim_{n\to+\infty} \mu(A_n).$$

定理 1.6.1 (概率的连续性) 设 P 是定义在 $\mathcal{F}$ 上的概率, 即是满足非负性、正则性和可列可加性三条公理的集函数, 则 P 是下连续的和上连续的.

证明 先证下连续性. 设 $A_1\subset A_2\subset\cdots\subset A_n\subset\cdots$, 记 $B_1=A_1$, $B_n=A_n\backslash A_{n-1}$, $n=2,3,\cdots$, 则 $\{B_n, n\geqslant 1\}$ 是 $\mathcal{F}$ 中的互不相容的事件列, 且

$$\lim_{n\to+\infty} A_n = \bigcup_{n=1}^{+\infty} A_n = \sum_{n=1}^{+\infty} B_n, \qquad \bigcup_{k=1}^{n} A_k = \sum_{k=1}^{n} B_k,\ n\geqslant 1.$$

于是, 由概率的定义及性质知,

$$\begin{aligned} P\left(\lim_{n\to+\infty} A_n\right) &= P\left(\sum_{n=1}^{+\infty} B_n\right) = \sum_{n=1}^{+\infty} P(B_n) \\ &= \lim_{n\to+\infty}\sum_{k=1}^{n} P(B_k) = \lim_{n\to+\infty} P\left(\sum_{k=1}^{n} B_k\right) = \lim_{n\to+\infty} P(A_n), \end{aligned}$$

其中第二个等号是因为概率的可列可加性, 第三个等号是将无穷可列项求和写为部分和的极限, 第四个等号是因为概率的有限可加性.

再证上连续性. 设 $A_1\supset A_2\supset\cdots\supset A_n\supset\cdots$, 则 $\overline{A}_1\subset\overline{A}_2\subset\cdots\subset\overline{A}_n\subset\cdots$. 于是, 对事件列 $\{\overline{A}_n, n\geqslant 1\}$ 应用概率的下连续性,

$$P\left(\lim_{n\to+\infty} A_n\right) = P\left(\bigcap_{n=1}^{+\infty} A_n\right) = 1 - P\left(\bigcup_{n=1}^{+\infty} \overline{A}_n\right)$$

$$=1-\lim_{n\to+\infty}P\left(\overline{A}_n\right)=1-\lim_{n\to+\infty}(1-P(A_n))=\lim_{n\to+\infty}P(A_n),$$

其中第二个等号应用了对偶公式和概率的对立事件公式, 第三个等号应用了概率的下连续性, 第四个等号也是应用了概率的对立事件公式. □

定理 1.6.2 若 $\mu(\cdot)$ 是定义在 $\mathcal{F}$ 上的非负集函数, 且 $\mu(\Omega)=1$, 则 μ 满足可列可加性当且仅当 μ 满足有限可加性和下连续性.

证明 必要性可仿照概率 P 的有限可加性和下连续性的证明立得. 只需证明充分性. 设 $\{A_n, n\geqslant 1\}$ 是 $\mathcal{F}$ 中的互不相容的事件列, 下证

$$\mu\left(\sum_{n=1}^{+\infty}A_n\right)=\sum_{n=1}^{+\infty}\mu(A_n).$$

事实上, 记 $B_n=\sum\limits_{k=1}^{n}A_k,\ n\geqslant 1$, 则容易验证 $\{B_n, n\geqslant 1\}$ 是 $\mathcal{F}$ 中的单调不减的事件列, 且 $\sum_{n=1}^{+\infty}A_n=\bigcup_{n=1}^{+\infty}B_n$. 于是

$$\begin{aligned}\mu\left(\sum_{n=1}^{+\infty}A_n\right)&=\mu\left(\bigcup_{n=1}^{+\infty}B_n\right)=\lim_{n\to+\infty}\mu(B_n)\\&=\lim_{n\to+\infty}\mu\left(\sum_{k=1}^{n}A_k\right)=\lim_{n\to+\infty}\sum_{k=1}^{n}\mu(A_k)=\sum_{n=1}^{+\infty}\mu(A_n),\end{aligned}$$

其中第二个等号利用了 μ 的下连续性, 第四个等号利用了 μ 的有限可加性. □

注记 1.6.1 (概率 P 的等价定义) 设 P 是定义在 $\mathcal{F}$ 上的集函数, 称 P 是**概率测度**或**概率**, 若其满足

(1) **非负性公理** 对任意的 $A\in\mathcal{F}$, $P(A)\geqslant 0$;

(2) **正则性公理** $P(\Omega)=1$;

(3) **有限可加性公理** 若 $A_1,\cdots,A_n\in\mathcal{F}$, 且对任意的 $i\neq j$, $A_iA_j=\varnothing$, 则

$$P\left(\sum_{k=1}^{n}A_k\right)=\sum_{k=1}^{n}P(A_k);$$

第 1 章测试题

(4) **下连续性公理** 若 $\{A_n, n\geqslant 1\}$ 是 $\mathcal{F}$ 中的单调不减的事件列, 则

$$P\left(\lim_{n\to+\infty}A_n\right)=\lim_{n\to+\infty}P(A_n).$$

第 2 章　一维随机变量

本章我们将要研究随机变量, 它是定义在样本空间上的实值函数, 随机变量反映了样本点的某种数量指标. 我们可以借助随机变量来刻画随机事件, 使用经典分析工具去研究概率论. 本章仅研究一维随机变量及其概率分布.

2.1 随机变量的定义及其分布

上一章中我们所研究的随机现象的试验结果称为样本点 ω. 通常, 一个随机试验的样本点可以是数量指标, 譬如观察掷一颗骰子出现的点数; 记录某购物广场一天内光顾的顾客数和某种品牌型号的手机寿命等试验的结果都与一个数量相联系. 但并非所有随机试验的样本点都涉及数字, 譬如抛一枚硬币, 正面向上或反面向上的基本结果都与数量无关, 这就给进一步进行数理研究带来了麻烦. 为此, 我们在概率空间 $(\Omega, \mathcal{F}, P)$ 中引入随机变量.

2.1.1　随机变量

简单地说, 随机变量是定义在样本空间上的实值函数. 数学上, 严格地定义如下:

定义 2.1.1　设 $(\Omega, \mathcal{F}, P)$ 为某随机现象的概率空间, 称定义在 Ω 上的实值函数 $X = X(\omega)$ 为**随机变量** (简记为 r.v.), 如果对任意的实数 x, $\{\omega \in \Omega : X(\omega) \leqslant x\} \in \mathcal{F}$.

我们来看几个随机变量的例子.

例 2.1.1　设 $(\Omega, \mathcal{F}, P)$ 是给定的概率空间, c 是给定的实数. 对任意的 $\omega \in \Omega$, 定义 $X(\omega) = c$, 则 X 是一个 (常数值) 随机变量, 这是因为对任意的实数 x,

$$\{\omega \in \Omega : X(\omega) \leqslant x\} = \begin{cases} \varnothing, & x < c, \\ \Omega, & x \geqslant c. \end{cases}$$

而事件域 $\mathcal{F}$ 必含有 Ω 和 $\varnothing$, 故对任意的实数 x, $\{\omega \in \Omega : X(\omega) \leqslant x\} \in \mathcal{F}$.

例 2.1.2 抛掷一枚均匀的硬币, $\Omega=\{H,T\}$, $\mathcal{F}=\{\Omega,\varnothing,\{H\},\{T\}\}$. 定义

$$X(\omega)=\begin{cases}1, & \omega=H,\\ 0, & \omega=T.\end{cases}$$

注意到

$$\{\omega\in\Omega:X(\omega)\leqslant x\}=\begin{cases}\varnothing, & x<0,\\ \{T\}, & 0\leqslant x<1,\\ \Omega, & x\geqslant 1,\end{cases}$$

而 $\{\Omega,\varnothing,\{T\}\}\subset\mathcal{F}$, 于是对任意的实数 x, $\{\omega\in\Omega:X(\omega)\leqslant x\}\in\mathcal{F}$. 故 X 为随机变量.

一般地, 我们称只有两个可能取值的随机变量为 **Bernoulli 随机变量**.

例 2.1.3 设 $(\Omega,\mathcal{F},P)$ 是给定的概率空间, $A\in\mathcal{F}$. 定义

$$1_A(\omega)=\begin{cases}1, & \omega\in A,\\ 0, & \omega\in\overline{A}.\end{cases}$$

则 1_A 是一个 Bernoulli 随机变量 (通常称 1_A 为事件 A 的示性函数).

注意到 $A=\{\omega\in\Omega:1_A(\omega)=1\}$, 故**任一随机事件都可以用随机变量来刻画**.

由随机变量的定义, 我们易知

注记 2.1.1 (1) 随机变量是函数, 定义域为 Ω, 取值于 $(-\infty,+\infty)$;

(2) 对于任意的实数 x, 由于

$$\{X<x\}=\{\omega\in\Omega:X(\omega)<x\}=\bigcup_{n=1}^{+\infty}\left\{\omega\in\Omega:X(\omega)\leqslant x-\frac{1}{n}\right\},$$

因而其为随机事件;

(3) 对于任意的实数 x, a 和 b, $\{X=x\}=\{X\leqslant x\}\backslash\{X<x\}$, $\{a<X\leqslant b\}=\{X\leqslant b\}\backslash\{X\leqslant a\}$, $\{X\leqslant a\}=\Omega\backslash\{X>a\}$, $\cdots$ 皆为随机事件.

我们再看两个例子.

例 2.1.4 抛掷一枚均匀的硬币, $\Omega=\{H,T\}$, $\mathcal{F}=\{\Omega,\varnothing,\{H\},\{T\}\}$, 容易证明 $Y(\omega)=\begin{cases}0, & \omega=H,\\ 1, & \omega=T\end{cases}$ 也是一个随机变量.

例 2.1.2和例 2.1.4说明, 同一样本空间可以定义不同的随机变量. 显然, 当事件域 $\mathcal{F}=2^{\Omega}$(即 Ω 的幂集) 时, 定义在 Ω 上的任一实值函数都是随机变量. 下面的例 2.1.5 则说明并非所有的定义在样本空间上的实值函数都是随机变量.

例 2.1.5 设 $\Omega=\{a,b,c\}$ 为样本空间, $\mathcal{F}=\{\Omega,\varnothing,\{b\},\{a,c\}\}$ 为事件域. 定义

$$X(\omega)=\begin{cases}0, & \omega=a,\\ 1, & \omega=b,\\ 2, & \omega=c.\end{cases}$$

因为 $\{X\leqslant 0\}=\{a\}\notin\mathcal{F}$, 故 X 不是随机变量.

注记 2.1.2 特别地, 若事件域 $\mathcal{F}=2^{\Omega}$(即为 Ω 的幂集, $2^{\Omega}=\{A:A\subset\Omega\}$), 则定义在 Ω 上的任意实值函数都是随机变量. 为简单起见, 今后我们假定事件域 $\mathcal{F}$ 就是 Ω 的幂集 2^{Ω}.

2.1.2 分布函数

尽管随机变量取值为实数, 但其定义域是样本空间, 可以是很抽象的集合. 故对于随机变量仍不便于进行数学上的处理. 为此我们引入分布函数的概念.

定义 2.1.2 设 X 为随机变量, 对任意的实数 x, 称函数 $F(x)=P(X\leqslant x)$ 为 X 的**累积分布函数**, 简称为**分布函数** (简记为 c.d.f. 或 d.f.).

由定义显见, 分布函数 F 是 $\mathbb{R}\longrightarrow[0,1]$ 的映射.

例 2.1.6 设 $(\Omega,\mathcal{F},P)$ 是给定的概率空间, c 是给定的实数. 考虑随机变量

$$X(\omega)=c,\quad \omega\in\Omega,$$

容易求得 X 的分布函数为

$$F(x)=P(X\leqslant x)=\begin{cases}0, & x<c,\\ 1, & c\leqslant x.\end{cases}$$

如图 2.1 所示. 这里, 我们称 F 为一个**退化分布** (函数).

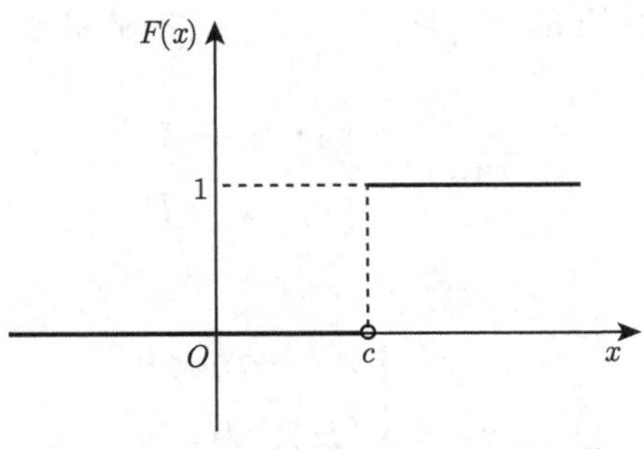

图 2.1 退化分布函数 $F(x)$ 的图像

例 2.1.7 抛掷一枚均匀的硬币, 观察正反面, $\Omega=\{H,T\}$, $\mathcal{F}=\{\Omega,\varnothing,\{H\},\{T\}\}$, 定义概率 P 满足 $P(\{H\})=1/2$. 对于 Bernoulli 随机变量

$$X(\omega)=\begin{cases}1, & \omega=H,\\ 0, & \omega=T\end{cases}$$

及任意的实数 x,

$$\{X\leqslant x\}=\begin{cases}\varnothing, & x<0,\\ \{T\}, & 0\leqslant x<1,\\ \Omega, & 1\leqslant x.\end{cases}$$

于是, X 的分布函数为

$$F(x)=P(X\leqslant x)=\begin{cases}P(\varnothing), & x<0,\\ P(\{T\}), & 0\leqslant x<1,\\ P(\Omega), & 1\leqslant x\end{cases}=\begin{cases}0, & x<0,\\ \dfrac{1}{2}, & 0\leqslant x<1,\\ 1, & 1\leqslant x.\end{cases}$$

如图 2.2 所示.

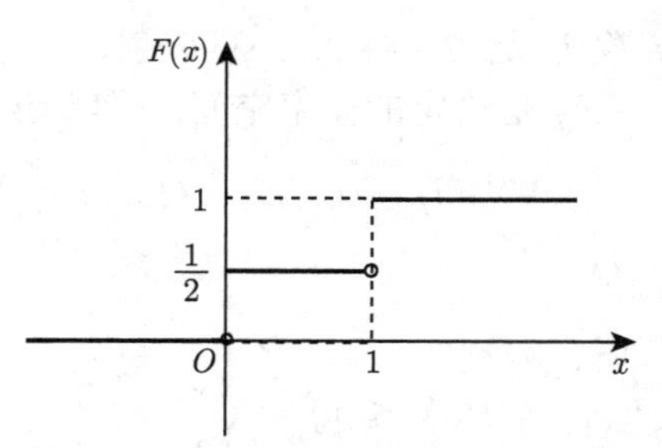

图 2.2 Bernoulli 随机变量分布函数 $F(x)$ 的图像

例 2.1.8 抛掷一枚均匀的硬币, 观察正反面, $\Omega=\{H,T\}$, $\mathcal{F}=\{\Omega,\varnothing,\{H\},\{T\}\}$, 定义概率 P 满足 $P(\{H\})=1/2$. 对于随机变量

$$Y(\omega)=\begin{cases}1, & \omega=T,\\ 0, & \omega=H\end{cases}$$

及任意的实数 y,

$$\{Y\leqslant y\}=\begin{cases}\varnothing, & y<0,\\ \{H\}, & 0\leqslant y<1,\\ \Omega, & 1\leqslant y.\end{cases}$$

于是, Y 的分布函数为

$$F(y) = P(Y \leqslant y) = \begin{cases} P(\varnothing), & y < 0, \\ P(\{H\}), & 0 \leqslant y < 1, \\ P(\Omega), & 1 \leqslant y \end{cases} = \begin{cases} 0, & y < 0, \\ \dfrac{1}{2}, & 0 \leqslant y < 1, \\ 1, & 1 \leqslant y. \end{cases}$$

由例 2.1.7和例 2.1.8, 我们发现

注记 2.1.3 同一概率空间中, 不同的随机变量可以有相同的分布函数.

随机变量的分布函数具有非常良好的性质.

定理 2.1.1 (分布函数的性质) 设 $F(x)$ 是某随机变量 X 的分布函数, 则 $F(x)$ 具有以下性质.

(1) **单调性** 若 $x < y$, 则 $F(x) \leqslant F(y)$.

(2) **有界性** 对任意的实数 x, $0 \leqslant F(x) \leqslant 1$, $F(+\infty) = 1$, $F(-\infty) = 0$, 其中 $F(+\infty) \triangleq \lim\limits_{x\to+\infty} F(x)$, $F(-\infty) \triangleq \lim\limits_{x\to-\infty} F(x)$.

(3) **右连续性** 对任意的实数 x, $F(x+0) = F(x)$, 其中 $F(x+0) \triangleq \lim\limits_{y\to x+} F(y)$.

证明 见 2.6 节. □

通常, 我们把一个具有定理 2.1.1 中所述的单调性、有界性和右连续性的函数也称为分布函数. 利用分布函数的性质, 可以求一些分布的待定参数, 如下例.

例 2.1.9 已知随机变量 X 的分布函数为

$$F(x) = \begin{cases} A + B\mathrm{e}^{-\frac{x^2}{2}}, & x > 0, \\ 0, & x \leqslant 0. \end{cases}$$

求常数 A 和 B.

解 由 $F(0)=0$ 和 $F(x)$ 在 0 点处的右连续性知, $A+B=0$; 又由 $F(+\infty)=1$ 知 $A=1$, 故 $B=-1$. □

借助于分布函数, 我们可以将由随机变量刻画的随机事件发生的概率用分布函数来表示, 常用的如定理 2.1.2所示.

定理 2.1.2 设 F 是随机变量 X 的分布函数, 则

(1) $P(X > x) = 1 - F(x)$;

(2) $P(X < x) = F(x-0) \triangleq \lim\limits_{y\to x-} F(y)$;

(3) $P(X = x) = F(x) - F(x-0)$;

(4) $P(X \geqslant x) = 1 - F(x-0)$;
(5) $P(a < X \leqslant b) = F(b) - F(a)$;
(6) $P(a < X < b) = F(b-0) - F(a)$;
(7) $P(a \leqslant X < b) = F(b-0) - F(a-0)$;
(8) $P(a \leqslant X \leqslant b) = F(b) - F(a-0)$.

证明 这里仅证明 (2), 剩下的由概率的性质不难证明. 由 F 的单调性知, 对任意的 $x \in \mathbb{R}$, $F(x-0)$ 存在. 于是,

$$F(x-0) = \lim_{n\to+\infty} F\left(x - \frac{1}{n}\right).$$

设 $x \in \mathbb{R}$, 记 $A_1 = \{X \leqslant x-1\}$,

$$A_n = \left\{x - \frac{1}{n-1} < X \leqslant x - \frac{1}{n}\right\}, \quad n = 2, 3, \cdots.$$

容易证明, $\{A_n, n \geqslant 1\}$ 是互不相容的事件列, $\{X < x\} = \sum_{n=1}^{+\infty} A_n$, 且

$$P(A_1) = F(x-1), \quad P(A_n) = F\left(x - \frac{1}{n}\right) - F\left(x - \frac{1}{n-1}\right), \quad n = 2, 3, \cdots.$$

于是, 由概率的可列可加性,

$$\begin{aligned} P(X < x) =& P\left(\sum_{n=1}^{+\infty} A_n\right) = \sum_{n=1}^{+\infty} P(A_n) = \lim_{n\to+\infty} \sum_{k=1}^{n} P(A_k) \\ =& \lim_{n\to+\infty} \left\{F(x-1) + \sum_{k=2}^{n}\left[F\left(x - \frac{1}{k}\right) - F\left(x - \frac{1}{k-1}\right)\right]\right\} \\ =& \lim_{n\to+\infty} F\left(x - \frac{1}{n}\right) = F(x-0). \end{aligned}$$

□

注记 2.1.4 (分布函数与随机变量的关系) 在给定的概率空间 $(\Omega, \mathcal{F}, P)$ 中, 如果随机变量 X 已经有了定义, 则就会有与 X 相对应的分布函数 $F(x)$. 反之, 若一个定义在 $(-\infty, +\infty)$ 上的实函数 F 满足上述三条性质, 可以证明存在一个随机变量 X, 使得 F 是 X 的分布函数, 证明已经超出了本书的范围, 有兴趣的读者可以参阅 (Durrett, 2013). 前面的例子已经说明, 不同的随机变量可以有相同的分布函数.

✍习题 2.1

1. 设随机变量 X 的分布函数为 $F(x)$, 用 $F(x)$ 表示下列事件发生的概率:

$$\{X<1\},\quad \{|X-1|\leqslant 2\},\quad \{X^2>3\},\quad \{\sqrt{1+X}\geqslant 2\}.$$

2. 设随机变量 X 的分布函数为

$$F(x)=\begin{cases}0, & x<0,\\ \dfrac{x}{2}, & 0\leqslant x<1,\\ \dfrac{2}{3}, & 1\leqslant x<2,\\ \dfrac{11}{12}, & 2\leqslant x<3,\\ 1, & x\geqslant 3.\end{cases}$$

求概率

$$(1)P(X<3);\quad (2)P(1\leqslant X<3);\quad (3)P(X>1/2);\quad (4)P(X=3).$$

3. 设随机变量 X 的分布函数为 $F_X(x)$, 分别求随机变量

$$X^+=\max\{X,0\},\quad X^-=-\min\{X,0\},\quad |X|,\quad aX+b\ (a,b\text{为常数})$$

的分布函数.

4. 设随机变量 X 等可能地取值 0 和 1, 求 X 的分布函数.

5. 判断函数 $F(x)=1-\mathrm{e}^{-\mathrm{e}^x}$ 是否为分布函数.

6. 设 X 是概率空间 $(\Omega,\mathcal{F},P)$ 中的随机变量, 定义 $G(x)=P(X<x)$, 证明函数 $G(x)$ 满足

(1) 单调性: 若 $x<y$, 则 $G(x)\leqslant G(y)$.

(2) 有界性: 对任意的实数 x, $0\leqslant G(x)\leqslant 1$, $G(+\infty)\triangleq\lim\limits_{x\to+\infty}G(x)=1$,

$$G(-\infty)\triangleq\lim_{x\to-\infty}G(x)=0.$$

(3) 左连续性: 对任意的实数 x, $G(x-0)\triangleq\lim\limits_{y\to x-}G(y)=G(x)$.

7. 设 $F(x)$ 和 $G(x)$ 都是分布函数, 证明对任意的实数 $a:0\leqslant a\leqslant 1$, $aF(x)+(1-a)G(x)$ 也是分布函数.

8. 设 $F(x)$ 是分布函数, k 是正整数, 证明函数 $(F(x))^k$, $1-(1-F(x))^k$, $\mathrm{e}(F(x)-1)+\mathrm{e}^{1-F(x)}$(这里 e 是自然常数, 下同) 都是分布函数.

2.2 离散型分布

有一类随机变量, 其取值仅可能为有限个或可列个, 这类随机变量我们通常称之为离散型随机变量. 本节将要学习离散型随机变量及其概率分布, 以及常用的离散型分布.

2.2.1 离散型随机变量及其分布

我们先来介绍离散型随机变量的定义.

定义 2.2.1 设随机变量 X 的可能取值为有限个或可列个, 记为 $x_1, x_2, \cdots$, 则称 X 是**离散型随机变量**或 X 具有**离散型分布**, 并称

$$p_k = P(X = x_k), \quad k = 1, 2, \cdots$$

为 X 的**分布列**或**概率质量函数** (简记为 p.m.f.).

例如, 例 2.1.2 中的 Bernoulli 随机变量就是一个离散型随机变量, 其只有两个可能的取值 0 和 1.

注记 2.2.1 分布列通常可以用表格来表示

X	x_1	x_2	$\cdots$	x_n	$\cdots$
P	p_1	p_2	$\cdots$	p_n	$\cdots$

表格中第一行数字代表随机变量 X 所有可能的取值, 第二行数字表示 X 取相应数值的概率.

例 2.2.1 (单点分布) 若随机变量 X 满足 $P(X = c) = 1$, 即 X 的分布函数 F 是一个退化分布函数, 则称 X 服从**单点分布**, 记为 $X \sim \delta_c$, 其分布列为

X	c
P	1

例 2.2.2 抛掷一枚均匀硬币, 观察正反面, $\Omega = \{H, T\}$, $\mathcal{F} = \{\Omega, \varnothing, \{H\}, \{T\}\}$,

定义概率 P 满足 $P(\{H\})=1/3$. 于是, 随机变量

$$X(\omega)=\begin{cases}1, & \omega=H,\\ 0, & \omega=T\end{cases}$$

的分布列为

X	0	1
P	2/3	1/3

给定某离散型随机变量的分布列, 可以求相关随机事件发生的概率, 例如:

例 2.2.3 已知随机变量 X 的分布列为

$$P(X=k)=\frac{2}{3}\left(\frac{1}{3}\right)^{k-1}, \qquad k=1,2,\cdots.$$

求概率 $P(X\geqslant 2)$.

解 由对立事件公式和 X 的分布列知,

$$P(X\geqslant 2)=1-P(X<2)=1-P(X=1)=1-\frac{2}{3}\left(\frac{1}{3}\right)^{1-1}=\frac{1}{3}. \qquad \square$$

定理 2.2.1 (分布列的性质) 设 $p_k, k\geqslant 1$ 是某随机变量 X 的分布列, 则其满足下面两个性质.

(1) 非负性: $p_k\geqslant 0,\ k=1,2,\cdots$.

(2) 正则性: $\sum\limits_{k=1}^{+\infty}p_k=1$.

证明 由概率的非负性知 p_k 是非负的. 正则性只需注意到 $\Omega=\sum\limits_{k=1}^{+\infty}\{X=x_k\}$, 由概率的正则性和可列可加性公理立得. $\square$

这里需要指出的是, 非负性和正则性是分布列的特征性质, 即若有一数列满足非负性和正则性, 则其必为某离散型随机变量的分布列.

例 2.2.4 设随机变量 X 的分布列为

X	-1	0	1	2
P	1/4	a	1/2	1/8

. 求常数 a 的值.

解 由分布列的正则性, 即

$$1=\sum_i p_i=\frac{1}{4}+a+\frac{1}{2}+\frac{1}{8},$$

解得 $a=\frac{1}{8}$. □

已知离散型随机变量的分布列, 我们可以很快得到其分布函数.

定理 2.2.2 设离散型随机变量 X 具有分布列

$$p_k=P(X=x_k),\quad k=1,2,\cdots,$$

则 X 的分布函数为

$$F(x)=\sum_{k:x_k\leqslant x}p_k,$$

这里我们约定 $\sum\limits_{k\in\varnothing}p_k=0$.

证明 只需注意到 $\Omega=\sum_k\{X=x_k\}$, 因而对任意的 x,

$$\{X\leqslant x\}=\{X\leqslant x\}\cap\Omega=\sum_{k:x_k\leqslant x}\{X=x_k\},$$

由分布函数的定义和概率的可列可加性即得. □

类似于定理 2.2.2 的证明, 我们易得

定理 2.2.3 设 $D\subset\mathbb{R}$, 随机变量 X 具有分布列 $\{p_k:k\geqslant 1\}$, 则

$$P(X\in D)=\sum_{k:x_k\in D}p_k.$$

例 2.2.5 已知随机变量 X 的分布列为

X	0	1	2
P	1/2	1/3	1/6

, 求 X 的分布函数和概率 $P(0<X<5/2)$.

解 由定理 2.2.2 知, X 的分布函数为

$$F(x)=\sum_{k:x_k\leqslant x}p_k=\begin{cases}0, & x<0,\\ \dfrac{1}{2}, & 0\leqslant x<1,\\ \dfrac{5}{6}, & 1\leqslant x<2,\\ 1, & 2\leqslant x.\end{cases}$$

所求概率为

$$P\left(0<X<\frac{5}{2}\right)=\sum_{k:x_k\in(0,5/2)}p_k=P(X=1)+P(X=2)=\frac{1}{3}+\frac{1}{6}=\frac{1}{2}. \quad \square$$

此外, 由定理 2.2.2 我们不难得出

注记 2.2.2 (离散型随机变量的分布函数的特征) 设 $F(x)$ 是离散型随机变量 X 的分布函数, 则 $F(x)$

(1) 是单调不降的阶梯函数;

(2) 间断点即为 X 的可能取值点;

(3) 在其间断点处的跳跃高度是对应的概率值.

已知分布函数, 由离散型随机变量的分布函数的特征, 我们可以求出其分布列.

定理 2.2.4 设 $F(x)$ 是离散型随机变量 X 的分布函数, 则 X 的可能取值点为 F 的所有间断点 $x_1,x_2,\cdots$, 分布列为

$$P(X=x_k)=F(x_k)-F(x_k-0),\quad k=1,2,\cdots.$$

例 2.2.6 已知 X 的分布函数为 $F(x)=\begin{cases}0, & x<0,\\ 0.4, & 0\leqslant x<1,\\ 0.8, & 1\leqslant x<2,\\ 1, & 2\leqslant x.\end{cases}$ 求 X 的分布列.

解 易知 X 的可能取值点为 F 的间断点, 即 $0,1,2$.

$$P(X=0)=F(0)-F(0-0)=0.4-0=0.4;$$

$$P(X=1)=F(1)-F(1-0)=0.8-0.4=0.4;$$

$$P(X=2)=F(2)-F(2-0)=1-0.8=0.2$$

或者

$$P(X=2)=1-P(X=0)-P(X=1)=1-0.4-0.4=0.2.$$

故 X 的分布列为

X	0	1	2
P	0.4	0.4	0.2

. □

2.2.2 常用离散型分布

本小节将介绍几种常用的离散型分布. 先来看跟 Bernoulli 试验有关的三个分布. 假定每次 Bernoulli 试验中成功的概率为 p.

2.2.3 二项分布

设 X 表示 n 重伯努利试验中成功的次数, 则 X 具有分布列

$$P(X=k)=\mathrm{C}_n^k p^k(1-p)^{n-k}, \quad k=0,1,\cdots,n,$$

称 X 服从参数 (n,p) 的**二项分布**, 记为 $X\sim b(n,p)$. 特别地, 当 $n=1$ 时, 称 $b(1,p)$ 为两点分布或 0-1 分布.

图 2.3 展示了二项分布 $b(8,0.3)$ 的分布列与分布函数的图像.

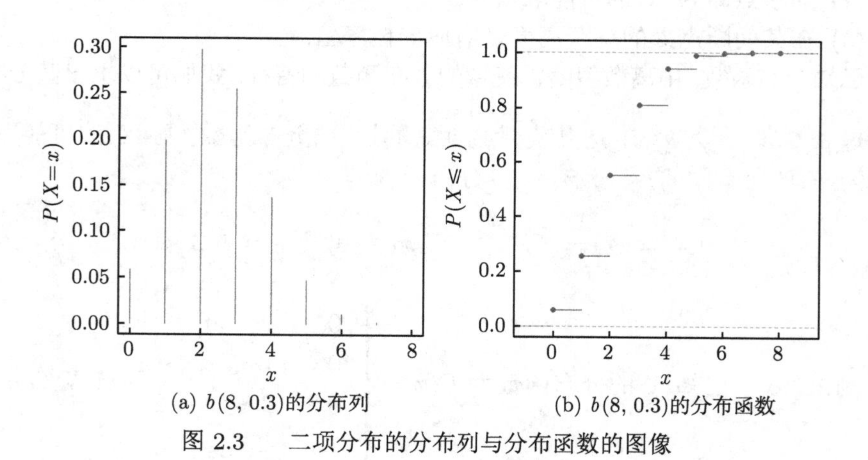

(a) $b(8,\ 0.3)$的分布列 (b) $b(8,\ 0.3)$的分布函数

图 2.3 二项分布的分布列与分布函数的图像

例 2.2.7 设某射手每次射击命中目标的概率为 0.8, 求射击 10 次命中 2 次的概率.

解 设 X 表示射击 10 次命中的次数, 则由题意知, $X\sim b(10,0.8)$. 故所求概率为

$$P(X=2)=\mathrm{C}_{10}^2 0.8^2(1-0.8)^{10-2}=7.4\times 10^{-5}.$$

□

例 2.2.8 设随机变量 $X \sim b(2,p)$, $Y \sim b(4,p)$, 已知 $P(X \geqslant 1) = \dfrac{8}{9}$, 求概率 $P(Y \geqslant 1)$.

解 由题意知, $P(X=0) = (1-p)^2$, $P(Y=0) = (1-p)^4$. 于是

$$
\begin{aligned}
P(Y \geqslant 1) &= 1 - P(Y=0) = 1 - (P(X=0))^2 \\
&= 1 - (1 - P(X \geqslant 1))^2 = 1 - \left(1 - \frac{8}{9}\right)^2 = \frac{80}{81}.
\end{aligned}
$$

□

2.2.4 几何分布

设 X 表示做 Bernoulli 试验中首次成功时的总试验次数, 则 X 具有分布列

$$
P(X=k) = p(1-p)^{k-1}, \quad k = 1, 2, \cdots,
$$

称 X 服从参数为 p 的**几何分布**, 记为 $X \sim \mathrm{Ge}(p)$.

图 2.4 展示了几何分布 Ge(0.3) 的分布列与分布函数的图像.

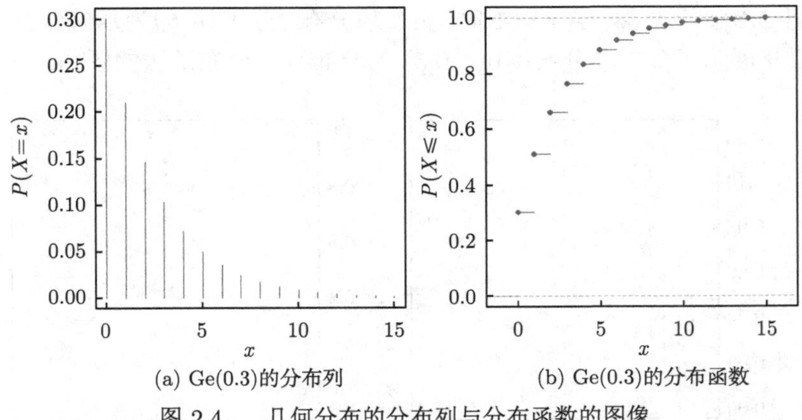

(a) Ge(0.3)的分布列 (b) Ge(0.3)的分布函数

图 2.4 几何分布的分布列与分布函数的图像

例 2.2.9 设某射手每次射击命中目标的概率为 0.8, 现连续对目标进行射击, 求首次命中时至少射击了 10 次的概率.

解 设 X 表示首次命中目标时的射击次数, 则由题意 $X \sim \mathrm{Ge}(0.8)$. 于是, 所求概率

$$
\begin{aligned}
P(X \geqslant 10) &= 1 - P(X \leqslant 9) = 1 - \sum_{k=1}^{9} P(X=k) \\
&= 1 - \sum_{k=1}^{9} 0.8 \times (1-0.8)^{k-1} = 0.2^9.
\end{aligned}
$$

□

由条件概率的定义, 不难证明

注记 2.2.3 几何分布具有无记忆性. 设随机变量 X 服从几何分布 $\mathrm{Ge}(p)$, 则

$$P(X>m+n|X>m)=P(X>n),$$

对任意的非负整数 m,n 都成立.

几何分布的无记忆性表明, 在一系列 Bernoulli 试验中, 已知在前 m 次未成功的条件下, 接下去的 n 次试验中仍未成功的概率与已经失败的次数 m 无关. 由高等数学知识可知, 具有无记忆性的离散型分布必是几何分布.

2.2.5 负二项分布

设 X 表示做 Bernoulli 试验中第 r 次成功时的总试验次数, 则 X 具有分布列

$$P(X=k)=\mathrm{C}_{k-1}^{r-1}p^r(1-p)^{k-r},\quad k=r,r+1,\cdots,$$

称 X 服从参数为 (r,p) 的**负二项分布或帕斯卡** (Pascal) **分布**, 记为 $X\sim \mathrm{Nb}(r,p)$.

注记 2.2.4 显然, 当 $r=1$ 时, 负二项分布 $\mathrm{Nb}(1,p)$ 即为几何分布 $\mathrm{Ge}(p)$.

图 2.5 展示了负二项分布 $\mathrm{Nb}(6,0.5)$ 的分布列与分布函数的图像.

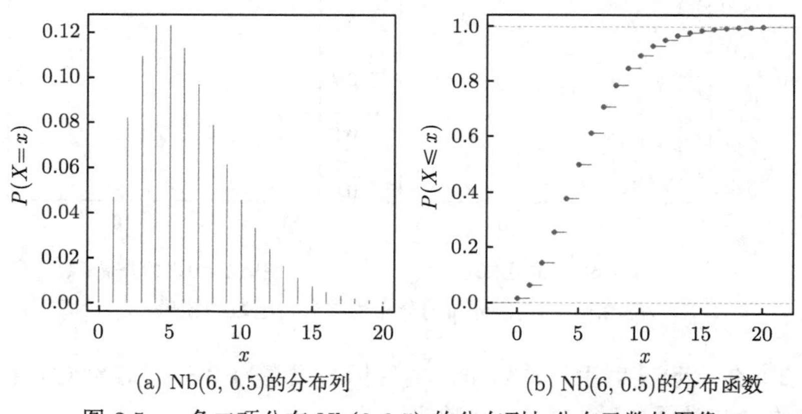

(a) Nb(6, 0.5)的分布列　(b) Nb(6, 0.5)的分布函数

图 2.5 负二项分布 $\mathrm{Nb}(6,0.5)$ 的分布列与分布函数的图像

例 2.2.10 (巴拿赫火柴问题 (Banach's match problem)) 波兰数学家巴拿赫喜欢抽烟, 每天出门时随身携带两盒火柴, 每盒共有 n 根火柴分别放在左右两个衣袋里. 每次使用时, 便随机地从其中一盒中取出一根. 试求他首次发现其中一盒火柴已用完, 而另一盒中剩下 k $(0\leqslant k\leqslant n)$ 根火柴的概率.

解 将取一次火柴盒看作做一次随机试验, 设 A 表示事件 “取左边口袋中的火柴盒”, 则 $P(A)=1/2$. 记 X 表示 A 发生 $n+1$ 次时的试验次数, 则

$X \sim \text{Nb}(n+1, 1/2)$. 记 B 表示事件 “首次发现左边口袋火柴盒已空, 右边口袋火柴盒尚余 k 根”, 则

$$B = \{X = n+1+n-k = 2n-k+1\}.$$

故

$$\begin{aligned} P(B) &= P(X = 2n-k+1) \\ &= \mathrm{C}_{2n-k+1-1}^{n+1-1}\left(\frac{1}{2}\right)^{n+1}\left(1-\frac{1}{2}\right)^{2n-k+1-(n+1)} = \mathrm{C}_{2n-k}^{n}\left(\frac{1}{2}\right)^{2n-k+1}. \end{aligned}$$

由对称性知, “首次发现右边口袋火柴盒已空, 左边口袋火柴盒尚余 k 根” 的概率亦为

$$\mathrm{C}_{2n-k}^{n}\left(\frac{1}{2}\right)^{2n-k+1}.$$

故首次发现其中一盒火柴已用完, 而另一盒中剩下 k 根火柴的概率为

$$2P(B) = 2\cdot\mathrm{C}_{2n-k}^{n}\left(\frac{1}{2}\right)^{2n-k+1} = \mathrm{C}_{2n-k}^{n}\left(\frac{1}{2}\right)^{2n-k}, \quad k = 0, 1, \cdots, n. \qquad \square$$

例 2.2.11 一批电子元件中大约有 10%的次品, 现一个一个依次检查, 求:

(1) 在检查第 5 个元件时第 3 个正品才被发现的概率;

(2) 第 3 个正品在前 5 个元件中被发现的概率;

(3) 已知前 2 个被发现都是次品, 至少还需检查 2 个才能发现正品的概率.

解 设 X 表示第 3 个正品被发现时检查的元件数, Y 表示首个正品被发现时检查的元件数, 则 $X \sim \text{Nb}(3, 0.9)$, $Y \sim \text{Ge}(0.9)$. 于是

(1) $P(X=5) = \mathrm{C}_4^2 0.9^3 0.1^2 = 0.04374$.

(2) $$\begin{aligned} P(X \leqslant 5) &= P(X=3)+P(X=4)+P(X=5) \\ &= \mathrm{C}_2^2 0.9^3 + \mathrm{C}_3^2 0.9^3 0.1^1 + \mathrm{C}_4^2 0.9^3 0.1^2 \\ &= 0.99144. \end{aligned}$$

(3) 由几何分布的无记忆性,

$$P(Y \geqslant 4 | Y > 2) = P(Y > 3 | Y > 2) = P(Y > 1) = 1 - P(Y = 1) = 0.1. \qquad \square$$

2.2.6 泊松分布

设 $\lambda > 0$, 随机变量 X 具有分布列

$$P(X = k) = \frac{\lambda^k}{k!}\mathrm{e}^{-\lambda}, \quad k = 0, 1, 2, \cdots,$$

则称 X 服从参数为 λ 的**泊松分布**, 记为 $X \sim P(\lambda)$.

泊松分布是法国数学家泊松 (Poisson) 于 1837 年首次引入的 (李少甫, 2011). 泊松分布通常用来刻画在特定的一段时间或空间内, 某个事件发生的次数或个数, 例如某块稻田的害虫数、放射性物质在一定时间内放射出的粒子数、一本辞典中的错字个数等都服从泊松分布; 还经常用来刻画社会生活中各种服务的需求量, 譬如一段时间内进入某家便利店的顾客数、某地铁站到来的乘客数等可以认为服从泊松分布.

图 2.6 展示了泊松分布 $P(1)$ 的分布列与分布函数的图像.

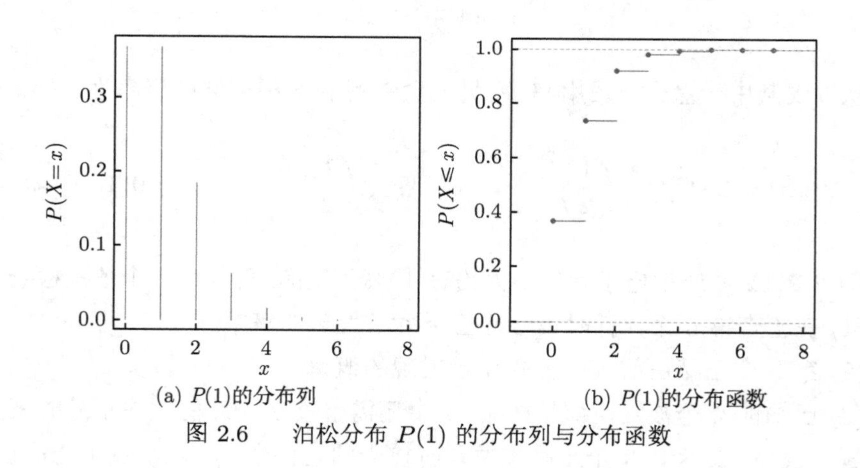

(a) $P(1)$的分布列 (b) $P(1)$的分布函数

图 2.6 泊松分布 $P(1)$ 的分布列与分布函数

泊松分布中的参数 λ 表示特定事件的平均发生次数, 图 2.7 呈现了不同参数 λ 的分布列.

例 2.2.12 某种棉布平均每米有疵点 3 个 (假定 t 米布上的疵点数服从参数为 $3t$ 的泊松分布). 试求 3 米布上疵点数的概率分布列.

解 设 X 表示 3 米布上的疵点数, 则 $X \sim P(9)$, 于是, X 的分布列为

$$P(X = k) = \frac{9^k}{k!}\mathrm{e}^{-9}, \qquad k = 0, 1, 2, \cdots. \qquad \square$$

泊松分布可认为是二项分布的极限分布.

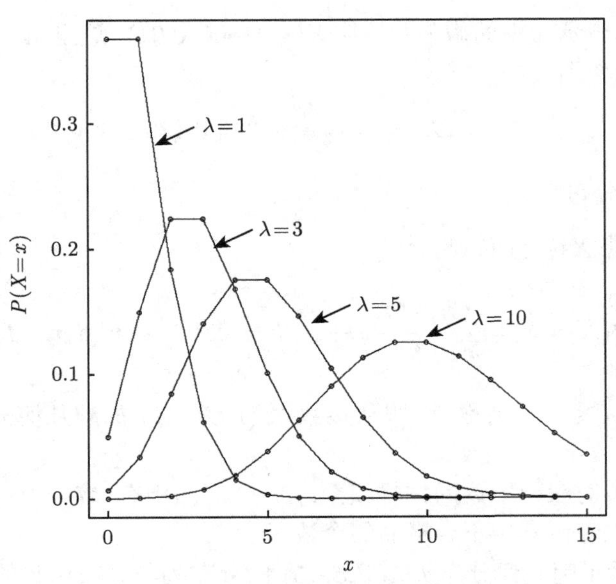

图 2.7 不同参数 λ 的泊松分布的分布列

定理 2.2.5 (泊松定理) 设 $\lim\limits_{n\to+\infty} np_n = \lambda$, 则对固定的正整数 k,

$$\lim_{n\to+\infty} \mathrm{C}_n^k p_n^k (1-p_n)^{n-k} = \frac{\lambda^k}{k!}\mathrm{e}^{-\lambda}.$$

证明 对固定的正整数 k, 注意到

$$\mathrm{C}_n^k p_n^k (1-p_n)^{n-k} = \frac{(np_n)^k}{k!}\cdot\frac{n}{n}\cdot\frac{n-1}{n}\cdot\cdots\cdot\frac{n-k+1}{n}\cdot\left(1-\frac{np_n}{n}\right)^{n\cdot\frac{n-k}{n}},$$

由 $\left(1+\dfrac{1}{n}\right)^n \to \mathrm{e}$ 即得. □

注记 2.2.5 由泊松定理, 当 n 充分大而 p 很小且 np 适中 (通常要求 $0.1 \leqslant np \leqslant 10$) 时, 可作近似计算:

$$P(X=k) = \mathrm{C}_n^k p^k (1-p)^{n-k} \approx \frac{(np)^k}{k!}\mathrm{e}^{-np}, \quad k=0,1,\cdots,n.$$

例 2.2.13 设每发炮弹命中目标的概率为 0.01, 求 500 发炮弹中命中 5 发的概率.

解 设 X 表示命中的炮弹数, 则 $X \sim b(500, 0.01)$, 这里 $np = 5$ 适中, 由泊松定理, 所求概率为

$$P(X = 5) \approx \frac{5^5}{5!}\mathrm{e}^{-5} = 0.175. \qquad \square$$

2.2.7 超几何分布

若随机变量 X 有分布列

$$P(X = k) = \frac{\mathrm{C}_M^k \cdot \mathrm{C}_{N-M}^{n-k}}{\mathrm{C}_N^n}, \quad k = 0, 1, \cdots, \min\{n, M\},$$

其中 $n \leqslant N$, $M \leqslant N$, 则称 X 服从参数为 (n, N, M) 的**超几何分布**, 记为 $X \sim h(n, N, M)$.

超几何分布对应于**不返回抽样**模型: N 个产品中有 M 个不合格品, 从中随机抽取 n 个, X 表示其中不合格品的个数.

图 2.8 展示了超几何分布 $h(10, 25, 15)$ 的分布列与分布函数的图像.

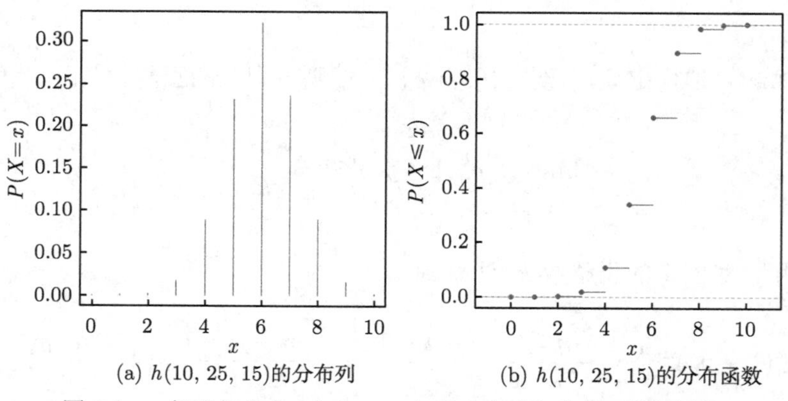

(a) $h(10, 25, 15)$的分布列　　(b) $h(10, 25, 15)$的分布函数

图 2.8 超几何分布 $h(10, 25, 15)$ 的分布列与分布函数的图像

注记 2.2.6 超几何分布的极限分布是二项分布, 即若固定 n 和 k, 当 $N \to +\infty$, 且 $M/N \to p$ 时,

$$\frac{\mathrm{C}_M^k \cdot \mathrm{C}_{N-M}^{n-k}}{\mathrm{C}_N^n} \to \mathrm{C}_n^k p^k (1-p)^{n-k}.$$

故超几何分布可以用二项分布来作近似计算.

✍习题 2.2

1. 袋子中装有编号分别为 $1,2,3,4,5$ 的 5 个球, 从该袋子中任取 3 个, 用 X 表示取出的 3 个球中的最大号码, 写出 X 的分布列.

2. 设离散型随机变量 X 的分布列为

$$P(X=k)=\frac{c}{2^k},\qquad k=0,1,2,\cdots.$$

求常数 c 的值.

3. 设 a 和 b 为整数, 随机变量 X 具有分布列

$$P(X=k)=\frac{1}{b-a+1},\qquad k=a,\cdots,b.$$

求 X 的分布函数.

4. 设随机变量 X 的分布列为

$$P(X=k)=c\cdot 2^{-k},\qquad k=1,2,\cdots.$$

求常数 c 的值.

5. 在上一题中求 X 取值为偶数的概率.

6. 已知随机变量 X 的分布列为 $P(X=i)=\dfrac{5-i}{10}, i=1,2,3,4$. 求 X 的分布函数 $F(x)$.

7. 已知随机变量 X 的分布函数为

$$F(x)=\begin{cases}0, & x<-1,\\ 0.2, & -1\leqslant x<0,\\ 0.6, & 0\leqslant x<1,\\ 0.9, & 1\leqslant x<3,\\ 1, & x\geqslant 3.\end{cases}$$

求 X 的分布列.

8. 离散型随机变量的分布函数一定是不连续的, 对不对?

9. 设随机变量 X 服从二项分布 $b(15,0.5)$, 求概率 $P(X<6)$.

10. 设 $X\sim b(2,p), Y\sim b(3,p)$, 已知 $P(X>0)=\dfrac{15}{16}$, 求概率 $P(Y>0)$.

11. 抛掷一枚均匀的硬币 5 次, 求正面出现偶数次的概率.

12. 证明几何分布具有无记忆性: 设 $X\sim \mathrm{Ge}(p)$, 则对任意的正整数 m,n,

$$P(X>m+n|X>m)=P(X>n).$$

13. 设随机变量 X 服从泊松分布 $P(\lambda)$, 求概率 $P\left(X<\dfrac{2024}{2025}\right)$.

14. 仓库里有 10 台打印机, 其中有 4 台不能正常工作. 现从中随机选择 5 台, 求这 5 台中有 3 台能正常工作的概率.

15. 某组织现需从 20 个候选人中随机选择 6 人成立一个领导委员会, 已知 20 个候选人中, 8 人是男性、12 人是女性. 委员会产生后发现其中只有 1 名是男性. 你是否有理由怀疑该委员会产生的随机性?

16. 求在一列独立重复的 Bernoulli 试验中, 第 n 次成功发生在第 m 次失败之前的概率 (设 Bernoulli 试验成功的概率为 p).

2.3 连续型分布

前面我们介绍了离散型随机变量, 概率论中还有一类随机变量, 其取值可能充满某个区间, 即连续型随机变量. 本节我们将学习连续型随机变量及其概率分布, 以及常用的连续型分布.

2.3.1 连续型随机变量及其分布

我们先来看连续型随机变量的定义.

定义 2.3.1 设随机变量 X 的分布函数为 $F(x)$, 若存在非负函数 $p(x)$, 使得对任意的实数 x,

$$F(x)=\int_{-\infty}^{x} p(t)\mathrm{d}t,$$

则称 X 为**连续型随机变量**或具有**连续型分布**; 称 $p(x)$ 为**概率密度函数**, 简称为密度函数 (记为 p.d.f.).

例 2.3.1 设随机变量 X 服从柯西分布, 即其分布函数为

$$F(x)=\frac{1}{\pi}\left(\arctan x+\frac{\pi}{2}\right),\quad -\infty<x<+\infty.$$

易知 X 为连续型随机变量, 概率密度函数为

$$p(x)=\frac{1}{\pi(1+x^2)},\quad -\infty<x<+\infty.$$

由定义 2.3.1, 我们有以下注记.

注记 2.3.1 (1) 连续型随机变量的分布函数 $F(x)$ 必为连续函数.

(2) 对任意的实数 a, $P(X=a)=F(a)-F(a-0)=0$.

(3) 由连续型随机变量的定义可知, 若 x 是分布函数 F 的可导点, 则 $p(x) = \frac{\mathrm{d}F}{\mathrm{d}x}(x)$. 若 x 是分布函数 F 的不可导点, $p(x)$ 理论上可以是任意实数, 但是通常为了方便, 我们定义 $p(x) = 0$. 故概率密度函数不是唯一的.

由定义 2.3.1 和分布函数的性质 (即 $F(+\infty) = 1$), 我们易知

定理 2.3.1 (概率密度函数的性质) 设 $p(x)$ 是连续型随机变量 X 的概率密度函数, 则其具有性质:

(1) 非负性, 即对任意的实数 x, $p(x) \geqslant 0$;

(2) 正则性, 即

$$\int_{-\infty}^{+\infty} p(x)\mathrm{d}x = 1.$$

同离散情形一样, 非负性和正则性是概率密度函数的特征性质, 即若有一函数满足非负性和正则性, 则其必为某连续型随机变量的概率密度函数.

例 2.3.2 设随机变量 X 具有概率密度函数 $p(x) = \begin{cases} k\mathrm{e}^{-3x}, & x > 0, \\ 0, & x \leqslant 0. \end{cases}$ 求

(1) 常数 k;

(2) 分布函数 $F(x)$.

解 (1) 由概率密度函数的正则性,

$$1 = \int_{-\infty}^{+\infty} p(x)\mathrm{d}x = \int_{0}^{+\infty} k\mathrm{e}^{-3x}\mathrm{d}x = \frac{k}{3},$$

解得 $k = 3$.

(2) 由 (1) 知, X 的概率密度函数为

$$p(x) = \begin{cases} 3\mathrm{e}^{-3x}, & x > 0, \\ 0, & x \leqslant 0. \end{cases}$$

由连续型随机变量的分布函数的定义,

$$F(x) = \int_{-\infty}^{x} p(t)\mathrm{d}t = \begin{cases} \int_{0}^{x} 3\mathrm{e}^{-3t}\mathrm{d}t, & x > 0, \\ 0, & x \leqslant 0 \end{cases} = \begin{cases} 1 - \mathrm{e}^{-3x}, & x > 0, \\ 0, & x \leqslant 0. \end{cases}$$ □

类似于离散情形 (定理 2.2.3), 我们不加证明地给出下面的结论.

定理 2.3.2 已知随机变量 X 具有概率密度函数 $p(x)$, $D \subset \mathbb{R}$, 则

$$P(X \in D) = \int_D p(x)\mathrm{d}x.$$

例 2.3.3 设随机变量 X 具有概率密度函数

$$p(x) = \begin{cases} 3\mathrm{e}^{-3x}, & x > 0, \\ 0, & x \leqslant 0. \end{cases}$$

求概率 $P(|X| < 1)$.

解 记 $D = (-1, 1)$, 所求概率为

$$P(|X| < 1) = \int_D p(x)\mathrm{d}x = \int_0^1 3\mathrm{e}^{-3x}\mathrm{d}x = 1 - \mathrm{e}^{-3}. \qquad \square$$

注记 2.3.2 **概率密度函数不是概率**. 若连续型随机变量 $X \sim p(x)$, 因为

$$P\left(X \in (x - \Delta x/2, x + \Delta x/2)\right) = \int_{x-\Delta x/2}^{x+\Delta x/2} p(t)\mathrm{d}t \approx p(x)\Delta x,$$

故 $p(x)$ 在 x 处的取值反映 X 在 x 附近取值可能性的大小, 但本身不是概率. 然而对于离散型随机变量 X, 若其具有分布列 $\{p_k, k \geqslant 1\}$, p_k 表示 X 取值 x_k 的概率.

若随机变量 X 的概率密度函数为 $p(x)$, 其为偶函数, 即对任意的实数 x, $p(x) = p(-x)$, 我们称 X 具有连续的对称分布. 这类分布的分布函数有良好的性质.

定理 2.3.3 设随机变量 X 具有连续的对称分布, 则对任意的实数 $a > 0$, 分布函数 F 满足

$$F(-a) = \frac{1}{2} - \int_0^a p(x)\mathrm{d}x, \qquad F(a) + F(-a) = 1.$$

特别地, $F(0) = 1/2$, $P(|X| \leqslant a) = 2F(a) - 1$, $P(|X| \geqslant a) = 2(1 - F(a))$.

证明 因为 $p(x)$ 是偶函数, 故由概率密度函数的正则性知,

$$1 = \int_{-\infty}^{+\infty} p(y)\mathrm{d}y = 2\int_0^{+\infty} p(y)\mathrm{d}y = 2\int_{-\infty}^0 p(y)\mathrm{d}y = 2F(0).$$

故 $F(0)=1/2$, 且 $\int_0^{+\infty} p(y)\mathrm{d}y = 1/2$.

由连续型随机变量的定义, 对任意的实数 a,

$$F(-a)=\int_{-\infty}^{-a} p(x)\mathrm{d}x=\int_{-\infty}^{-a} p(-x)\mathrm{d}x=\int_{+\infty}^{a} p(y)\mathrm{d}(-y)=\int_{a}^{+\infty} p(y)\mathrm{d}y$$
$$=\int_0^{+\infty} p(y)\mathrm{d}y-\int_0^{a} p(y)\mathrm{d}y=\frac{1}{2}-\int_0^{a} p(x)\mathrm{d}x.$$

又由

$$\int_a^{+\infty} p(y)\mathrm{d}y=\int_{-\infty}^{+\infty} p(y)\mathrm{d}y-\int_{-\infty}^{a} p(y)\mathrm{d}y=1-F(a),$$

得 $F(a)+F(-a)=1$. 于是

$$P(|X|\leqslant a)=P(X\leqslant a)-P(X<-a)=F(a)-F(-a)=2F(a)-1,$$
$$P(|X|\geqslant a)=1-P(|X|<a)=1-(2F(a)-1)=2(1-F(a)). \qquad \square$$

2.3.2 常用连续型分布

本小节我们来介绍几类常用的连续型分布.

1. 正态分布

设随机变量 X 具有概率密度函数

$$p(x)=\frac{1}{\sqrt{2\pi}\sigma}\exp\left\{-\frac{(x-\mu)^2}{2\sigma^2}\right\},\quad -\infty<x<+\infty,$$

其中 μ, $\sigma>0$ 为参数, 称 X 服从**正态分布**, 记为 $X\sim N(\mu,\sigma^2)$. 通常称 μ 为位置参数, σ 为尺度参数.

特别地, 当 $\mu=0,\sigma=1$ 时, 称 X 服从**标准正态分布**, 记为 $X\sim N(0,1)$. 习惯上, 将标准正态分布的概率密度函数记为

$$\varphi(x)=\frac{1}{\sqrt{2\pi}}\mathrm{e}^{-x^2/2},\quad -\infty<x<+\infty;$$

分布函数记为 $\Phi(x)$. 注意到 $\varphi(x)$ 是偶函数, 因此对任意的 x, $\Phi(x)+\Phi(-x)=1$ (参见定理 2.3.3).

无论在实际应用还是在概率统计理论研究中, 正态分布占有非常重要的地位, 相当广泛的一类随机现象可以用正态分布或者近似地用正态分布来刻画. 例如,

某校一年级学生的身高、某地 4 月份的平均气温、测量甲乙两地之间的距离等, 都服从或近似服从正态分布.

正态分布的概率密度函数 $p(x)$ 图像如图 2.9 所示, 由图像不难看出以下性质.

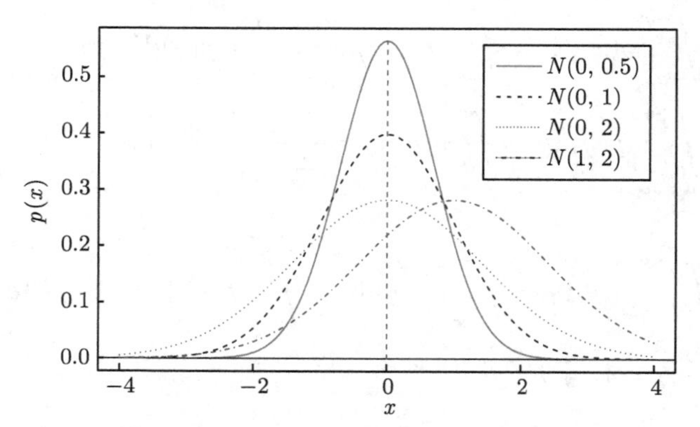

图 2.9 不同 μ 或不同 σ 的正态分布概率密度函数图像

注记 2.3.3 (正态分布概率密度函数的性质) (1) $p(x)$ 关于直线 $x=\mu$ 对称, 且在 μ 处取得最大值;

(2) 若 σ 不变, μ 改变, 则 $p(x)$ 图像沿 x 轴左右移动, 但形状保持不变;

(3) 若 μ 不变, σ 改变, 则 $p(x)$ 图像对称轴位置不变, 但陡峭程度发生改变.

注意到标准正态分布的分布函数 $\Phi(x)=\int_{-\infty}^{x}\frac{1}{\sqrt{2\pi}}\mathrm{e}^{-t^2/2}\mathrm{d}t$ 不能用初等函数表示出来, 为求出 $\Phi(x)$ 的值, 我们可以借助附表 2 的标准正态分布函数表. 具体地说,

注记 2.3.4 已知 x,

(1) 若 $x\geqslant 0$, 直接查表可得 $\Phi(x)$ 的值;

(2) 若 $x<0$, 则 $-x>0$, 先查表得 $\Phi(-x)$ 的值, 再由 $\Phi(x)=1-\Phi(-x)$ 计算得到 $\Phi(x)$ 的值.

例 2.3.4 设 $X\sim N(0,1)$, 求概率 $P(X>-1.96)$ 及 $P(|X|<1.96)$.

解 查标准正态分布函数表, 可得 $\Phi(1.96)=0.9750$, 故所求概率为

$$P(X>-1.96)=1-P(X\leqslant -1.96)=1-\Phi(-1.96)=\Phi(1.96)=0.9750,$$

$$P(|X|<1.96)=\Phi(1.96)-\Phi(-1.96)=2\Phi(1.96)-1=0.95. \qquad \square$$

同样, 已知 $\Phi(x)$ 的值, 可以通过反查标准正态分布函数表或再利用关系式 $\Phi(x)=1-\Phi(-x)$, 求出 x 的值.

注记 2.3.5 已知 $\Phi(x)$,

(1) 若 $\Phi(x) \geqslant \frac{1}{2}$, 直接反查表可得 x 的值;

(2) 若 $\Phi(x) < \frac{1}{2}$, 则 $\Phi(-x) = 1 - \Phi(x) > \frac{1}{2}$, 反查表可得 $-x$ 的值, 进而得到 x 的值.

例 2.3.5 设 $X \sim N(0,1)$, $P(X \leqslant b) = 0.9515$, $P(X \leqslant a) = 0.0505$. 求 a, b.

解 因为 $\Phi(b) = 0.9515$, 反查标准正态分布函数表, 可知 $b = 1.66$. 因为 $\Phi(a) = 0.0505 < 1/2$, 于是, 由 $\Phi(-a) = 1 - \Phi(a) = 1 - 0.0505 = 0.9495$, 反查标准正态分布函数表, 可得 $-a = 1.64$, 故 $a = -1.64$. □

对一般情形的正态分布 $N(\mu, \sigma^2)$, 我们可以通过其与标准正态分布 $N(0,1)$ 之间的关系来求分布函数值.

定理 2.3.4 设 X 服从正态分布 $N(\mu, \sigma^2)$, $Y = \frac{X-\mu}{\sigma}$, 则 Y 服从标准正态分布 $N(0,1)$.

证明 显然 X 的概率密度函数为

$$p_X(x) = \frac{1}{\sqrt{2\pi}\sigma} \exp\left\{-\frac{(x-\mu)^2}{2\sigma^2}\right\}, \quad -\infty < x < +\infty.$$

设 Y 的分布函数为 $F_Y(y)$, 则

$$\begin{aligned} F_Y(y) &= P(Y \leqslant y) = P\left(\frac{X-\mu}{\sigma} \leqslant y\right) = P(X \leqslant \mu + \sigma y) \\ &= \int_{-\infty}^{\mu+\sigma y} p_X(x)\mathrm{d}x = \int_{-\infty}^{y} p_X(\mu + \sigma t) \cdot \sigma \mathrm{d}t, \end{aligned}$$

其中最后一个等号是因为作了积分变量替换 $x = \mu + \sigma t$.

于是, Y 的概率密度函数

$$p_Y(y) = \frac{\mathrm{d}F_Y(y)}{\mathrm{d}y} = \frac{\mathrm{d}}{\mathrm{d}y}\left(\int_{-\infty}^{y} p_X(\mu + \sigma t) \cdot \sigma \mathrm{d}t\right) = \sigma \cdot p_X(\mu + \sigma y) = \frac{1}{\sqrt{2\pi}}\mathrm{e}^{-y^2/2},$$

即 $p_Y(y) = \varphi(y)$ 为标准正态分布 $N(0,1)$ 的概率密度函数, 故 $Y \sim N(0,1)$. □

注记 2.3.6 定理 2.3.4 的证明思路是由分布函数的定义来求随机变量函数的分布, 这个思想在第 3 章中还将继续使用, 请读者注意.

由定理 2.3.4, 我们不难得出

定理 2.3.5 设 X 服从正态分布 $N(\mu,\sigma^2)$, 则 X 的分布函数为

$$F(x)=\Phi\left(\frac{x-\mu}{\sigma}\right).$$

证明 由题设和定理 2.3.4 知, $\dfrac{x-\mu}{\sigma}\sim N(0,1)$. 故由分布函数的定义知, X 的分布函数为

$$F(x)=P(X\leqslant x)=P\left(\frac{X-\mu}{\sigma}\leqslant\frac{x-\mu}{\sigma}\right)=P\left(Y\leqslant\frac{x-\mu}{\sigma}\right)=\Phi\left(\frac{x-\mu}{\sigma}\right).$$

□

有了定理 2.3.4 和定理 2.3.5, 我们可以对一般的正态分布 $N(\mu,\sigma^2)$, 求其分布函数的值.

例 2.3.6 设 X 服从正态分布 $N(10,4)$, 求概率 $P(10<X<13)$ 和 $P(|X-10|<2)$.

解 由定理 2.3.5 知, 所求概率为

$$\begin{aligned}P(10<X<13)&=\Phi\left(\frac{13-10}{2}\right)-\Phi\left(\frac{10-10}{2}\right)\\&=\Phi(1.5)-0.5=0.9332-0.5=0.4332,\end{aligned}$$

$$\begin{aligned}P(|X-10|<2)=P(8<X<12)&=\Phi\left(\frac{12-10}{2}\right)-\Phi\left(\frac{8-10}{2}\right)\\&=\Phi(1)-\Phi(-1)=2\Phi(1)-1=2\times0.8413-1=0.6826.\end{aligned}$$

也可直接应用定理 2.3.4,

$$\begin{aligned}P(|X-10|<2)&=P\left(\left|\frac{X-10}{2}\right|<1\right)\\&=\Phi(1)-\Phi(-1)=2\Phi(1)-1=2\times0.8413-1=0.6826.\end{aligned}$$

□

例 2.3.7 设 X 服从正态分布 $N(\mu,\sigma^2)$, 已知 $P(X\leqslant-5)=0.063$ 和 $P(X\leqslant3)=0.6179$. 求 μ, σ 及 $P(|X-\mu|<\sigma)$.

解 由题意和定理 2.3.5 知,

$$\begin{cases}\Phi\left(\dfrac{-5-\mu}{\sigma}\right)=F(-5)=0.063,\\[2ex]\Phi\left(\dfrac{3-\mu}{\sigma}\right)=F(3)=0.6179.\end{cases}$$

注意到 $\Phi(x)+\Phi(-x)=1$, 并查表得 $\begin{cases}\dfrac{5+\mu}{\sigma}=1.53,\\ \dfrac{3-\mu}{\sigma}=0.3.\end{cases}$ 解得 $\mu=1.69,\sigma=4.37$.

由定理 2.3.4 知,

$$P(|X-\mu|<\sigma)=P\left(\left|\frac{X-\mu}{\sigma}\right|\leqslant 1\right)=2\Phi(1)-1=0.6826.$$ □

注记 2.3.7 (正态分布的 3σ 准则) 设 $X\sim N(\mu,\sigma^2)$, 则

(1) $P(|X-\mu|<\sigma)=2\Phi(1)-1=0.6826$;

(2) $P(|X-\mu|<2\sigma)=2\Phi(2)-1=0.9545$;

(3) $P(|X-\mu|<3\sigma)=2\Phi(3)-1=0.9973$.

这表明, X 几乎总是在 $(\mu-3\sigma,\mu+3\sigma)$ 内取值, 这就是**正态分布的 3σ 准则**. 这个准则被广泛地应用到企业质量管理中, 那里通常习惯称之为 6σ 管理准则.

2. 均匀分布

若随机变量 X 具有概率密度函数

$$p(x)=\begin{cases}\dfrac{1}{b-a}, & a\leqslant x\leqslant b,\\ 0, & x<a\text{或}x>b,\end{cases}$$

称 X 服从区间 $[a,b]$ 上的**均匀分布**, 记为 $X\sim U[a,b]$.

显然, 由分布函数的定义知, X 的分布函数为

$$F(x)=\int_{-\infty}^{x}p(t)\mathrm{d}t=\begin{cases}0, & x\leqslant a,\\ \dfrac{x-a}{b-a}, & a<x\leqslant b,\\ 1, & x>b.\end{cases}$$

粗略地说, 若 $X\sim U[a,b]$, 则 X 表示从区间 $[a,b]$ 中随机取出的点的位置. 均匀分布在误差分析和模拟计算时被广泛应用.

注记 2.3.8 特别地, 若 $X\sim U[0,1/2]$, 则其概率密度函数为

$$p(x)=\begin{cases}2, & 0\leqslant x\leqslant 1/2,\\ 0, & x<0\text{或}x>1/2.\end{cases}$$

显然, 当 $x\in[0,1/2]$ 时, $p(x)=2>1$. 这也表明**概率密度函数不是概率**.

例 2.3.8 设随机变量 X 服从均匀分布 $U(2,5)$. 现在对 X 进行三次独立观测, 试求至少有两次观测值大于 3 的概率.

解 由于 X 在 $(2,5)$ 上服从均匀分布, 概率密度函数为 $p(x)=\begin{cases}\frac{1}{3}, & 2<x<5,\\ 0, & \text{其他情形}.\end{cases}$ 故观测值大于 3 的概率为

$$p=P(X>3)=\int_3^{+\infty}p(x)\mathrm{d}x=\int_3^5\frac{1}{3}\mathrm{d}x=\frac{2}{3}.$$

设 Y 表示对 X 进行三次独立观测, 观测值大于 3 的次数, 则 $Y\sim b\left(3,\frac{2}{3}\right)$, 即 Y 服从参数为 3 和 2/3 的二项分布. 于是

$$\begin{aligned}P(Y\geqslant 2)=&1-P(Y=0)-P(Y=1)\\=&1-\left(1-\frac{2}{3}\right)^3-3\left(\frac{2}{3}\right)^1\left(1-\frac{2}{3}\right)^2=\frac{20}{27}\end{aligned}$$

即为所求概率. □

3. Gamma 分布

随机变量 X 具有概率密度函数

$$p(x)=\begin{cases}\dfrac{\lambda^\alpha}{\Gamma(\alpha)}x^{\alpha-1}\mathrm{e}^{-\lambda x}, & x>0,\\ 0, & x\leqslant 0,\end{cases}$$

其中 $\Gamma(\alpha)$ 为 Gamma 函数 (其定义和相关性质参见 2.6 节), 称 X 服从参数为 $\alpha>0$ 和 $\lambda>0$ 的 **Gamma 分布或伽马分布**, 记为 $X\sim\mathrm{Ga}(\alpha,\lambda)$, 其中参数 α 为形状参数, λ 为尺度参数. 图 2.10 刻画了不同参数情形的 Gamma 分布的概率密度函数.

Gamma 分布有着很深刻的应用背景. 例如, 一个公交车站在时间 $[0,t)$ 内来排队候车的乘客数 $N(t)$ 通常被认为服从参数为 λt 的泊松分布, 可以证明第 n 个乘客到来的时刻 S_n 服从 Gamma 分布 $\mathrm{Ga}(n,\lambda)$(茆诗松等, 2011, 例 2.5.6).

特别地, 我们称 $\alpha=1$ 时的 Gamma 分布为参数 λ 的**指数分布**, 记为 $\mathrm{Exp}(\lambda)$, 其概率密度函数为

$$p(x)=\begin{cases}\lambda\mathrm{e}^{-\lambda x}, & x>0,\\ 0, & x\leqslant 0.\end{cases}$$

指数分布应用广泛, 日常生活中一些耐用品的寿命、一些服务设施 (例如超市收银台、修理店等) 在接连服务两个对象时的等待时间都服从指数分布.

同几何分布一样, 指数分布也具有无记忆性.

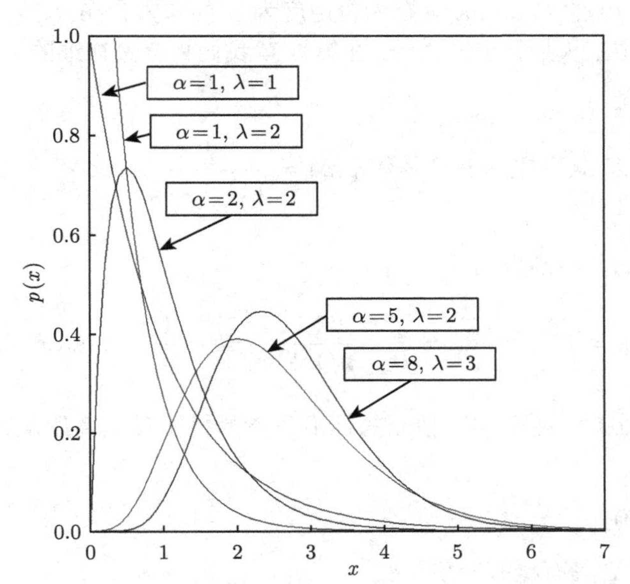

图 2.10 不同 α 或不同 λ 的 Gamma 分布的概率密度函数图像

定理 2.3.6 (指数分布的无记忆性) 设 $X \sim \mathrm{Exp}(\lambda)$, 则对任意的 $s, t > 0$, 有

$$P(X > s+t|X > s) = P(X > t).$$

证明 易知 X 的分布函数为

$$F(x) = \int_{-\infty}^{x} p(t)\mathrm{d}t = \begin{cases} \displaystyle\int_0^x \lambda \mathrm{e}^{-\lambda t}\mathrm{d}t, & x > 0, \\ 0, & x \leqslant 0 \end{cases} = \begin{cases} 1-\mathrm{e}^{-\lambda x}, & x > 0, \\ 0, & x \leqslant 0. \end{cases}$$

于是, 当 $s, t > 0$ 时,

$$\begin{aligned} P(X > s+t|X > s) &= \frac{P(X > s+t, X > s)}{P(X > s)} = \frac{1-F(s+t)}{1-F(s)} \\ &= \frac{1-(1-\mathrm{e}^{-\lambda(s+t)})}{1-(1-\mathrm{e}^{-\lambda s})} = \mathrm{e}^{-\lambda t} = 1-F(t) = P(X > t). \quad \square \end{aligned}$$

值得注意的是下面结论.

注记 2.3.9 指数分布是唯一的具有无记忆性的连续型分布. 因此, 具有无记忆性的分布仅有几何分布与指数分布.

除了指数分布外, Gamma 分布另一重要的特殊情形是卡方分布. 我们称参数 $\alpha = n/2, \lambda = 1/2$ 的 Gamma 分布为自由度为 n 的**卡方分布**, 记为 $\chi^2(n)$. 卡方分布是统计推断中三大抽样分布之一, 在第 5 章我们将会做详细的介绍.

4. 柯西分布

随机变量 X 具有概率密度函数 $p(x) = \dfrac{1}{\pi(1+x^2)}, -\infty < x < +\infty$, 称 X 服从**柯西分布**.

柯西分布的分布函数为

$$F(x) = \int_{-\infty}^{x} p(t)\mathrm{d}t = \int_{-\infty}^{x} \frac{1}{\pi(1+t^2)}\mathrm{d}t = \frac{1}{\pi}\left(\arctan x + \frac{\pi}{2}\right).$$

注记 2.3.10 两个相互独立的标准正态随机变量的商服从柯西分布, 参见 3.5 节.

5. 幂律分布

随机变量 X 具有概率密度函数

$$p(x) = \begin{cases} (\gamma-1)x^{-\gamma}, & x > 1, \\ 0, & x \leqslant 1, \end{cases}$$

称 X 服从参数为 γ 的**幂律分布** (power law distribution), 其中参数 $\gamma > 1$ 为幂律指数.

幂律分布的一个重要应用领域是复杂网络. 现实世界中的很多网络的度分布服从幂律分布, 且大多数幂律指数满足 $2 < \gamma < 3$. 例如, 演员合作网络和蛋白质网络的幂律指数分别为 $\gamma = 2.3$ 和 $\gamma = 2.4$, 参见文献 (Boccaletti et al., 2006).

2.3.3 混合型分布

前面我们介绍了常见的离散分布和连续分布, 这两类分布还有很多, 我们不可能一一介绍. 特别需要注意的是, 除了离散分布和连续分布之外, 还有既非离散又非连续的分布. 这里我们只简单介绍一下由离散分布和连续分布所组成的混合型分布, 见文献 (丁万鼎等, 1988).

定义 2.3.2 设 $F_1(x)$ 是某离散型随机变量的分布函数, $F_2(x)$ 是某连续型随机变量的分布函数, 容易证明对任意的 $\alpha: 0<\alpha<1$, $F(x)=\alpha F_1(x)+(1-\alpha)F_2(x)$ 是一个分布函数, 称其对应的分布为混合型分布.

例 2.3.9 设汇入某蓄水池的总水量 X 服从均匀分布 $U(0,3)$, 该水池最大蓄水量为 2 个单位, 即超过 2 个单位后要溢出. 求该水池蓄水量 Y 的分布函数.

解 易知, $Y=\begin{cases}X, & X\leqslant 2,\\ 2, & X>2,\end{cases}$ 因为 $X\sim U(0,3)$, 故 Y 的分布函数为

$$F(x)=P(Y\leqslant x)=\begin{cases}P(X\leqslant x), & x<2,\\ 1, & x\geqslant 2\end{cases}$$

$$=\begin{cases}0, & x<0,\\ \dfrac{x}{3}, & 0\leqslant x<2,\\ 1, & x\geqslant 2.\end{cases}$$

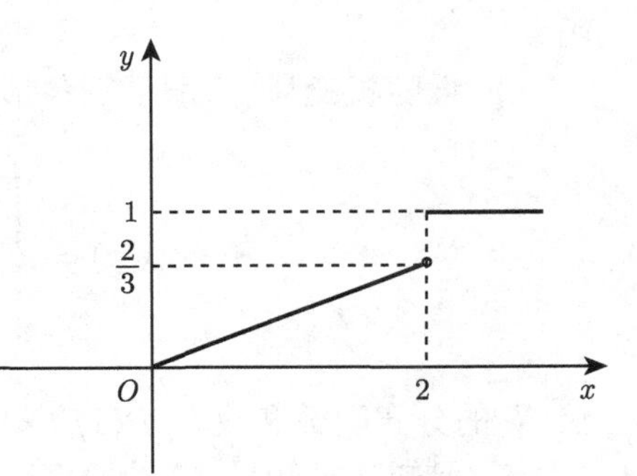

图 2.11 随机变量 Y 的分布函数图像

如图 2.11 所示.

显然 $F(x)=\dfrac{1}{3}F_1(x)+\dfrac{2}{3}F_2(x)$, 其中 $F_1(x)=\begin{cases}0, & x<2,\\ 1, & x\geqslant 2\end{cases}$ 是一个离散分布 ($x=2$ 处的单点分布) 的分布函数, 而 $F_2(x)=\begin{cases}0, & x<0,\\ \dfrac{x}{2}, & 0\leqslant x<2,\\ 1, & x\geqslant 2\end{cases}$ 是均匀分布 $U(0,2)$ 的分布函数. □

注记 2.3.11 今后我们仅研究离散型分布和连续型分布.

✍习题 2.3

1. 求常数 c 的值, 使得下列函数为概率密度函数:

(1) $p(x)=c\cdot \mathrm{e}^{-|x|}$;

(2) $p(x)=c\exp(-x-\mathrm{e}^{-x})$;

(3) $p(x)=\begin{cases}\dfrac{c}{\sqrt{x(1-x)}}, & 0<x<1,\\ 0, & \text{其他}.\end{cases}$

2. 设随机变量 X 的概率密度函数为

$$p(x)=\begin{cases}c\mathrm{e}^{-\sqrt{x}}, & x>0,\\ 0, & x\leqslant 0.\end{cases}$$

求常数 c 和概率 $P(X>2)$.

3. 已知随机变量 X 的概率密度函数为 $p(x)=\dfrac{1}{2}\mathrm{e}^{-|x|}$, 求 X 的分布函数.

4. 设随机变量 X 服从三角形分布, 其概率密度函数为

$$p(x)=\begin{cases}x, & 0<x\leqslant 1,\\ 2-x, & 1<x<2,\\ 0, & \text{其他}.\end{cases}$$

求 X 的分布函数和概率 $P(1/2<X<3/2)$.

5. 已知随机变量 X 的概率密度函数为

$$p(x)=\begin{cases}3\mathrm{e}^{-3x}, & x>0,\\ 0, & x\leqslant 0.\end{cases}$$

求概率 $P(X\leqslant 3)$ 和 $P(X>1)$.

6. 设随机变量 X 的概率密度函数为 $p(x)=\dfrac{1}{\sqrt{\pi}}\exp\{-x^2+2x-1\}$, 求概率 $P(0\leqslant X\leqslant 2)$.

7. 设 $X\sim N(10,4)$, 求概率 $P(6<X\leqslant 9)$ 和 $P(7\leqslant X<12)$, 并求常数 c 使得 $P(X>c)=P(X\leqslant c)$.

8. 设 $X\sim N(1,2)$, 求 x 使得 $P(X\leqslant x)=0.1$.

9. 设 $X\sim N(1,\sigma^2)$, 求 σ 使得 $P(-1<X<3)=0.5$.

10. 设 $X\sim \mathrm{Exp}(\lambda)$, 求 λ 使得 $P(X>1)=2P(X>2)$.

11. 验证 $F(x)=\begin{cases}0, & x<0,\\ \dfrac{1+2x}{3}, & 0\leqslant x\leqslant 1,\\ 1, & x>1\end{cases}$ 是分布函数, 且是一个离散型分布和一个连续型分布的线性组合.

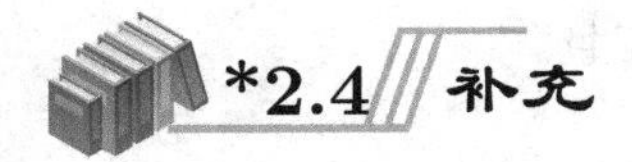

*2.4 补充

本节我们补充三个方面的内容: 一是证明分布函数的性质; 二是给出 Γ-函数的定义和性质; 三是补充给出几个常见分布的正则性的证明.

2.4.1 分布函数的性质的证明

定理 2.4.1 设 $F(x)$ 是某随机变量 X 的分布函数, 则 $F(x)$ 具有以下性质.

(1) 单调性: 若 $x<y$, 则 $F(x)\leqslant F(y)$.

(2) 有界性: 对任意的实数 x, $0\leqslant F(x)\leqslant 1$, $F(+\infty)=1$, $F(-\infty)=0$, 其中 $F(+\infty)\triangleq\lim\limits_{x\to+\infty}F(x)$, $F(-\infty)\triangleq\lim\limits_{x\to-\infty}F(x)$.

(3) 右连续性: 对任意的实数 x, $F(x+0)=F(x)$, 其中 $F(x+0)\triangleq\lim\limits_{y\to x+}F(y)$.

证明 (1) 若 $x<y$, 则 $\{X\leqslant x\}\subset\{X\leqslant y\}$. 由概率的单调性知, $P(X\leqslant x)\leqslant P(X\leqslant y)$, 即 $F(x)\leqslant F(y)$.

(2) 因为对任意的 x, $F(x)$ 是事件 $\{X\leqslant x\}$ 发生的概率, 故 $0\leqslant F(x)\leqslant 1$.

由 $F(x)$ 的单调性知, $F(+\infty)$ 和 $F(-\infty)$ 都存在, 特别地,

$$F(+\infty)=\lim_{n\to+\infty}F(n),\quad F(-\infty)=\lim_{n\to+\infty}F(-n).$$

记 $A_k=\{\omega\in\Omega:k-1<X(\omega)\leqslant k\}$, $k=0,\pm1,\pm2,\cdots$, 于是

$$\Omega=\{-\infty<X<+\infty\}=\sum_{k=-\infty}^{+\infty}A_k.$$

由概率的定义,

$$\begin{aligned}1=&P(\Omega)=P\left(\sum_{k=-\infty}^{+\infty}A_k\right)=\sum_{k=-\infty}^{+\infty}P(A_k)=\lim_{n\to+\infty}\sum_{k=-n+1}^{n}P(A_k)\\=&\lim_{n\to+\infty}(F(n)-F(-n))=F(+\infty)-F(-\infty).\end{aligned}$$

又因为 $0\leqslant F(x)\leqslant 1$, 故 $F(+\infty),F(-\infty)\in[0,1]$, 从而必有

$$F(+\infty)=1,\quad F(-\infty)=0.$$

(3) 对任意的实数 x, 由 F 的单调性知, $F(x+0)$ 存在且

$$F(x+0)=\lim_{n\to+\infty}F\left(x+\frac{1}{n}\right).$$

记 $B_k=\left\{x+\frac{1}{k+1}<X\leqslant x+\frac{1}{k}\right\}$, $k=1,2,\cdots$. 于是

$$\{x<X\leqslant x+1\}=\sum_{k=1}^{+\infty}B_k,\quad \left\{x+\frac{1}{n+1}<X\leqslant x+1\right\}=\sum_{k=1}^{n}B_k, n=1,2,\cdots.$$

由概率的可列可加性公理和有限可加性知,

$$\begin{aligned}F(x+1)-F(x)=P(x<X\leqslant x+1)&=P\left(\sum_{k=1}^{+\infty}B_k\right)\\&=\sum_{k=1}^{+\infty}P(B_k)=\lim_{n\to+\infty}\sum_{k=1}^{n}P(B_k)=\lim_{n\to+\infty}P\left(\sum_{k=1}^{n}B_k\right)\\&=\lim_{n\to+\infty}P\left(x+\frac{1}{n+1}<X\leqslant x+1\right)\\&=\lim_{n\to+\infty}\left(F(x+1)-F\left(x+\frac{1}{n+1}\right)\right)\\&=F(x+1)-\lim_{n\to+\infty}F\left(x+\frac{1}{n}\right)=F(x+1)-F(x+0).\end{aligned}$$

故对任意的实数 x, $F(x+0)=F(x)$, 即 F 在 x 处右连续. □

2.4.2 Γ-函数

定义 2.4.1 称含参数 $\alpha(\alpha>0)$ 的积分 $\Gamma(\alpha)=\int_0^{+\infty}x^{\alpha-1}\mathrm{e}^{-x}\mathrm{d}x$ 为 **Γ-函数或伽马函数**.

读者可以自行验证上述定义中广义积分是收敛的, 即 Γ-函数有意义.

命题 2.4.1 Γ-函数的性质:

(1) $\Gamma(1)=1,\Gamma(\alpha+1)=\alpha\Gamma(\alpha)$;

(2) $\Gamma\left(\frac{1}{2}\right)=\sqrt{\pi}$;

(3) 设 $a>0$, $b>0$, 记 $B(a,b)=\int_0^1 t^{a-1}(1-t)^{b-1}\mathrm{d}t$, 则

$$B(a,b)=\frac{\Gamma(a)\Gamma(b)}{\Gamma(a+b)}.$$

证明 (1) 直接求得 $\Gamma(1)=\int_0^{+\infty}\mathrm{e}^{-x}\mathrm{d}x=1$. 由分部积分公式,

$$\begin{aligned}\Gamma(\alpha+1)&=\int_0^{+\infty}x^{\alpha+1-1}\mathrm{e}^{-x}\mathrm{d}x=-\int_0^{+\infty}x^{\alpha}\mathrm{d}\left(\mathrm{e}^{-x}\right)\\&=\int_0^{+\infty}\mathrm{e}^{-x}\mathrm{d}\left(x^{\alpha}\right)=\alpha\int_0^{+\infty}x^{\alpha-1}\mathrm{e}^{-x}\mathrm{d}x=\alpha\Gamma(\alpha).\end{aligned}$$

(2) 记 $I=\int_0^{+\infty}\mathrm{e}^{-t^2}\mathrm{d}t$, 则由极坐标变换可知,

$$\begin{aligned}(2I)^2&=\left(\int_{-\infty}^{+\infty}\mathrm{e}^{-t^2}\mathrm{d}t\right)^2=\int_{-\infty}^{+\infty}\mathrm{e}^{-x^2}\mathrm{d}x\int_{-\infty}^{+\infty}\mathrm{e}^{-y^2}\mathrm{d}y\\&=\iint_{\mathbb{R}^2}\mathrm{e}^{-(x^2+y^2)}\mathrm{d}x\mathrm{d}y=\int_0^{2\pi}\mathrm{d}\theta\int_0^{+\infty}\mathrm{e}^{-r^2}r\mathrm{d}r=\pi.\end{aligned}$$

于是 $I=\frac{\sqrt{\pi}}{2}$. 故

$$\Gamma\left(\frac{1}{2}\right)=\int_0^{+\infty}x^{-1/2}\mathrm{e}^{-x}\mathrm{d}x=\int_0^{+\infty}t^{-1}\mathrm{e}^{-t^2}\cdot 2t\mathrm{d}t=2I=\sqrt{\pi}.$$

(3) 由 Γ-函数的定义,

$$\begin{aligned}\Gamma(a)\Gamma(b)&=\int_0^{+\infty}x^{a-1}\mathrm{e}^{-x}\mathrm{d}x\cdot\int_0^{+\infty}y^{b-1}\mathrm{e}^{-y}\mathrm{d}y\\&=\int_0^{+\infty}\int_0^{+\infty}\mathrm{e}^{-(x+y)}x^{a-1}y^{b-1}\mathrm{d}x\mathrm{d}y\\&=\int_0^{+\infty}s^{a+b-1}\mathrm{e}^{-s}\mathrm{d}s\int_0^1 t^{a-1}(1-t)^{b-1}\mathrm{d}t=\Gamma(a+b)\cdot B(a,b).\end{aligned}$$

第三个等号是因为作了积分变量替换 $\begin{cases}s=x+y,\\ t=\dfrac{x}{x+y}.\end{cases}$ □

2.4.3 常见分布的正则性的验证

要验证一个函数是概率函数或概率密度函数, 需要验证其满足非负性和正则性. 非负性一般来说都是比较容易验证的, 因此这里我们仅验证满足正则性.

1. 二项分布的正则性

随机变量 $X \sim b(n,p)$, 则其概率函数为

$$p_k = P(X=k) = \mathrm{C}_n^k p^k (1-p)^{n-k}, \quad k=0,1,\cdots,n.$$

由二项式定理, 我们有

$$\sum_{k=0}^{n} p_k = \sum_{k=0}^{n} \mathrm{C}_n^k p^k (1-p)^{n-k} = (p+1-p)^n = 1.$$

2. 几何分布的正则性

随机变量 $X \sim \mathrm{Ge}(p)$, 则其概率函数为

$$p_k = P(X=k) = p(1-p)^{k-1}, \quad k=1,2,\cdots.$$

由无穷等比数列求和公式, 我们立得

$$\sum_{k=1}^{+\infty} p_k = p\sum_{k=1}^{+\infty}(1-p)^{k-1} = p\cdot\frac{1}{1-(1-p)} = 1.$$

3. 负二项分布的正则性

随机变量 $X \sim \mathrm{Nb}(r,p)$, 则其概率函数为

$$p_k = P(X=k) = p^r \mathrm{C}_{k-1}^{r-1}(1-p)^{k-r}, \quad k=r,r+1,\cdots.$$

由二项式的级数展开式,

$$(1-x)^{-r} = \sum_{j=0}^{+\infty}\frac{(-r)(-r-1)\cdots(-r-j+1)}{j!}(-x)^j = \sum_{j=0}^{+\infty}\mathrm{C}_{j+r-1}^{j}x^j,$$

令 $x=1-p$ 得,

$$\begin{aligned}\sum_{k=r}^{+\infty} p_k &= p^r\sum_{j=0}^{+\infty}\mathrm{C}_{j+r-1}^{r-1}(1-p)^j \\ &= p^r\sum_{j=0}^{+\infty}\mathrm{C}_{j+r-1}^{j}(1-p)^j = p^r(1-(1-p))^{-r} = 1.\end{aligned}$$

4. 泊松分布的正则性

随机变量 $X \sim P(\lambda)$, 则其概率函数为

$$p_k = P(X = k) = \frac{\lambda^k}{k!}\mathrm{e}^{-\lambda}, \quad k = 0, 1, \cdots.$$

在函数 $f(x) = \mathrm{e}^x$ 的级数展开式 $\mathrm{e}^x = \sum\limits_{k=0}^{+\infty} \frac{x^k}{k!}$ 中令 $x = \lambda$, 得

$$\sum_{k=0}^{+\infty} p_k = \mathrm{e}^{-\lambda}\sum_{k=0}^{+\infty}\frac{\lambda^k}{k!} = \mathrm{e}^{-\lambda}\cdot\mathrm{e}^{\lambda} = 1.$$

5. 超几何分布的正则性

随机变量 $X \sim h(n, N, M)$, 则其概率函数为

$$P(X = k) = \frac{\mathrm{C}_M^k \cdot \mathrm{C}_{N-M}^{n-k}}{\mathrm{C}_N^n}, \quad k = 0, 1, \cdots, \min\{n, M\},$$

其中 $n \leqslant N$, $M \leqslant N$.

正则性由组合数性质

$$\mathrm{C}_M^0\mathrm{C}_{N-M}^n + \mathrm{C}_M^1\mathrm{C}_{N-M}^{n-1} + \cdots + \mathrm{C}_M^n\mathrm{C}_{N-M}^0 = \mathrm{C}_N^n$$

即得.

6. 均匀分布的正则性

随机变量 $X \sim U(a, b)$, 则其概率密度函数为

$$p(x) = \begin{cases} \dfrac{1}{b-a}, & a < x < b, \\ 0, & x \leqslant a \text{或} x \geqslant b. \end{cases}$$

由积分的性质, $\int_{-\infty}^{+\infty} p(x)\mathrm{d}x = \int_a^b \frac{1}{b-a}\mathrm{d}x = 1.$

7. 标准正态分布的正则性

随机变量 $X \sim N(0, 1)$, 则其概率密度函数为

$$\varphi(x) = \frac{1}{\sqrt{2\pi}}\exp\left(-\frac{x^2}{2}\right).$$

作积分变换 $x=\sqrt{2t}$,

$$\int_{-\infty}^{+\infty}\varphi(x)\mathrm{d}x=\frac{2}{\sqrt{2\pi}}\int_{0}^{+\infty}\exp\left(-\frac{x^2}{2}\right)\mathrm{d}x$$

$$=\frac{2}{\sqrt{2\pi}}\int_{0}^{+\infty}\mathrm{e}^{-t}\cdot\frac{\sqrt{2}}{2}t^{-1/2}\mathrm{d}t=\frac{1}{\sqrt{\pi}}\Gamma\left(\frac{1}{2}\right)=1.$$

8. Gamma 分布的正则性

随机变量 $X\sim\mathrm{Ga}(\alpha,\lambda)$, 则其概率密度函数为

$$p(x)=\begin{cases}\dfrac{\lambda^{\alpha}}{\Gamma(\alpha)}x^{\alpha-1}\mathrm{e}^{-\lambda x}, & x>0,\\ 0, & x\leqslant 0.\end{cases}$$

由 Γ-函数的定义,

$$\int_{-\infty}^{+\infty}p(x)\mathrm{d}x=\frac{1}{\Gamma(\alpha)}\int_{0}^{+\infty}(\lambda x)^{\alpha-1}\mathrm{e}^{-\lambda x}\mathrm{d}(\lambda x)=\frac{1}{\Gamma(\alpha)}\cdot\Gamma(\alpha)=1.$$

第 2 章测试题

第 3 章　多维随机变量

在实际问题中，对于某些随机试验的结果往往需要用多个随机变量来描述，即用多维随机变量描述. 本章主要介绍多维随机变量的联合分布、边际分布、独立性及随机变量函数的分布.

3.1 多维随机变量及其联合分布

在某些随机现象中，只用一个随机变量描述往往是不够的. 比如，要了解某校大学生的身体素质情况，需要对该校全体大学生进行抽查，对于每位大学生，都能观测到他的身高 H、体重 W、血压 BP、心率 HR、肺活量 VC 等. 如果我们定义样本空间 $S=\{\omega_1,\omega_2,\cdots\}\equiv\{$该校全部大学生$\}$，则 $H(\omega)$, $W(\omega)$, $\mathrm{BP}(\omega)$, $\mathrm{HR}(\omega)$, $\mathrm{VC}(\omega)$ 都是定义在 S 上的随机变量，此时 $(H,W,\mathrm{BP},\mathrm{HR},\mathrm{VC})$ 就构成了一个五维的随机变量. 本节将介绍多维随机变量概念.

定义 3.1.1　设 $X_1(\omega),X_2(\omega),\cdots,X_d(\omega)$ 是定义在同一个概率空间 $(\Omega,\mathcal{F},P)$ 上的 d 个随机变量，则称 $(X_1(\omega),X_2(\omega),\cdots,X_d(\omega))$ 为一个 d **维随机变量**，或一个 d **维随机向量**. 在不会引起混淆情况下，通常把 d 维随机变量 $(X_1(\omega),X_2(\omega),\cdots,X_d(\omega))$ 简记为 $(X_1,X_2,\cdots,X_d)$.

例 3.1.1　多维随机变量的例子.

(1) 考察某地区小学生的身体素质，如每一位小学生 (基本结果 ω) 的身高 $X_1(\omega)$、体重 $X_2(\omega)$ 和肺活量 $X_3(\omega)$ 等指标. 这里 $(X_1(\omega),X_2(\omega),X_3(\omega))$ 就是一个三维随机变量.

(2) 考察某地区家庭的衣食住行开支情况. 假设用 $X_1(\omega),X_2(\omega),X_3(\omega),X_4(\omega)$ 分别表示每个家庭 (基本结果 ω) 的衣食住行的花费占其总收入的百分比 (按年计算)，则 (X_1,X_2,X_3,X_4) 就是一个四维随机变量.

(3) 从一批产品中随机抽取 n 件产品，其中一等品、二等品、三等品和不合格品的件数分别记为 X_1,X_2,X_3 和 X_4，则 (X_1,X_2,X_3,X_4) 也是一个四维随机变量.

(4) 一发炮弹发射以后，其弹着点的位置 (X,Y) 就是一个二维随机变量.

(5) 数学考试结束后, 任意十位学生的成绩 $(X_1, X_2, \cdots, X_{10})$ 就是一个 10 维随机变量.

注记 3.1.1 (1) 二维随机变量 (X, Y) 是 Ω 到 $\mathbb{R}^2$ 的映射, 即 $(X, Y): \Omega \to \mathbb{R}^2$.

(2) $(X_1, X_2, \cdots, X_d)$ 为定义在概率空间 $(\Omega, \mathcal{F}, P)$ 上的 d 维随机变量当且仅当对任意 $(x_1, x_2, \cdots, x_d) \in \mathbb{R}^d$, 都有

$$\{\omega \in \Omega : X_1 \leqslant x_1, X_2 \leqslant x_2, \cdots, X_d \leqslant x_d\} \in \mathcal{F}.$$

(3) $(X_1, X_2, \cdots, X_d)$ 为 d 维随机变量, 则对任意的正整数 $k : 1 \leqslant k \leqslant d$ 和 $1 \leqslant j_1 < j_2 < \cdots < j_k \leqslant d$, $(X_{j_1}, X_{j_2}, \cdots, X_{j_k})$ 为 k 维随机变量.

同一维随机变量类似, 我们需要通过研究概率分布来研究多维随机变量的概率性质. 多维随机变量的概率分布可以用联合分布函数来表示.

定义 3.1.2 设 $X = (X_1, X_2, \cdots, X_d)$ 是 d 维随机变量, 对任意 d 个实数 $x_1, x_2, \cdots, x_d$ 所组成的 d 个事件 "$X_1 \leqslant x_1$", "$X_2 \leqslant x_2$", $\cdots$, "$X_d \leqslant x_d$" 同时发生的概率

$$F(x_1, x_2, \cdots, x_d) = P(X_1 \leqslant x_1, X_2 \leqslant x_2, \cdots, X_d \leqslant x_d)$$

称为 d 维随机变量 X 的**联合分布函数**, 简称为**分布函数**.

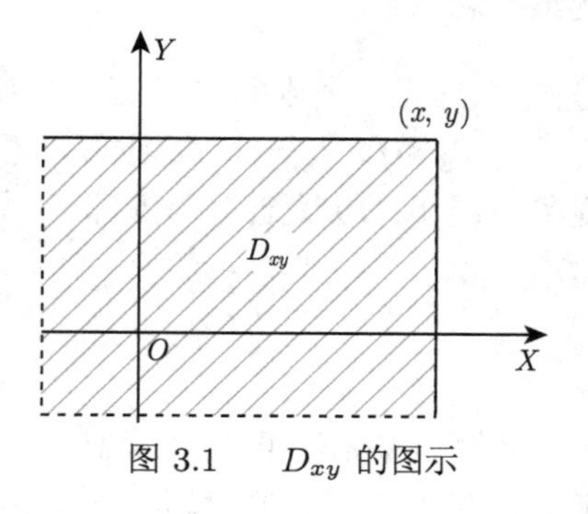

图 3.1 D_{xy} 的图示

在本书中, 我们主要介绍二维随机变量, 其他多维随机变量与二维随机变量类似.

注记 3.1.2 对任意的 $(x, y) \in \mathbb{R}^2$, 则 $F(x, y)$ 为 (X, Y) 落在点 (x, y) 左下方区域的概率, 即 $F(x, y) = P((X, Y) \in D_{xy})$, 其中 $D_{xy} = \{(u, v) : u \leqslant x, v \leqslant y\} = (-\infty, x] \times (-\infty, y]$. 如图 3.1 所示.

命题 3.1.1 (联合分布函数的性质) 设 $F(x, y)$ 为随机变量 (X, Y) 的联合分布函数, 则其满足

(1) 单调性: $F(x, y)$ 关于每个分量单调不降.

(2) 有界性: $0 \leqslant F(x, y) \leqslant 1$, 并且

$$F(+\infty, +\infty) = 1, \quad F(-\infty, y) = F(x, -\infty) = F(-\infty, -\infty) = 0.$$

(3) 右连续性: $F(x,y)$ 分别关于 x 和 y 右连续.

(4) 非负性: 当 $a_1 < b_1$, $a_2 < b_2$ 时, 必有

$$F(b_1,b_2) - F(b_1,a_2) - F(a_1,b_2) + F(a_1,a_2) \geqslant 0.$$

证明 (1)—(3) 可以模仿一维随机变量的分布函数的性质证明, 这里仅证明 (4). 事实上, 由 F 的定义和概率的非负性可知,

$$F(b_1,b_2) - F(b_1,a_2) - F(a_1,b_2) + F(a_1,a_2) = P(a_1 < X \leqslant b_1, a_2 < Y \leqslant b_2) \geqslant 0.$$

□

注记 3.1.3 对于一维情形时, 如果有个函数满足性质 (1)—(3), 则其一定是某随机变量的分布函数; 但是对于二维情形, 如果一个二元函数仅有性质 (1)—(3), 则不足以说明其是联合分布函数, 此时性质 (4) 可能不满足. 例如

$$F(x,y) = \begin{cases} 0, & x+y<0, \\ 1, & x+y \geqslant 0. \end{cases}$$

容易验证其满足性质 (1)—(3), 但不满足性质 (4). 事实上, 只需取 $a_1 = a_2 = -1$, $b_1 = b_2 = 1$, 则

$$F(1,1) - F(1,-1) - F(-1,1) + F(-1,-1) = 1 - 1 - 1 + 0 = -1 < 0.$$

例 3.1.2 已知二维随机变量 (X,Y) 的联合分布函数为

$$F(x,y) = A\left(\arctan x + B\right)\left(\arctan y + C\right).$$

求常数 A,B,C 的值.

解 由 $F(+\infty,+\infty)=1$ 和 $F(-\infty,y) = F(x,-\infty) = 0$ 得

$$\begin{cases} A\left(\dfrac{\pi}{2}+B\right)\left(\dfrac{\pi}{2}+C\right) = 1, \\ A\left(\arctan x + B\right)\left(-\dfrac{\pi}{2}+C\right) = 0, & \forall x \in \mathbb{R}, \\ A\left(-\dfrac{\pi}{2}+B\right)\left(\arctan y + C\right) = 0, & \forall y \in \mathbb{R}. \end{cases}$$

由此解得

$$A = \frac{1}{\pi^2}, \qquad B = C = \frac{\pi}{2}.$$

□

类似于一维随机变量, 对于多维随机变量我们也分别考虑离散型随机变量和连续型随机变量两种情形, 主要考虑二维离散型随机变量和二维连续型随机变量.

3.1.1 二维离散型随机变量

二维离散型随机变量是一类特殊的二维随机变量, 其所有可能取值为有限个或可列个. 在本小节中, 我们主要介绍二维离散型随机变量的概念和联合分布的表示方法.

定义 3.1.3 若二维随机变量 (X,Y) 全部可能取值为有限对或可列对, 则 (X,Y) 称为二维离散型随机变量. 记二维离散型随机变量 (X,Y) 全部可能取值为 $\{(x_i,y_j):i,j=1,2,\cdots\}$, 则称

$$p_{ij}=P(X=x_i,Y=y_j),\quad i,j=1,2,\cdots$$

为 (X,Y) 的联合分布列, 简称**联合分布**.

注记 3.1.4 二维离散型随机变量 (X,Y) 的联合分布列也常用表格形式表示.

$X \backslash Y$	y_1	y_2	$\cdots$	y_j	$\cdots$
x_1	p_{11}	p_{12}	$\cdots$	p_{1j}	$\cdots$
x_2	p_{21}	p_{22}	$\cdots$	p_{2j}	$\cdots$
$\vdots$	$\vdots$	$\vdots$		$\vdots$	
x_i	p_{i1}	p_{i2}	$\cdots$	p_{ij}	$\cdots$
$\vdots$	$\vdots$	$\vdots$		$\vdots$	

命题 3.1.2 (联合分布列的性质) 作为二维离散型随机变量的联合分布列 $\{p_{ij}\}$ 应满足下面两个条件.

(1) 非负性: $p_{ij}\geqslant 0$.

(2) 正则性: $\displaystyle\sum_{i,j}p_{ij}=1$.

证明 非负性由概率的非负性立得; 正则性由 $\Omega=\displaystyle\sum_{i,j}\{X=x_i,Y=y_j\}$ 和概率的可列可加性立得. □

例 3.1.3 同时掷一枚硬币和一枚骰子, 如果硬币正面朝上, 令 $X=1$, 否则 $X=0$; 用 Y 表示掷得的骰子的点数. 显然, (X,Y) 是一个二维离散型随机变量, 并且 (X,Y) 的联合分布列为

$X \backslash Y$	1	2	3	4	5	6
0	$\frac{1}{12}$	$\frac{1}{12}$	$\frac{1}{12}$	$\frac{1}{12}$	$\frac{1}{12}$	$\frac{1}{12}$
1	$\frac{1}{12}$	$\frac{1}{12}$	$\frac{1}{12}$	$\frac{1}{12}$	$\frac{1}{12}$	$\frac{1}{12}$

例 3.1.4 将一枚均匀的硬币抛掷 4 次, X 表示正面向上的次数, Y 表示反面朝上次数. 求 (X,Y) 的联合分布列.

解 显然, $X\sim b(4,0.5)$. 易知, (X,Y) 全部可能取值为 $\{(i,j):i,j=0,1,2,3,4\}$, 注意到正面朝上的次数和反面朝上的次数之和应为所掷次数, 故

$$P(X=i,Y=j)=\begin{cases}P(X=i), & i+j=4,\\ 0, & i+j\neq 4\end{cases}$$

$$=\begin{cases}\mathrm{C}_4^i\left(\dfrac{1}{2}\right)^4, & i+j=4,\\ 0, & i+j\neq 4,\end{cases}$$

即为所求的联合分布列, 或者如下所示:

$X \backslash Y$	0	1	2	3	4
0	0	0	0	0	$\frac{1}{16}$
1	0	0	0	$\frac{1}{4}$	0
2	0	0	$\frac{3}{8}$	0	0
3	0	$\frac{1}{4}$	0	0	0
4	$\frac{1}{16}$	0	0	0	0

□

例 3.1.5 已知二维离散型随机变量 (X,Y) 的联合分布列如下:

$X \backslash Y$	0	1	2
-1	0.05	0.1	0.1
0	0.1	0.2	0.1
1	a	0.2	0.05

求: (1) 常数 a; (2) 概率 $P(X \geqslant 0, Y \leqslant 1)$ 和 $P(X \leqslant 1, Y \leqslant 1)$.

解 (1) 由分布列的正则性,

$$1 = \sum_{i,j}^{+\infty} p_{ij} = 0.05 + 0.1 + 0.1 + 0.1 + 0.2 + 0.1 + a + 0.2 + 0.05,$$

解得 $a = 0.1$.

(2) 所求概率

$$\begin{aligned}
P(X \geqslant 0, Y \leqslant 1) &= \sum_{(i,j):x_i \geqslant 0, y_j \leqslant 1} p_{ij} \\
&= P(X=0,Y=0) + P(X=0,Y=1) \\
&\quad + P(X=1,Y=0) + P(X=1,Y=1) \\
&= 0.1 + 0.2 + 0.1 + 0.2 = 0.6, \\
P(X \leqslant 1, Y \leqslant 1) &= P(Y \leqslant 1) = 1 - P(Y=2) \\
&= 1 - [P(X=-1,Y=2) \\
&\quad + P(X=0,Y=2) + P(X=1,Y=2)] \\
&= 1 - [0.1 + 0.1 + 0.05] = 0.75.
\end{aligned}$$

□

一般地, 关于二维离散型随机变量的联合分布, 我们有下面结论.

定理 3.1.1 若 (X,Y) 具有分布列 $\{p_{ij}, i,j \geqslant 1\}$, $D \subset \mathbb{R}^2$, 则

$$P((X,Y) \in D) = \sum_{(i,j):(x_i,y_j) \in D} p_{ij},$$

这里 (x_i, y_j) 为 (X,Y) 的可能取值.

3.1.2 二维连续型随机变量

二维连续型随机变量也是一类特殊的二维随机变量, 其联合分布函数可以表示成某个二元非负函数 (称作联合概率密度函数) 的积分. 在本小节中, 我们主要介绍二维连续型随机变量的概念和联合概率密度函数的相关计算.

定义 3.1.4 设二维随机变量 (X,Y) 的联合分布函数为 $F(x,y)$. 若存在非负函数 $p(x,y)$ 使得

$$F(x,y)=\int_{-\infty}^{x}\int_{-\infty}^{y}p(u,v)\mathrm{d}u\mathrm{d}v,$$

则称 (X,Y) 为**二维连续型随机变量**, 并且 $p(x,y)$ 称为 (X,Y) 的**联合概率密度函数**.

实际中, 很多二维连续型随机变量的概率分布都是用联合概率密度函数 $p(x,y)$ 给出的. 同一维情形类似, 二维连续型随机变量的联合概率密度函数也具有非负性和正则性.

命题 3.1.3 (联合概率密度函数的性质) 作为二维连续型随机变量的联合概率密度函数 $p(x,y)$ 应满足下面两个条件.

(1) 非负性: $p(x,y)\geqslant 0$.

(2) 正则性: $\int_{-\infty}^{+\infty}\int_{-\infty}^{+\infty}p(x,y)\mathrm{d}x\mathrm{d}y=1$.

证明 非负性由定义立得; 正则性由 $F(+\infty,+\infty)=1$ 和 F 的连续性可得. □

例 3.1.6 设二维连续型随机变量 (X,Y) 具有联合概率密度函数

$$p(x,y)=\begin{cases}A\mathrm{e}^{-(2x+3y)}, & x\geqslant 0,y\geqslant 0,\\ 0, & \text{其他}.\end{cases}$$

求常数 A 的值.

解 由联合概率密度函数的正则性可得

$$1=\int_{-\infty}^{+\infty}\int_{-\infty}^{+\infty}p(x,y)\mathrm{d}x\mathrm{d}y=\int_{0}^{+\infty}\int_{0}^{+\infty}A\mathrm{e}^{-(2x+3y)}\mathrm{d}x\mathrm{d}y=\frac{A}{6},$$

解得 $A=6$. □

若已知二维连续型随机变量 (X,Y) 的联合分布函数 $F(x,y)$, 则在 $F(x,y)$ 偏导数存在的点上可以写出其联合概率密度函数

$$p(x,y)=\frac{\partial^2}{\partial x\partial y}F(x,y);$$

而在 $F(x,y)$ 偏导数不存在的点上 $p(x,y)$ 的值可以用任意非负常数给出, 这不会影响以后有关事件概率的计算.

同一维情形一样, 已知二维连续型随机变量的联合概率密度函数, 我们可以很方便地求出相关随机事件发生的概率.

定理 3.1.2 设二维连续型随机变量 (X,Y) 具有联合概率密度函数 $p(x,y)$, $D\subset\mathbb{R}^2$, 则

$$P\big((X,Y)\in D\big)=\iint\limits_D p(x,y)\mathrm{d}x\mathrm{d}y.$$

定理 3.1.2 的证明已经超出了本书的范围, 因此略去其证明. 另外, 严格地来说, 在使用定理 3.1.1 和定理 3.1.2 时, 需要对 D 有所谓的"可测性"要求, 但是本书为简便之而不做深入阐释.

例 3.1.7 设二维连续型随机变量 (X,Y) 具有联合概率密度函数

$$p(x,y)=\begin{cases}6\mathrm{e}^{-(2x+3y)}, & x\geqslant 0, y\geqslant 0,\\ 0, & \text{其他}.\end{cases}$$

求概率 $P(X\leqslant 2, Y\leqslant 1)$.

解 记

$$D^*=\{(x,y):x\geqslant 0,y\geqslant 0\},$$

$$D=\{(x,y):x\leqslant 2,y\leqslant 1\},$$

则

$$D\cap D^*=\{(x,y):0\leqslant x\leqslant 2,0\leqslant y\leqslant 1\},$$

如图 3.2 所示. 于是, 所求概率为

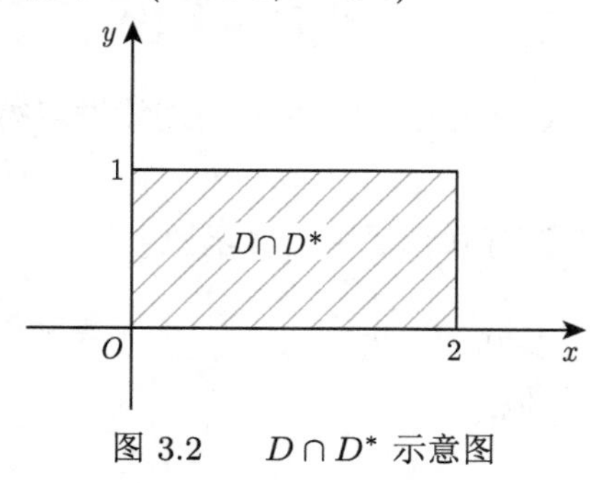

图 3.2 $D\cap D^*$ 示意图

$$\begin{aligned}P(X\leqslant 2,Y\leqslant 1)=&P\big((X,Y)\in D\big)=\iint\limits_D p(x,y)\mathrm{d}x\mathrm{d}y\\ =&\iint\limits_{D\cap D^*}6\mathrm{e}^{-(2x+3y)}\mathrm{d}x\mathrm{d}y=\int_0^2\mathrm{d}x\int_0^1 6\mathrm{e}^{-(2x+3y)}\mathrm{d}y\\ =&(1-\mathrm{e}^{-4})(1-\mathrm{e}^{-3}).\end{aligned}$$

□

例 3.1.8 设二维连续型随机变量 (X,Y) 具有联合概率密度函数

$$p(x,y)=\begin{cases}6\mathrm{e}^{-(2x+3y)}, & x\geqslant 0, y\geqslant 0,\\ 0, & \text{其他}.\end{cases}$$

设 $D=\{(x,y):2x+3y\leqslant 6\}$, 求概率 $P((X,Y)\in D)$.

解 记

$$D^*=\{(x,y):x\geqslant 0,y\geqslant 0\},$$

则

$$D\cap D^*=\left\{(x,y):0\leqslant x\leqslant 3, 0\leqslant y\leqslant \frac{6-2x}{3}\right\},$$

如图 3.3 所示.

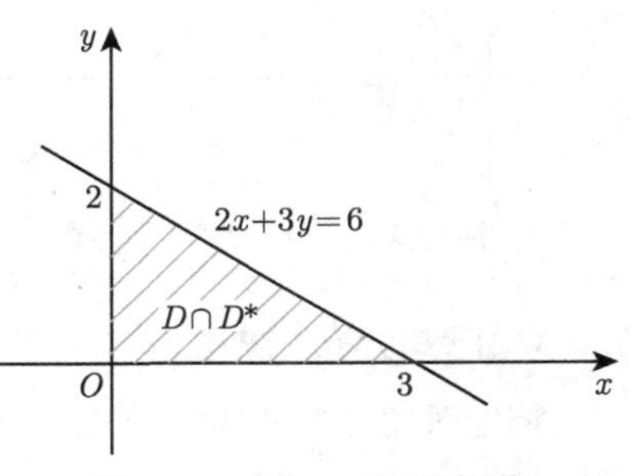

图 3.3 $D\cap D^*$ 示意图

因此, 所求概率为

$$\begin{aligned}P((X,Y)\in D)&=\iint\limits_{D}p(x,y)\mathrm{d}x\mathrm{d}y\\&=\iint\limits_{D\cap D^*}6\mathrm{e}^{-(2x+3y)}\mathrm{d}x\mathrm{d}y\\&=\int_0^3\mathrm{d}x\int_0^{\frac{6-2x}{3}}6\mathrm{e}^{-(2x+3y)}\mathrm{d}y=1-7\mathrm{e}^{-6}.\end{aligned}$$

□

例 3.1.9 设随机变量 (X,Y) 具有概率密度函数

$$p(x,y)=\begin{cases}\mathrm{e}^{-y}, & 0<x<y,\\ 0, & \text{其他}.\end{cases}$$

求概率 $P(X+Y\leqslant 1)$.

解 记 $D^*=\{(x,y):0<x<y\}$, $D=\{(x,y):x+y\leqslant 1\}$, 则

$$D\cap D^*=\{(x,y):0<x\leqslant 1/2, x<y\leqslant 1-x\},$$

如图 3.4 所示.

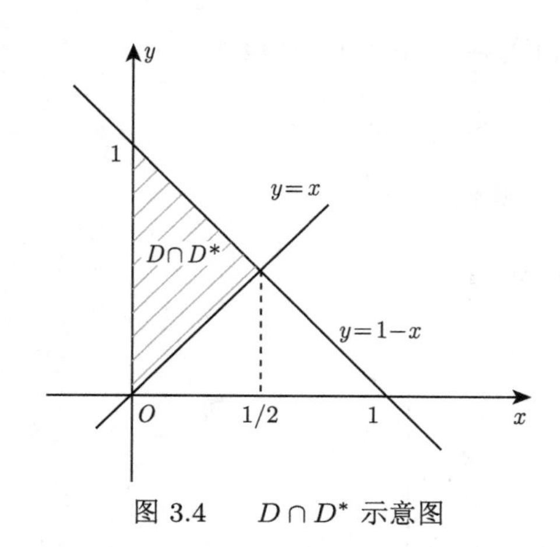

图 3.4 $D\cap D^*$ 示意图

于是, 所求概率为

$$
\begin{aligned}
&P(X+Y\leqslant 1)\\
=&P((X,Y)\in D)=\iint\limits_{D}p(x,y)\mathrm{d}x\mathrm{d}y\\
=&\iint\limits_{D\cap D^*}\mathrm{e}^{-y}\mathrm{d}x\mathrm{d}y=\int_0^{1/2}\mathrm{d}x\int_x^{1-x}\mathrm{e}^{-y}\mathrm{d}y\\
=&1+\mathrm{e}^{-1}-2\mathrm{e}^{-1/2}.
\end{aligned}
$$

□

3.1.3 已知分布, 求概率

将定理 3.1.1 和定理 3.1.2 写在一起, 即

定理 3.1.3 设随机变量 (X,Y) 具有分布列 $\{p_{ij},i,j=1,2,\cdots\}$ 或概率密度函数 $p(x,y)$, $D\subset\mathbb{R}^2$, 则

$$
P((X,Y)\in D)=\begin{cases}\displaystyle\sum_{(i,j):(x_i,y_j)\in D}p_{ij}, & \text{离散情形},\\ \displaystyle\iint\limits_{D}p(x,y)\mathrm{d}x\mathrm{d}y, & \text{连续情形}.\end{cases}
$$

特别地, (X,Y) 的联合分布函数为

$$
F(x,y)=P((X,Y)\in D_{xy})=\begin{cases}\displaystyle\sum_{(i,j):(x_i,y_j)\in D_{xy}}p_{ij}, & \text{离散情形},\\ \displaystyle\iint\limits_{D_{xy}}p(u,v)\mathrm{d}u\mathrm{d}v, & \text{连续情形},\end{cases}
$$

其中 $D_{xy}=\{(u,v):u\leqslant x,v\leqslant y\}=(-\infty,x]\times(-\infty,y]$.

例 3.1.10 设随机变量 (X,Y) 具有概率密度函数

$$
p(x,y)=\begin{cases}cx^2y, & x^2\leqslant y\leqslant 1,\\ 0, & \text{其他}.\end{cases}
$$

(1) 求常数 c;

(2) 求概率 $P(X \leqslant Y)$.

解 (1) 记 $D^* = \{(x,y): x^2 \leqslant y \leqslant 1\}$, 由概率密度函数的正则性,

$$1 = \iint p(x,y)\mathrm{d}x\mathrm{d}y = \iint_{D^*} cx^2y\mathrm{d}x\mathrm{d}y = \int_{-1}^{1}\mathrm{d}x\int_{x^2}^{1} cx^2y\mathrm{d}y = \frac{4}{21}c,$$

解得 $c = \dfrac{21}{4}$.

(2) 记 $D = \{(x,y): x > y\}$, D^* 同 (1), 则 $D \cap D^* = \{(x,y): 0 < x \leqslant 1, x^2 \leqslant y < x\}$, 如图 3.5 所示. 于是,

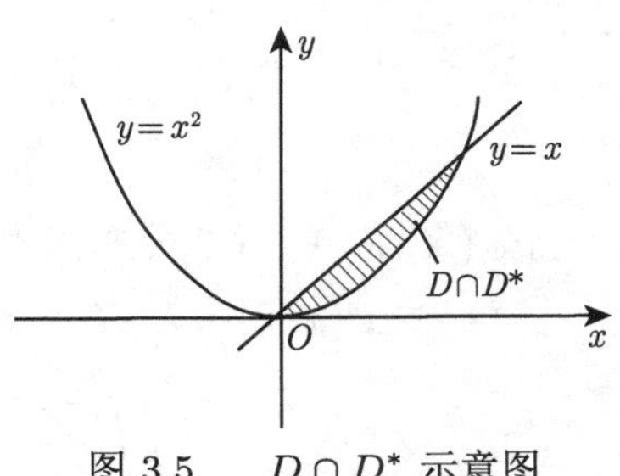

图 3.5 $D \cap D^*$ 示意图

$$\begin{aligned} P((X,Y)\in D) &= \iint_D p(x,y)\mathrm{d}x\mathrm{d}y \\ &= \iint_{D\cap D^*} \frac{21}{4}x^2y\mathrm{d}x\mathrm{d}y \\ &= \int_0^1 \mathrm{d}x\int_{x^2}^{x}\frac{21}{4}x^2y\mathrm{d}y = \frac{3}{20}. \end{aligned}$$

故所求概率 $P(X \leqslant Y) = 1 - P(X > Y) = 1 - P((X,Y)\in D) = 1 - \dfrac{3}{20} = \dfrac{17}{20}$. □

例 3.1.11 设二维随机变量 (X,Y) 的联合概率密度函数为

$$p(x,y) = \begin{cases} 3x, & 0 < y < x < 1, \\ 0, & \text{其他}. \end{cases}$$

求 (X,Y) 的联合分布函数 $F(x,y)$.

解 对任意的实数 x, y, 记 $D_{xy} = \{(u,v): u \leqslant x, v \leqslant y\}$. 令 $D^* = \{(u,v): 0 < v < u < 1\}$, 于是

$$D^* \cap D_{xy} = \begin{cases} \{(u,v): v < u \leqslant \min\{x,1\}, 0 < v \leqslant y\}, & 0 < y < 1, x > y, \\ \{(u,v): v < u \leqslant x, 0 < v \leqslant x\}, & 0 < x < 1, y \geqslant x, \\ \varnothing, & x \leqslant 0 \text{ 或 } y \leqslant 0, \\ D^*, & x \geqslant 1 \text{ 且 } y \geqslant 1. \end{cases}$$

如图 3.6 所示 (图中仅给出了 $0 < y < 1 < x$ 和 $0 < x < y < 1$ 这两种情形).

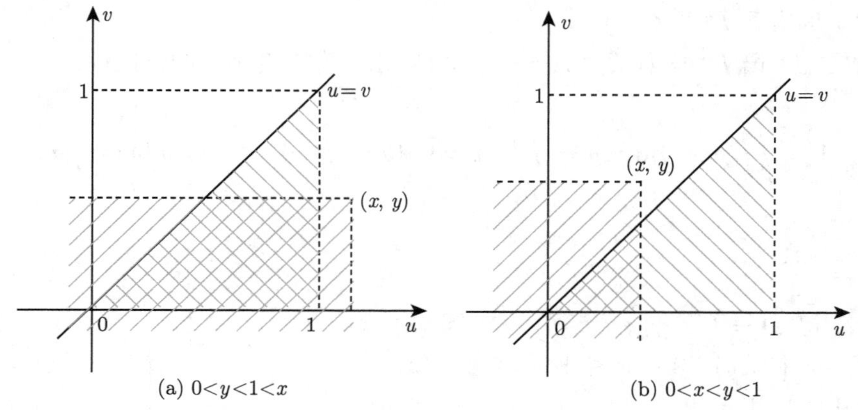

图 3.6 $D_{xy}\cap D^*$ 示意图

故 (X,Y) 的联合分布函数为

$$
\begin{aligned}
F(x,y) =&P(X\leqslant x,Y\leqslant y)=P((X,Y)\in D_{xy})\\
=&\iint\limits_{D_{xy}} p(u,v)\mathrm{d}u\mathrm{d}v=\iint\limits_{D^*\cap D_{xy}} 3u\mathrm{d}u\mathrm{d}v\\
=&\begin{cases}\displaystyle\int_0^y \mathrm{d}v\int_v^{\min\{x,1\}} 3u\mathrm{d}u, & 0<y<1,x>y,\\ \displaystyle\int_0^x \mathrm{d}v\int_v^x 3u\mathrm{d}u, & 0<x<1,y\geqslant x,\\ 0, & x\leqslant 0 \text{ 或 } y\leqslant 0,\\ 1, & x\geqslant 1 \text{ 且 } y\geqslant 1\end{cases}\\
=&\begin{cases}\dfrac{y}{2}(3(\min\{x,1\})^2-y^2), & 0<y<1,x>y,\\ x^3, & 0<x<1,y\geqslant x,\\ 0, & x\leqslant 0 \text{ 或 } y\leqslant 0,\\ 1, & x\geqslant 1 \text{ 且 } y\geqslant 1.\end{cases}
\end{aligned}
$$

□

注记 3.1.5 在例 3.1.11 中, 求分布函数实质是对不同的 (x,y), 求事件 $\{X\leqslant x,Y\leqslant y\}$ 的概率. 由于

$$
p(x,y)=\begin{cases}f(x,y), & (x,y)\in D^*,\\ 0, & (x,y)\notin D^*,\end{cases}
$$

最终转化为计算重积分

$$
\iint\limits_{D_{xy}\cap D^*} f(u,v)\mathrm{d}u\mathrm{d}v.
$$

为此, 我们事先需要对 x,y 的范围进行分类讨论, 写出 $D_{xy}\cap D^*$ 的所有情形. 这个工作一般来说是繁琐的.

3.1.4 常用多维分布

本小节我们简单介绍几种常见的多维分布: 多项分布、多维超几何分布、二维均匀分布和二维正态分布.

1. 多项分布

重复做同一随机试验. 若每次试验有 r 种结果: $A_1,\cdots,A_r$. 记 $P(A_i)=p_i$, $i=1,\cdots,r$. 记 X_i 为 n 次独立重复试验中 A_i 出现的次数, 则 $(X_1,\cdots,X_r)$ 的联合分布列为

$$P(X_1=n_1,\cdots,X_r=n_r)=\begin{cases}\dfrac{n!p_1^{n_1}\cdots p_r^{n_r}}{n_1!\cdots n_r!}, & \displaystyle\sum_{i=1}^r n_i=n,\\ 0, & \text{其他}.\end{cases}$$

称该分布为**多项分布**.

2. 多维超几何分布

设口袋中有 N 只球, 分成 r 类, 第 i 类有 N_i 只球, $N_1+\cdots+N_r=N$. 从中任取 n 只球, 记 X_i 为这 n 只球中第 i 类球的个数, 则 $(X_1,\cdots,X_r)$ 的联合分布列为

$$P(X_1=n_1,\cdots,X_r=n_r)=\begin{cases}\dfrac{\mathrm{C}_{N_1}^{n_1}\cdots\mathrm{C}_{N_r}^{n_r}}{\mathrm{C}_N^n}, & \displaystyle\sum_{i=1}^r n_i=n,\\ 0, & \text{其他}.\end{cases}$$

称该分布为**多维超几何分布**.

3. 二维均匀分布

设 $D\subset\mathbb{R}^2$ 满足 $0<\displaystyle\iint_D \mathrm{d}x\mathrm{d}y<+\infty$, 称 (X,Y) 服从区域 D 上的**均匀分布**, 若其联合概率密度函数为

$$p(x,y)=\begin{cases}\dfrac{1}{S_D}, & (x,y)\in D,\\ 0, & \text{其他}.\end{cases}$$

记为 $(X,Y)\sim U(D)$. 这里 $S_D=\displaystyle\iint_D \mathrm{d}x\mathrm{d}y$ 表示平面区域 D 的面积.

4. 二维正态分布

称 (X,Y) 服从**二维正态分布**, 若其联合概率密度函数为

$$p(x,y)=\frac{1}{2\pi\sigma_1\sigma_2 c}\exp\left\{-\frac{1}{2c^2}(a^2+b^2-2\rho ab)\right\},\quad -\infty<x,y<+\infty,$$

其中 $a=\dfrac{x-\mu_1}{\sigma_1},b=\dfrac{y-\mu_2}{\sigma_2},c=\sqrt{1-\rho^2}$. 记为 $(X,Y)\sim N(\mu_1,\sigma_1^2;\mu_2,\sigma_2^2;\rho)$, 概率密度函数图像示意图如图 3.7 所示.

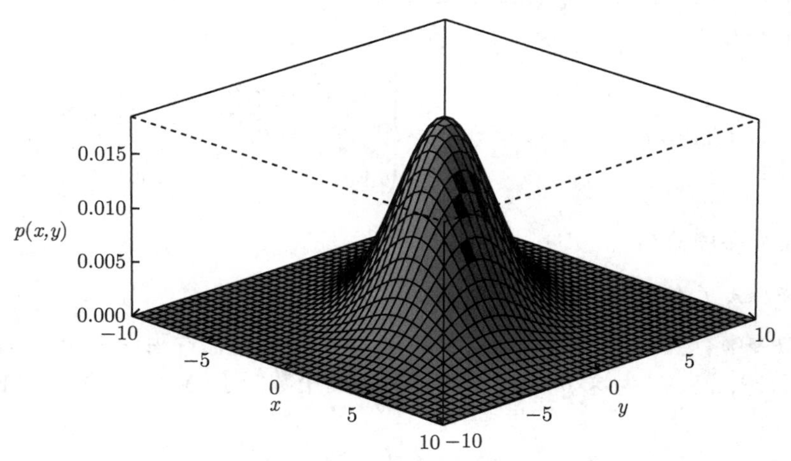

图 3.7 二维正态分布概率密度函数图像示意图

注记 3.1.6 设随机变量 (X,Y) 服从二维正态分布 $N(\mu_1,\sigma_1^2;\mu_2,\sigma_2^2;\rho)$, 这里共有 5 个参数, 每个皆有其含义, 其中参数 μ_1,μ_2 分别表示 X 与 Y 的数学期望, σ_1^2,σ_2^2 分别表示 X 与 Y 的方差, 参数 ρ 表示 X 与 Y 的相关系数, 我们将在下一章来具体介绍.

✍习题 3.1

1. 设 $a,b>0$ 为常数, 验证函数

$$F(x,y)=\begin{cases}1-\mathrm{e}^{-ax}-\mathrm{e}^{-by}+\mathrm{e}^{-(ax+by)}, & x>0,y>0,\\ 0, & \text{其他}\end{cases}$$

为二维随机变量的分布函数.

2. 设 $F(x,y)$ 为二维随机变量 (X,Y) 的联合分布函数, 试用 $F(x,y)$ 表示

下列随机事件发生的概率:

(1) $P(X>a,Y>b)$; (2) $P(a\leqslant X\leqslant c,Y\geqslant d)$;

(3) $P(X\leqslant a,Y\geqslant b)$; (4) $P(X=a,Y>b)$.

3. 若二维离散型随机变量 (X,Y) 有联合分布列如下:

X \ Y	0	1	2
0	1/2	1/8	1/4
1	1/16	c	0

求: (1) 常数 c 的值; (2) 概率 $P(X=Y)$; (3) 概率 $P(X\leqslant Y)$.

4. 将两个不同的小球随机地放入编号分别为 1, 2, 3 的三个盒子中, 记 X 为空盒数, Y 为不空盒子中的最小编号, 求 (X,Y) 的联合分布.

5. 设随机变量 (X,Y) 的联合概率密度函数为

$$p(x,y)=\begin{cases}c, & 0\leqslant x\leqslant 1, 0\leqslant y\leqslant 2,\\ 0, & \text{其他}.\end{cases}$$

求: (1) 常数 c 的值; (2) 概率 $P(X=Y)$; (3) 概率 $P(X\leqslant Y)$.

6. 设随机变量 (X,Y) 的概率密度函数为

$$p(x,y)=\begin{cases}\dfrac{3}{4}xy^2, & 0<x<1, 0<y<2,\\ 0, & \text{其他}.\end{cases}$$

求 X 与 Y 至少有一个大于 1/2 的概率.

7. 已知随机变量 (X,Y) 的概率密度函数为

$$p(x,y)=\begin{cases}c(x^2+y), & 0\leqslant y\leqslant 1-x^2,\\ 0, & \text{其他}.\end{cases}$$

求: (1) c; (2) 概率 $P(Y\leqslant X+1)$; (3) 概率 $P(Y\leqslant X^2)$.

3.2 边际分布

在概率论和统计学中, 只包含多维随机向量的部分变量的概率分布称为边际分布或边缘分布. 比如, 对于三维随机变量 $X=(X_1,X_2,X_3)$, 则 X_1,X_2,X_3 都是

X 的一维边际分布, 而 $(X_1, X_2), (X_1, X_3), (X_2, X_3)$ 都是 X 的二维边际分布. 在本节中我们主要考虑二维随机变量 (X, Y) 的边际分布.

3.2.1 边际分布函数

对于二维随机变量 (X, Y), 联合分布函数 $F(x, y)$ 是交事件 “$X \leqslant x$”$\bigcap$“$Y \leqslant y$” 的概率. 若令 $y \to +\infty$, 则事件 “$Y < +\infty$” 是必然事件 Ω, 从而 “$X \leqslant x$”$\bigcap \Omega$=“$X \leqslant x$”, 其概率就是 X 的分布函数 $F_X(x)$, 这个极限过程常用 $F(x,+\infty)$ 表示, 则

$$F(x, +\infty) \equiv \lim_{y \to +\infty} F(x, y) = P(X \leqslant x, Y < +\infty) = P(X \leqslant x) = F_X(x).$$

类似地,

$$F(+\infty, y) \equiv \lim_{x \to +\infty} F(x, y) = P(X < +\infty, Y \leqslant y) = P(Y \leqslant y) = F_Y(y).$$

这两个分布函数 $F_X(x)$ 和 $F_Y(y)$ 又称为联合分布函数 $F(x, y)$ 的**边际分布函数**, 简称**边际分布**.

例 3.2.1 设二维随机变量 (X, Y) 的联合分布函数为

$$F(x, y) = \begin{cases} 1 - \mathrm{e}^{-x} - \mathrm{e}^{-y} + \mathrm{e}^{-x-y-\lambda xy}, & x > 0, y > 0, \\ 0, & \text{其他}, \end{cases}$$

这个分布称为**二维指数分布**, 其中参数 $\lambda \geqslant 0$.

容易求得 (X, Y) 的边际分布函数:

$$F_X(x) = F(x, +\infty) = \begin{cases} 1 - \mathrm{e}^{-x}, & x > 0, \\ 0, & x \leqslant 0; \end{cases}$$

$$F_Y(y) = F(+\infty, y) = \begin{cases} 1 - \mathrm{e}^{-y}, & y > 0, \\ 0, & y \leqslant 0. \end{cases}$$

它们都是一维指数分布, 并且与参数 λ 无关. 不同的 λ 对应不同的二维指数分布, 而它们的两个边际分布保持不变, 这说明: 对于二维随机变量, 边际分布不能决定其联合分布. 类似地, 对于多维随机变量, **边际分布一般不能决定其联合分布**.

3.2.2 边际分布列

对于二维离散型随机变量 (X, Y), 我们通常用边际分布列来表示其边际分布.

命题 3.2.1 已知二维离散型随机变量 (X,Y) 具有联合分布列

$$p_{ij}=P(X=x_i,Y=y_j),\quad i,j=1,2,\cdots,$$

则随机变量 X 的 (边际) 分布列为

$$p_i=P(X=x_i)=\sum_{j=1}^{+\infty}p_{ij}\triangleq p_{i\cdot},\quad i=1,2,\cdots;$$

Y 的 (边际) 分布列为

$$p_j=P(Y=y_j)=\sum_{i=1}^{+\infty}p_{ij}\triangleq p_{\cdot j},\quad j=1,2,\cdots.$$

证明留作练习.

注记 3.2.1 二维离散型随机变量的边际分布列也可以通过联合分布列的表格直接表示.

$X \backslash Y$	y_1	y_2	$\cdots$	y_j	$\cdots$	$p_{i\cdot}$
x_1	p_{11}	p_{12}	$\cdots$	p_{1j}	$\cdots$	$\sum_{j=1}^{+\infty}p_{1j}$
x_2	p_{21}	p_{22}	$\cdots$	p_{2j}	$\cdots$	$\sum_{j=1}^{+\infty}p_{2j}$
$\vdots$	$\vdots$	$\vdots$		$\vdots$		$\vdots$
x_i	p_{i1}	p_{i2}	$\cdots$	p_{ij}	$\cdots$	$\sum_{j=1}^{+\infty}p_{ij}$
$\vdots$	$\vdots$	$\vdots$		$\vdots$		$\vdots$
$p_{\cdot j}$	$\sum_{i=1}^{+\infty}p_{i1}$	$\sum_{i=1}^{+\infty}p_{i2}$	$\cdots$	$\sum_{i=1}^{+\infty}p_{ij}$	$\cdots$	1

例 3.2.2 已知二维离散型随机变量 (X,Y) 有联合分布列如下:

$X \backslash Y$	0	1	2
0	1/2	1/8	1/4
1	1/16	1/16	0

求 (X,Y) 的边际分布列.

解 根据注记 3.2.1 容易求得 (X,Y) 的边际分布列如下:

$X \backslash Y$	0	1	2	$p_{i\cdot}$
0	1/2	1/8	1/4	7/8
1	1/16	1/16	0	1/8
$p_{\cdot j}$	9/16	3/16	1/4	1

即 X 和 Y 的边际分布列分别为

X	0	1
P	7/8	1/8

Y	0	1	2
P	9/16	3/16	1/4

□

3.2.3 边际概率密度函数

由联合概率密度函数 $p(x,y)$ 不难求出各个分量的概率密度函数. 事实上, X 的分布函数可以写成

$$\begin{aligned} F_X(x) &= P(X \leqslant x, Y < +\infty) \\ &= \int_{-\infty}^{x} \left(\int_{-\infty}^{+\infty} p(s,y)dy \right) \mathrm{d}s = \int_{-\infty}^{x} p_X(s)\mathrm{d}s, \end{aligned}$$

其中

$$p_X(x) = \int_{-\infty}^{+\infty} p(x,y)\mathrm{d}y$$

就是 X 的概率密度函数, 类似地可得 Y 的概率密度函数为

$$p_Y(y) = \int_{-\infty}^{+\infty} p(x,y)\mathrm{d}x.$$

我们把 $p_X(x)$ 和 $p_Y(y)$ 又称为 (X,Y)(或 $p(x,y)$) 的**边际概率密度函数**.

例 3.2.3 已知二维连续型随机变量 (X,Y) 的联合概率密度函数为

$$p(x,y) = \begin{cases} 6\mathrm{e}^{-2x-3y}, & x > 0, y > 0, \\ 0, & \text{其他}. \end{cases}$$

求 X 和 Y 的边际概率密度函数 $p_X(x)$ 和 $p_Y(y)$.

解 当 $x>0$ 时, 联合概率密度函数 $p(x,y)$ 作为 y 的函数

$$p(x,y)=\begin{cases}6\mathrm{e}^{-2x-3y}, & y>0,\\ 0, & y\leqslant 0.\end{cases}$$

当 $x\leqslant 0$ 时, $p(x,y)=0$ 对任意的 y 都成立.

于是, X 的概率密度函数为

$$p_X(x)=\int_{-\infty}^{+\infty}p(x,y)\mathrm{d}y=\begin{cases}\displaystyle\int_{-\infty}^{0}0\mathrm{d}y+\int_{0}^{+\infty}6\mathrm{e}^{-2x-3y}\mathrm{d}y, & x>0,\\ \displaystyle\int_{-\infty}^{+\infty}0\mathrm{d}y, & x\leqslant 0\end{cases}$$

$$=\begin{cases}2\mathrm{e}^{-2x}, & x>0,\\ 0, & x\leqslant 0.\end{cases}$$

类似地可以求得 Y 的概率密度函数

$$p_Y(y)=\begin{cases}3\mathrm{e}^{-3y}, & y>0,\\ 0, & y\leqslant 0.\end{cases}$$

□

例 3.2.4 已知随机变量 (X,Y) 的联合概率密度函数为

$$p(x,y)=\begin{cases}\mathrm{e}^{-y}, & 0<x<y,\\ 0, & \text{其他}.\end{cases}$$

求 X 和 Y 的边际概率密度函数 $p_X(x)$ 和 $p_Y(y)$.

解 当 $x>0$ 时, 联合概率密度函数 $p(x,y)$ 作为 y 的函数

$$p(x,y)=\begin{cases}\mathrm{e}^{-y}, & y>x,\\ 0, & y\leqslant x.\end{cases}$$

当 $x\leqslant 0$ 时, $p(x,y)=0$ 对任意的 y 都成立.

于是, X 的概率密度函数为

$$p_X(x)=\int_{-\infty}^{+\infty}p(x,y)\mathrm{d}y=\begin{cases}\displaystyle\int_{-\infty}^{x}0\mathrm{d}y+\int_{x}^{+\infty}\mathrm{e}^{-y}\mathrm{d}y, & x>0,\\ \displaystyle\int_{-\infty}^{+\infty}0\mathrm{d}y, & x\leqslant 0\end{cases}=\begin{cases}\mathrm{e}^{-x}, & x>0,\\ 0, & x\leqslant 0.\end{cases}$$

故 X 服从指数分布 $\mathrm{Exp}(1)$. 下面求 Y 的概率密度函数.

当 $y>0$ 时, 联合概率密度函数 $p(x,y)$ 作为 x 的函数

$$p(x,y)=\begin{cases}\mathrm{e}^{-y}, & 0<x<y,\\ 0, & x\leqslant 0 \text{或} x\geqslant y.\end{cases}$$

当 $y\leqslant 0$ 时, $p(x,y)=0$ 对任意的 x 都成立.

于是, Y 的概率密度函数为

$$p_Y(y)=\int_{-\infty}^{+\infty}p(x,y)\mathrm{d}x=\begin{cases}\displaystyle\int_{-\infty}^{0}0\mathrm{d}x+\int_0^y\mathrm{e}^{-y}\mathrm{d}x+\int_y^{+\infty}0\mathrm{d}x, & y>0,\\ \displaystyle\int_{-\infty}^{+\infty}0\mathrm{d}x, & y\leqslant 0\end{cases}$$

$$=\begin{cases}y\mathrm{e}^{-y}, & y>0,\\ 0, & y\leqslant 0.\end{cases}$$

故 Y 服从 Gamma 分布 $\mathrm{Ga}(2,1)$. □

注记 3.2.2 在例 3.2.4 中, 由于概率密度函数 $p(x,y)$ 是分块函数, $p(x,y)$ 作为其中一个变量的一元函数来看时, 其解析式依赖于另一个变量的范围. 因此在求边际概率密度函数时需要对变量进行分情况讨论. 不过, 若读者对二元函数的单变量积分熟悉的话, 可以直接书写. 例如, 上例中, 将概率密度函数 $p(x,y)$ 的非零区域记为 $D=\{(x,y):0<x<y\}$. 在求 X 的边际概率密度函数时, 我们需要对变量 y 积分, 因此将 D 重写为

$$D=\{(x,y):x>0,x<y<+\infty\},$$

于是, X 的概率密度函数为

$$p_X(x)=\int_{-\infty}^{+\infty}p(x,y)\mathrm{d}y=\begin{cases}\displaystyle\int_x^{+\infty}\mathrm{e}^{-y}\mathrm{d}y, & x>0,\\ 0, & x\leqslant 0\end{cases}=\begin{cases}\mathrm{e}^{-x}, & x>0,\\ 0, & x\leqslant 0.\end{cases}$$

在求 Y 的边际概率密度函数时, 需要对变量 x 积分, 因此将 D 重写为

$$D=\{(x,y):y>0,0<x<y\},$$

于是, Y 的概率密度函数为

$$p_Y(y)=\int_{-\infty}^{+\infty}p(x,y)\mathrm{d}x=\begin{cases}\displaystyle\int_0^{y}\mathrm{e}^{-y}\mathrm{d}x, & y>0,\\ 0, & y\leqslant 0\end{cases}=\begin{cases}y\mathrm{e}^{-y}, & y>0,\\ 0, & y\leqslant 0.\end{cases}$$

接下来, 我们再看另一个例子, 读者注意将结果与上例进行比较.

例 3.2.5 已知随机变量 (X,Y) 的联合概率密度函数为

$$p(x,y)=\begin{cases}y\mathrm{e}^{-(x+y)}, & x>0,y>0,\\ 0, & \text{其他},\end{cases}$$

分别求出随机变量 X 和 Y 的边际概率密度函数 $p_X(x)$ 和 $p_Y(y)$.

解 当 $x>0$ 时, 联合概率密度函数 $p(x,y)$ 作为 y 的函数

$$p(x,y)=\begin{cases}y\mathrm{e}^{-(x+y)}, & y>0,\\ 0, & y\leqslant 0.\end{cases}$$

当 $x\leqslant 0$ 时, $p(x,y)=0$ 对任意的 y 都成立.

于是, X 的概率密度函数为

$$p_X(x)=\int_{-\infty}^{+\infty}p(x,y)\mathrm{d}y=\begin{cases}\displaystyle\int_0^{+\infty}y\mathrm{e}^{-(x+y)}\mathrm{d}y, & x>0,\\ 0, & x\leqslant 0\end{cases}=\begin{cases}\mathrm{e}^{-x}, & x>0,\\ 0, & x\leqslant 0.\end{cases}$$

故 X 服从指数分布 Exp(1). 下面求 Y 的概率密度函数.

当 $y>0$ 时, 联合概率密度函数 $p(x,y)$ 作为 x 的函数

$$p(x,y)=\begin{cases}y\mathrm{e}^{-(x+y)}, & x>0,\\ 0, & x\leqslant 0.\end{cases}$$

当 $y\leqslant 0$ 时, $p(x,y)=0$ 对任意的 x 都成立.

故 Y 的概率密度函数为

$$p_Y(y)=\int_{-\infty}^{+\infty}p(x,y)\mathrm{d}x=\begin{cases}\displaystyle\int_0^{+\infty}y\mathrm{e}^{-(x+y)}\mathrm{d}x, & y>0,\\ 0, & y\leqslant 0\end{cases}=\begin{cases}y\mathrm{e}^{-y}, & y>0,\\ 0, & y\leqslant 0.\end{cases}$$

故 Y 服从 Gamma 分布 Ga(2, 1). □

注记 3.2.3 例 3.2.4 和例 3.2.5 结果表明, **边际分布不能确定联合分布**: X 都服从指数分布 Exp(1), Y 都服从 Gamma 分布 Ga(2, 1), 但是对应的联合分布却截然不同.

下面这个定理表明, 二维正态分布的边际分布是一维正态分布.

定理 3.2.1 设 (X,Y) 服从二维正态分布 $N(\mu_1,\sigma_1^2;\mu_2,\sigma_2^2;\rho)$, 则 X 服从正态分布 $N(\mu_1,\sigma_1^2)$, Y 服从正态分布 $N(\mu_2,\sigma_2^2)$.

证明 (X,Y) 的联合概率密度函数为

$$p(x,y)=\frac{1}{2\pi\sigma_1\sigma_2 c}\exp\left\{-\frac{1}{2c^2}(a^2+b^2-2\rho ab)\right\},$$

其中 $a=\dfrac{x-\mu_1}{\sigma_1},b=\dfrac{y-\mu_2}{\sigma_2},c=\sqrt{1-\rho^2}$. 于是, X 的概率密度函数为

$$\begin{aligned}p_X(x)=&\int_{-\infty}^{+\infty}p(x,y)\mathrm{d}y=\int_{-\infty}^{+\infty}\frac{1}{2\pi\sigma_1\sigma_2 c}\exp\left\{-\frac{1}{2c^2}(a^2+b^2-2\rho ab)\right\}\mathrm{d}y\\=&\frac{1}{\sqrt{2\pi}\sigma_1}\exp\left\{-\frac{a^2}{2}\right\}\int_{-\infty}^{+\infty}\frac{1}{\sqrt{2\pi}c}\exp\left\{-\frac{(b-\rho a)^2}{2c^2}\right\}\mathrm{d}b\\=&\frac{1}{\sqrt{2\pi}\sigma_1}\exp\left\{-\frac{(x-\mu_1)^2}{2\sigma_1^2}\right\},\end{aligned}$$

其中, 第三个等号是因为作了积分变量替换 $b=\dfrac{y-\mu_2}{\sigma_2}$, 最后一个等号是因为被积函数可以视为正态分布 $N(\rho a,c^2)$ 的概率密度函数, 由正则性得积分值为 1.

故 X 服从正态分布 $N(\mu_1,\sigma_1^2)$. 同理可证 Y 服从正态分布 $N(\mu_2,\sigma_2^2)$. □

注记 3.2.4 设 (X,Y) 服从二维正态分布 $N(\mu_1,\sigma_1^2;\mu_2,\sigma_2^2;\rho)$, 则其边际分布不依赖于参数 ρ. 因而, 若 $\rho_1\neq\rho_2$, 则 $N(\mu_1,\sigma_1^2;\mu_2,\sigma_2^2;\rho_1)$ 和 $N(\mu_1,\sigma_1^2;\mu_2,\sigma_2^2;\rho_2)$ 联合分布不同, 但是其对应的边际分布相同.

注记 3.2.5 可以证明多项分布的边际分布为二项分布, 多维超几何分布的边际分布为超几何分布, 但是二维均匀分布的边际分布不一定是均匀分布.

例 3.2.6 设随机变量 (X,Y) 服从均匀分布 $U(D)$, 其中 $D=\{(x,y):x^2+y^2\leqslant 1\}$, 求 X 的边际分布.

解 (X,Y) 的联合概率密度函数为

$$p(x,y)=\begin{cases}\dfrac{1}{\pi}, & x^2+y^2\leqslant 1,\\0, & x^2+y^2>1.\end{cases}$$

于是, X 的边际概率密度函数为

$$p_X(x)=\int_{-\infty}^{+\infty}p(x,y)\mathrm{d}y=\begin{cases}\displaystyle\int_{-\sqrt{1-x^2}}^{\sqrt{1-x^2}}\frac{1}{\pi}\mathrm{d}y, & |x|\leqslant 1,\\ 0, & |x|>1\end{cases}=\begin{cases}\dfrac{2\sqrt{1-x^2}}{\pi}, & |x|\leqslant 1,\\ 0, & |x|>1.\end{cases}\quad\square$$

注记 3.2.6 上例中随机变量 X 的分布, 称为**半圆律分布** (semi-circle law), 这个分布在随机矩阵理论中被用到. 例如, Gauss 幺正系综 (Gaussian unitary ensemble) 的特征值的分布服从半圆律分布, 有兴趣的读者参见文献 (Bollobás, 2011, Chap. 14).

尽管单位圆盘上的均匀分布的边际分布不再是一维均匀分布, 但矩形区域上的均匀分布的边际分布是一维均匀分布.

注记 3.2.7 若 $D=(a_1,b_1)\times(a_2,b_2)$, (X,Y) 服从 $U(D)$, 则 X 服从 $U(a_1,b_1)$, Y 服从 $U(a_2,b_2)$, 即矩形区域上的均匀分布的边际分布仍是均匀分布. 证明留作习题.

下面的这个例子说明, 边际分布是一维正态分布的两个随机变量的联合分布, 可以不是二维正态分布, 这进一步说明边际分布无法确定联合分布.

例 3.2.7 设随机变量 (X,Y) 具有概率密度函数

$$p(x,y)=\frac{1}{2\pi}(1+\sin x\sin y)\mathrm{e}^{-(x^2+y^2)/2},\qquad -\infty<x,y<+\infty.$$

求 (X,Y) 的边际分布.

解 X 的边际概率密度函数为

$$\begin{aligned}p_X(x)&=\int_{-\infty}^{+\infty}p(x,y)\mathrm{d}y\\&=\int_{-\infty}^{+\infty}\frac{1}{2\pi}(1+\sin x\sin y)\mathrm{e}^{-(x^2+y^2)/2}\mathrm{d}y\\&=\frac{1}{\sqrt{2\pi}}\mathrm{e}^{-x^2/2}\int_{-\infty}^{+\infty}\frac{1}{\sqrt{2\pi}}\mathrm{e}^{-y^2/2}\mathrm{d}y+\frac{1}{2\pi}\sin x\cdot\mathrm{e}^{-x^2/2}\int_{-\infty}^{+\infty}\sin y\cdot\mathrm{e}^{-y^2/2}\mathrm{d}y\\&=\frac{1}{\sqrt{2\pi}}\mathrm{e}^{-x^2/2}.\end{aligned}$$

因此, X 服从标准正态分布 $N(0,1)$, 同理可求得 Y 也服从标准正态分布 $N(0,1)$. $\square$

✍习题 3.2

1. 已知 (X,Y) 取值于集合 $D=\{(i,j):i,j=-2,-1,0,1,2\}$, 联合分布列为

$$p_{ij}=P(X=i,Y=j)=c|i+j|,\quad (i,j)\in D.$$

求 c 的值和 X 的边际分布列.

2. 若二维离散型随机变量 (X,Y) 有联合分布列如下:

$X \backslash Y$	0	1	2
0	1/2	1/8	1/4
1	1/16	1/16	0

求 X 与 Y 的边际分布列.

3. 设随机变量 (X,Y) 的联合概率密度函数为

$$p(x,y)=\begin{cases}1/2, & 0\leqslant x\leqslant 1, 0\leqslant y\leqslant 2,\\ 0, & \text{其他}.\end{cases}$$

求 X 与 Y 的边际概率密度函数.

4. 设随机变量 (X,Y) 的联合概率密度函数为

$$p(x,y)=\begin{cases}3x, & 0<y<x<1,\\ 0, & \text{其他}.\end{cases}$$

求 X 与 Y 的边际概率密度函数.

5. 设随机变量 (X,Y) 的联合概率密度函数为

$$p(x,y)=\frac{|x|}{\sqrt{8\pi}}\exp\left\{-|x|-\frac{x^2y^2}{2}\right\},\quad -\infty<x,y<+\infty.$$

求 X 的边际概率密度函数.

6. 设随机变量 (X,Y) 的联合概率密度函数为

$$p(x,y)=\frac{1}{\pi}\exp\left\{2xy-x^2-2y^2\right\}.$$

求 Y 的边际概率密度函数和概率 $P(Y>\sqrt{2})$.

7. 设随机变量 (X,Y) 的联合概率密度函数为

$$p(x,y)=\begin{cases}\dfrac{1}{x}, & 0<y<x<1,\\ 0, & \text{其他},\end{cases}$$

分别求出 X 和 Y 的边际概率密度函数.

8. 设随机变量 (X,Y) 服从均匀分布 $U(D)$, 其中 $D=\{(x,y):|x|+|y|<1\}$, 求出 X 的边际概率密度函数.

3.3 随机变量的独立性

在多维随机变量中, 各分量的取值有时候会相互影响, 有时候会毫无影响. 比如, 在研究父子身高时, 父亲的身高 X 往往会影响儿子的身高 Y; 但是在研究投掷两颗骰子的试验中, 一颗骰子出现的点数 X 与另一颗骰子出现的点数 Y 之间应该没有任何影响. 这种相互之间没有任何影响的随机变量称为相互独立的随机变量. 本节将研究这类多维随机变量, 主要研究两个随机变量的相互独立问题.

定义 3.3.1 设 $X_1,X_2,\cdots,X_d$ 是概率空间 $(\Omega,\mathcal{F},P)$ 中的 d 个随机变量. 若对于任意 d 个实数 $x_1,x_2,\cdots,x_d$, 事件组 "$X_1\leqslant x_1$", "$X_2\leqslant x_2$",$\cdots$, "$X_d\leqslant x_d$" 相互独立, 即

$$P(X_1\leqslant x_1,X_2\leqslant x_2,\cdots,X_d\leqslant x_d)=P(X_1\leqslant x_1)P(X_2\leqslant x_2)\cdots P(X_d\leqslant x_d)$$

或

$$F(x_1,x_2,\cdots,x_d)=F_1(x_1)F_2(x_2)\cdots F_d(x_d),$$

则称随机变量 $X_1,X_2,\cdots,X_d$ **相互独立**, 否则就称随机变量 $X_1,X_2,\cdots,X_d$ **不相互独立**, 或称 $X_1,X_2,\cdots,X_d$ 是**相依的**, 其中 $F_i(x)$ 是随机变量 X_i 的分布函数, $i=1,2,\cdots,d$.

注记 3.3.1 随机变量 X 和 Y 相互独立当且仅当对任意的 $(x,y)\in\mathbb{R}^2$, 随机事件 $\{X\leqslant x\}$ 与 $\{Y\leqslant y\}$ 相互独立.

例 3.3.1 设随机变量 (X,Y) 的分布函数为

$$F(x,y)=\frac{1}{\pi^2}\left(\arctan x+\frac{\pi}{2}\right)\left(\arctan y+\frac{\pi}{2}\right).$$

易求 X 与 Y 的边际分布函数分别为

$$F_X(x)=\frac{1}{\pi}\left(\arctan x+\frac{\pi}{2}\right),\qquad F_Y(y)=\frac{1}{\pi}\left(\arctan y+\frac{\pi}{2}\right).$$

由于对任意的 $(x,y)\in\mathbb{R}^2$ 都有 $F(x,y)=F_X(x)F_Y(y)$ 成立, 故 X 与 Y 相互独立.

注记 3.3.2 随机变量 $X_1,\cdots,X_d$ 相互独立当且仅当联合分布函数等于边际分布函数的乘积, 即

$$F(x_1,\cdots,x_d)=F_1(x_1)\cdots F_d(x_d),\quad (x_1,\cdots,x_d)\in\mathbb{R}^d,$$

其中 $F_i(x_i)$ 是随机变量 X_i 的分布函数, $i=1,\cdots,d$.

注记 3.3.3 随机变量相互独立的等价描述:

(1) 若 (X,Y) 是离散型随机变量, X 和 Y 相互独立当且仅当联合分布列等于边际分布列的乘积, 即对任意的 (i,j) 都有 $p_{ij}=p_i p_j$.

(2) 若 (X,Y) 是连续型随机变量, X 和 Y 相互独立当且仅当联合概率密度函数等于边际概率密度函数的乘积, 即对任意的 $(x,y)\in\mathbb{R}^2$ 都有

$$p(x,y)=p_X(x)p_Y(y).$$

例 3.3.2 设随机变量 (X,Y) 有联合分布列如下:

X \ Y	0	1
0	1/4	1/4
1	1/4	1/4

判断 X 与 Y 是否相互独立.

解 易知 $P(X=0)=P(Y=0)=1/2$, 故

$$P(X=0,Y=0)=\frac{1}{4}=\frac{1}{2}\times\frac{1}{2}=P(X=0)\cdot P(Y=0).$$

类似可得

$$\begin{aligned}P(X=0,Y=1)&=P(X=0)\cdot P(Y=1),\\P(X=1,Y=0)&=P(X=1)\cdot P(Y=0),\\P(X=1,Y=1)&=P(X=1)\cdot P(Y=1).\end{aligned}$$

由注记 3.3.3 知, X 与 Y 相互独立. □

例 3.3.3 已知随机变量 (X,Y) 的联合概率密度函数为

$$p(x,y)=\begin{cases}6\mathrm{e}^{-2x-3y}, & x>0,y>0,\\ 0, & \text{其他}.\end{cases}$$

判断 X 与 Y 是否独立.

解 易求 X 与 Y 的边际概率密度函数分别为

$$p_X(x)=\begin{cases}2\mathrm{e}^{-2x}, & x>0,\\ 0, & x\leqslant 0,\end{cases}\qquad p_Y(y)=\begin{cases}3\mathrm{e}^{-3y}, & y>0,\\ 0, & y\leqslant 0.\end{cases}$$

由于对任意的 $(x,y)\in\mathbb{R}^2$, $p(x,y)=p_X(x)p_Y(y)$ 成立, 故 X 与 Y 相互独立. □

注记 3.3.4 判断随机变量的独立性时, 一般地, 我们需要对每个 $(x,y)\in\mathbb{R}^2$, 验证 $F(x,y)=F_X(x)F_Y(y)$ 或 $p(x,y)=p_X(x)p_Y(y)$ 成立, 抑或对每个 (i,j), 验证 $p_{ij}=p_ip_j$ 成立.

例 3.3.4 设随机变量 (X,Y) 服从均匀分布 $U(D)$, 其中 $D=\{(x,y): x^2+y^2\leqslant 1\}$, 判断 X 与 Y 是否独立.

解 (X,Y) 的联合概率密度函数为

$$p(x,y)=\begin{cases}\dfrac{1}{\pi}, & x^2+y^2\leqslant 1,\\ 0, & x^2+y^2>1.\end{cases}$$

在例 3.2.6中, 我们已经求出 X 的边际概率密度函数为

$$p_X(x)=\begin{cases}\dfrac{2\sqrt{1-x^2}}{\pi}, & |x|\leqslant 1,\\ 0, & |x|>1.\end{cases}$$

同理可以求出, Y 的边际概率密度函数为

$$p_Y(y)=\begin{cases}\dfrac{2\sqrt{1-y^2}}{\pi}, & |y|\leqslant 1,\\ 0, & |y|>1.\end{cases}$$

显然, $p(x,y)\neq p_X(x)\cdot p_Y(y)$, 故 X 与 Y 相互不独立. □

注记 3.3.5 一般地, 若 (X,Y) 的联合概率密度函数为

$$p(x,y)=\begin{cases}f(x,y), & (x,y)\in D,\\ 0, & (x,y)\notin D.\end{cases}$$

当 D 是矩形区域时, 若函数 $f(x,y)$ 可以分离变量, 即 $f(x,y)$ 能够写成 x 的函数与 y 的函数的乘积, 则 X 与 Y 相互独立.

定理 3.3.1 设随机变量 (X,Y) 服从二维正态分布 $N(\mu_1,\sigma_1^2;\mu_2,\sigma_2^2;\rho)$, 则 X 与 Y 相互独立当且仅当 $\rho=0$.

证明 二维正态分布 $N(\mu_1,\sigma_1^2;\mu_2,\sigma_2^2;\rho)$ 的联合概率密度函数为

$$p(x,y)=\frac{1}{2\pi\sigma_1\sigma_2 c}\exp\left\{-\frac{1}{2c^2}(a^2+b^2-2\rho ab)\right\},$$

其中 $a=\dfrac{x-\mu_1}{\sigma_1},b=\dfrac{y-\mu_2}{\sigma_2},c=\sqrt{1-\rho^2}$.

由定理 3.2.1 知, X 与 Y 的概率密度函数分别为

$$p_X(x)=\frac{1}{\sqrt{2\pi}\sigma_1}\exp\left\{-\frac{(x-\mu_1)^2}{2\sigma_1^2}\right\},\quad p_Y(y)=\frac{1}{\sqrt{2\pi}\sigma_2}\exp\left\{-\frac{(y-\mu_2)^2}{2\sigma_2^2}\right\}.$$

$(\Rightarrow)$ 若 X 与 Y 相互独立, 则对任意的 (x,y), 必有 $p(x,y)=p_X(x)\cdot p_Y(y)$, 从而有 $p(\mu_1,\mu_2)=p_X(\mu_1)\cdot p_Y(\mu_2)$, 即

$$\frac{1}{2\pi\sigma_1\sigma_2 c}=\frac{1}{\sqrt{2\pi}\sigma_1}\cdot\frac{1}{\sqrt{2\pi}\sigma_2}.$$

解得 $c=1$, 从而 $\rho=0$.

$(\Leftarrow)$ 若 $\rho=0$, 则对任意的 $(x,y)\in\mathbb{R}^2$,

$$\begin{aligned}p(x,y)=&\frac{1}{2\pi\sigma_1\sigma_2}\exp\left\{-\frac{1}{2}(a^2+b^2)\right\}\\ =&\frac{1}{\sqrt{2\pi}\sigma_1}\exp\left\{-\frac{(x-\mu_1)^2}{2\sigma_1^2}\right\}\cdot\frac{1}{\sqrt{2\pi}\sigma_2}\exp\left\{-\frac{(y-\mu_2)^2}{2\sigma_2^2}\right\}\\ =&p_X(x)\cdot p_Y(y).\end{aligned}$$

故 X 与 Y 相互独立. □

✍习题 3.3

1. 设随机变量 X 与 Y 独立且同分布, 证明

$$P(a < \min\{X,Y\} \leqslant b) = (P(X > a))^2 - (P(X > b))^2.$$

2. 设随机变量 (X,Y) 的联合分布列为

X \ Y	-1	0	1
0	a	$1/9$	b
1	$1/9$	c	$1/3$

求 a, b 和 c 的值, 使得 X 与 Y 相互独立.

3. 若二维离散型随机变量 (X,Y) 有联合分布列如下:

X \ Y	0	1	2
0	$1/2$	$1/8$	$1/4$
1	$1/16$	$1/16$	0

判断 X 与 Y 是否相互独立.

4. 设随机变量 (X,Y) 的概率密度函数为

$$p(x,y) = \begin{cases} 12y^2, & 0 < y < x < 1, \\ 0, & \text{其他}. \end{cases}$$

求 X 与 Y 的边际概率密度函数, 并判断 X 与 Y 是否相互独立.

5. 设随机变量 (X,Y) 的概率密度函数为

$$p(x,y) = \begin{cases} 2x^{-3}\mathrm{e}^{1-y}, & x > 1, y > 1, \\ 0, & \text{其他}. \end{cases}$$

判断 X 与 Y 是否相互独立.

6. 已知随机变量 (X,Y) 的联合概率密度函数为

$$p(x,y) = \frac{1}{\pi} \exp\left\{2xy - x^2 - 2y^2\right\}.$$

判断 X 与 Y 是否相互独立.

7. 已知随机变量 (X,Y) 的概率密度函数为

$$p(x,y)=\begin{cases}\dfrac{1+xy}{4}, & |x|<1,|y|<1,\\ 0, & \text{其他}.\end{cases}$$

求 X 与 Y 的边际概率密度函数, 并判断 X 与 Y 是否相互独立.

8. 设随机变量 X 与 Y 独立, X 服从均匀分布 $U(0,1)$, Y 服从指数分布 $\text{Exp}(1)$, 求 (1) (X,Y) 的联合概率密度函数; (2) 概率 $P(X+Y\leqslant 1)$; (3) 概率 $P(X\leqslant Y)$.

9*. 设随机变量 X 与 Y 独立同分布, 其共同的概率密度函数 $p(x)$ 为偶函数, 求概率 $P(X\leqslant 0, X+Y\leqslant 0)$.

10*. 设随机变量 $X_1,\cdots,X_n$ 独立同分布, 其有共同的概率密度函数 $p(x)$, 求概率 $P(X_1<X_2<\cdots<X_n)$.

3.4 随机变量函数的分布

对于随机变量 $(X_1,X_2,\cdots,X_d)$, 如果其分布已知, 则 $(X_1,X_2,\cdots,X_d)$ 函数的分布如何呢？这一节我们将回答这个问题, 主要介绍在一维随机变量 X 或二维随机变量 (X,Y) 的分布已知时如何求其函数的分布. 在下文中, 我们总是假定 $f(x)$ 是定义在 $\mathbb{R}$ 上的实值函数; $g(x,y)$, $h_1(x,y)$ 和 $h_2(x,y)$ 都是定义在 $\mathbb{R}^2$ 上的二元实值函数.

3.4.1 随机变量函数的分布函数

设已知 (X,Y) 的联合分布, 我们求随机变量 $Z=g(X,Y)$ 的分布函数. 由分布函数的定义、定理 3.1.1和定理 3.1.2, 我们有

定理 3.4.1 设随机变量 (X,Y) 具有联合分布列 $\{p_{ij},i,j=1,2,\cdots\}$(离散情形) 或联合概率密度函数 $p(x,y)$(连续情形), 则随机变量 $Z=g(X,Y)$ 的分布函数为

$$F_Z(z)=P((X,Y)\in D_z)=\begin{cases}\displaystyle\sum_{(i,j):(x_i,y_j)\in D_z}p_{ij}, & \text{离散情形},\\ \displaystyle\iint_{D_z}p(x,y)\mathrm{d}x\mathrm{d}y, & \text{连续情形},\end{cases}$$

其中 $D_z=\{(x,y):g(x,y)\leqslant z\}$.

特别地, 对一维随机变量的函数的分布, 我们有下面的推论.

推论 3.4.1 已知随机变量 (X,Y) 具有联合分布列 $\{p_{ij},i,j=1,2,\cdots\}$(离散情形) 或联合概率密度函数 $p(x,y)$(连续情形), X 的边际分布列为 $\{p_{i\cdot},i=1,2,\cdots\}$ 或边际概率密度函数为 $p_X(x)$, 则随机变量 $Z=f(X)$ 的分布函数为

$$F_Z(z)=\begin{cases}\displaystyle\sum_{(i,j):(x_i,y_j)\in D_z}p_{ij}=\sum_{i:x_i\in D_z^1}p_{i\cdot}, & \text{离散情形},\\ \displaystyle\iint\limits_{D_z}p(x,y)\mathrm{d}x\mathrm{d}y=\int\limits_{D_z^1}p_X(x)\mathrm{d}x, & \text{连续情形}\end{cases}=P(X\in D_z^1),$$

其中 $D_z^1=\{x:f(x)\leqslant z\}$, $D_z=\{(x,y):f(x)\leqslant z\}=D_z^1\times\mathbb{R}$.

注记 3.4.1 当 $f(x)=x$ 时可得到随机变量 X 的边际分布函数.

例 3.4.1 设随机变量 (X,Y) 的联合分布列为

X \ Y	0	1
0	1/10	1/5
1	3/10	2/5

求随机变量 $Z=3X+1$ 的分布函数 $F_Z(z)$.

解 由推论 3.4.1知, Z 的分布函数为

$$\begin{aligned}F_Z(z)&=P(3X+1\leqslant z)=P((X,Y)\in(-\infty,(z-1)/3]\times\mathbb{R})\\&=\sum_{(i,j):(x_i,y_j)\in(-\infty,(z-1)/3]\times\mathbb{R}}p_{ij}\\&=\begin{cases}0, & z<1,\\ \dfrac{1}{10}+\dfrac{1}{5}, & 1\leqslant z<4,\\ \dfrac{1}{10}+\dfrac{1}{5}+\dfrac{3}{10}+\dfrac{2}{5}, & z\geqslant 4\end{cases}\\&=\begin{cases}0, & z<1,\\ \dfrac{3}{10}, & 1\leqslant z<4,\\ 1, & z\geqslant 4.\end{cases}\end{aligned}$$

□

例 3.4.2 设随机变量 X 服从标准正态分布 $N(0,1)$, 求随机变量 $Y=X^2$ 的分布.

解 设 $Y=X^2$ 的分布函数为 $F_Y(y)$, 则

$$F_Y(y)=P(Y\leqslant y)=P(X^2\leqslant y)$$
$$=\begin{cases}P(|X|\leqslant\sqrt{y}), & y\geqslant 0,\\ 0, & y<0\end{cases}$$
$$=\begin{cases}\Phi(\sqrt{y})-\Phi(-\sqrt{y}), & y\geqslant 0,\\ 0, & y<0\end{cases}$$
$$=\begin{cases}2\Phi(\sqrt{y})-1, & y\geqslant 0,\\ 0, & y<0,\end{cases}$$

其中 Φ 是标准正态分布的分布函数. 进一步, 可以求出 Y 的概率密度函数

$$p_Y(y)=\frac{\mathrm{d}F_Y(y)}{\mathrm{d}y}$$
$$=\begin{cases}\dfrac{\mathrm{d}}{\mathrm{d}y}\left(2\Phi(\sqrt{y})-1\right), & y>0,\\ 0, & y\leqslant 0\end{cases}$$
$$=\begin{cases}\varphi(\sqrt{y})/\sqrt{y}, & y>0,\\ 0, & y\leqslant 0\end{cases}$$
$$=\begin{cases}\dfrac{(1/2)^{1/2}}{\Gamma(1/2)}y^{1/2-1}\mathrm{e}^{-y/2}, & y>0,\\ 0, & y\leqslant 0,\end{cases}$$

其中 $\varphi(t)=\dfrac{1}{\sqrt{2\pi}}\mathrm{e}^{-t^2/2}$ 是标准正态分布的概率密度函数. 因此, Y 服从 Gamma 分布 $\mathrm{Ga}\,(1/2,1/2)$, 即自由度为 1 的卡方分布 $\chi^2(1)$. □

3.4.2 离散型随机变量函数的分布

若 (X,Y) 是二维离散型随机变量, 则随机变量 $Z=g(X,Y)$ 是一维离散型随机变量, 进而可以用分布列直接刻画其分布. 首先列出 $Z=g(X,Y)$ 所有可能的取值 $\{z_k, k=1,2,\cdots\}$, 接着求出每个概率 $P(Z=z_k)$ 即可. 由定理 3.4.1可得下面推论.

推论 3.4.2 若二维离散型随机变量 (X,Y) 具有分布列 $\{p_{ij}, i,j=1,2,\cdots\}$, 随机变量 $Z=g(X,Y)$ 所有可能的取值为 $\{z_k, k=1,2,\cdots\}$, 则 Z 的分布列为

$$P(Z=z_k)=\sum_{(i,j):g(x_i,y_j)=z_k} p_{ij}.$$

例 3.4.3 若二维离散型随机变量 (X,Y) 有联合分布列如下:

X \ Y	0	1	2
0	1/2	1/8	1/4
1	1/16	1/16	0

求随机变量 $Z=2X-Y$ 的分布列.

解 首先易知 Z 可能取值于 $\{-2,-1,0,1,2\}$. 由推论 3.4.2 知,

$$P(Z=-2)=P(X=0,Y=2)=\frac{1}{4},\quad P(Z=-1)=P(X=0,Y=1)=\frac{1}{8},$$

$$P(Z=1)=P(X=1,Y=1)=\frac{1}{16},\quad P(Z=2)=P(X=1,Y=0)=\frac{1}{16},$$

进而由正则性得

$$P(Z=0)=1-\frac{1}{4}-\frac{1}{8}-\frac{1}{16}-\frac{1}{16}=\frac{1}{2}.$$

因此, 随机变量 Z 的分布列如下:

Z	-2	-1	0	1	2
P	1/4	1/8	1/2	1/16	1/16

□

例 3.4.4 设随机变量 X 与 Y 相互独立, 且 X,Y 等可能地取值 0 和 1. 求随机变量 $Z=\max\{X,Y\}$ 的分布列.

解 由题意知, X 与 Y 独立同分布, 且 $P(X=0)=P(X=1)=1/2$. 因此, $Z=\max\{X,Y\}$ 的可能取值有 0 和 1, 且

$$\begin{aligned}P(Z=0)&=P(\max\{X,Y\}=0)=P(X=0,Y=0)\\&=P(X=0)\cdot P(Y=0)=\frac{1}{2}\cdot\frac{1}{2}=\frac{1}{4},\end{aligned}$$

$$P(Z=1)=1-P(Z=0)=1-\frac{1}{4}=\frac{3}{4},$$

故 Z 的分布列为

Z	0	1
P	1/4	3/4

. □

通常, 求随机变量和的分布时, 我们有下面的卷积公式.

定理 3.4.2 (卷积公式) 设随机变量 (X,Y) 的联合分布列为

$$p_{ij}=P(X=x_i,Y=y_j),\quad i,j=1,2,\cdots,$$

则随机变量 $Z=X+Y$ 的分布列为

$$P(Z=z_k)=\sum_i P(X=x_i,Y=z_k-x_i)=\sum_j P(X=z_k-y_j,Y=y_j).$$

特别地, 当 X 与 Y 相互独立时, 则随机变量 $Z=X+Y$ 的分布列为

$$P(Z=z_k)=\sum_i P(X=x_i)P(Y=z_k-x_i)=\sum_j P(X=z_k-y_j)P(Y=y_j).$$

证明 按照 X 的取值, 将样本空间 Ω 写为 $\Omega=\sum_i\{X=x_i\}$, 故

$$\{Z=z_k\}=\sum_i\{Z=z_k,X=x_i\}=\sum_i\{X=x_i,Y=z_k-x_i\}.$$

由概率的可加性立得

$$P(Z=z_k)=\sum_i P(X=x_i,Y=z_k-x_i).$$

同理可得

$$P(Z=z_k)=\sum_j P(X=z_k-y_j,Y=y_j).$$

当 X 与 Y 相互独立时, 联合分布列可以写为边际分布列的乘积, 因而此时随机变量 $Z=X+Y$ 的分布列为

$$P(Z=z_k)=\sum_i P(X=x_i)P(Y=z_k-x_i)=\sum_j P(X=z_k-y_j)P(Y=y_j).$$ □

定义 3.4.1 若某类概率分布的独立随机变量和的分布仍是此类分布, 则称此类分布具有**可加性**.

二项分布和泊松分布都具有可加性.

定理 3.4.3 (二项分布的可加性) 若随机变量 X 服从二项分布 $b(n,p)$, 随机变量 Y 服从二项分布 $b(m,p)$, 且相互独立, 则随机变量 $Z=X+Y$ 服从二项分布 $b(n+m,p)$.

证明 首先易知随机变量 $Z=X+Y$ 的可能取值有 $0,1,\cdots,n+m$. 由卷积公式得

$$\begin{aligned}
P(Z=k) &= \sum_i P(X=i)P(Y=k-i) \\
&= \sum_i \mathrm{C}_n^i p^i(1-p)^{n-i}\mathrm{C}_m^{k-i}p^{k-i}(1-p)^{m-(k-i)} \\
&= p^k(1-p)^{n+m-k}\sum_i \mathrm{C}_n^i\mathrm{C}_m^{k-i} \\
&= \mathrm{C}_{n+m}^k p^k(1-p)^{n+m-k}, \qquad k=0,1,\cdots,n+m,
\end{aligned}$$

其中最后一个等号应用了组合数性质, 也可利用超几何分布的正则性. □

注记 3.4.2 二项分布 $b(n,p)$ 可视为 n 个相互独立的伯努利分布 $b(1,p)$ 的和.

定理 3.4.4 (泊松分布的可加性) 若随机变量 X 服从泊松分布 $P(\lambda_1)$, 随机变量 Y 服从泊松分布 $P(\lambda_2)$, 且相互独立, 则随机变量 $Z=X+Y$ 服从泊松分布 $P(\lambda_1+\lambda_2)$.

证明 首先易知随机变量 $Z=X+Y$ 的可能取值有 $0,1,\cdots$. 由卷积公式得

$$\begin{aligned}
P(Z=k) =& \sum_i P(X=i)P(Y=k-i) = \sum_{i=0}^k \frac{\lambda_1^i}{i!}\mathrm{e}^{-\lambda_1}\frac{\lambda_2^{k-i}}{(k-i)!}\mathrm{e}^{-\lambda_2} \\
=& \frac{(\lambda_1+\lambda_2)^k}{k!}\mathrm{e}^{-(\lambda_1+\lambda_2)}\sum_{i=0}^k \mathrm{C}_k^i\left(\frac{\lambda_1}{\lambda_1+\lambda_2}\right)^i\left(1-\frac{\lambda_1}{\lambda_1+\lambda_2}\right)^{k-i} \\
=& \frac{(\lambda_1+\lambda_2)^k}{k!}\mathrm{e}^{-(\lambda_1+\lambda_2)}, \qquad k=0,1,\cdots,
\end{aligned}$$

其中最后一个等号利用了二项分布 $b\left(k, \dfrac{\lambda_1}{\lambda_1+\lambda_2}\right)$ 的正则性. □

3.4.3 连续型随机变量函数的分布

若 (X,Y) 是二维连续型随机变量, g 是一个一元或二元连续函数, 则随机变量 $Z=g(X)$ 或 $Z=g(X,Y)$ 都是一维连续型随机变量, 进而可以用概率密度函数直接刻画其分布. 我们先来看一维连续型随机变量函数 $Z=g(X)$ 的分布.

定理 3.4.5 设随机变量 X 的概率密度函数为 $p_X(x)$, $y=g(x)$ 是严格单调函数, 且其反函数 $x=h(y)$ 有连续的导函数, 则随机变量 $Y=g(X)$ 的概率密度函数为

$$p_Y(y)=\begin{cases}p_X(h(y))|h'(y)|, & a<y<b,\\ 0, & \text{其他},\end{cases}$$

其中 $a=\min\{g(-\infty),g(+\infty)\}$, $b=\max\{g(-\infty),g(+\infty)\}$.

证明 由推论 3.4.1立得, 只需注意到当 $Y=g(X)$, 且 g 严格单调时, $D_y^1=\{x:g(x)\leqslant y\}=\{x:x\leqslant h(y)\}$ 或 $D_y^1=\{x:g(x)\leqslant y\}=\{x:x\geqslant h(y)\}$. □

例 3.4.5 设 X 服从柯西分布, 其概率密度函数为 $p_X(x)=\dfrac{1}{\pi(1+x^2)}$, 求 $Y=\mathrm{e}^X$ 的概率密度函数.

解 显然函数 $y=\mathrm{e}^x$ 的值域为 $(0,+\infty)$, 由定理 3.4.5 知, $Y=\mathrm{e}^X$ 的概率密度函数为

$$p_Y(y)=\begin{cases}p_X(\ln y)|1/y|, & y>0,\\ 0, & \text{其他}\end{cases}=\begin{cases}\dfrac{1}{\pi y(1+(\ln y)^2)}, & y>0,\\ 0, & \text{其他}.\end{cases}$$ □

定理 3.4.6(正态分布的线性不变性) 设随机变量 X 服从正态分布 $N(\mu,\sigma^2)$, 则当 $a\neq 0$ 时, 随机变量 $Y=aX+b$ 服从正态分布 $N(a\mu+b,a^2\sigma^2)$.

证明 由定理 3.4.5 立得, 不再赘述. □

推论 3.4.3 若 $X\sim N(\mu,\sigma^2)$, 则 $\dfrac{X-\mu}{\sigma}\sim N(0,1)$.

定理 3.4.7 设随机变量 X 的分布函数 $F(x)$ 是严格单调增的连续函数, 则随机变量 $F(X)$ 服从均匀分布 $U(0,1)$.

证明 设 $Y=F(X)$ 的分布函数为 $F_Y(y)$, 则

$$F_Y(y)=P(F(X)\leqslant y)=\begin{cases}0, & y<0,\\ P(X\leqslant F^{-1}(y)), & 0\leqslant y<1,\\ 1, & y\geqslant 1\end{cases}$$

$$=\begin{cases}0, & y<0,\\ F(F^{-1}(y)), & 0\leqslant y<1,\\ 1, & y\geqslant 1\end{cases}=\begin{cases}0, & y<0,\\ y, & 0\leqslant y<1,\\ 1, & y\geqslant 1.\end{cases}$$

此为均匀分布 $U(0,1)$ 的分布函数, 即 Y 服从均匀分布 $U(0,1)$. □

注记 3.4.3 定理 3.4.7 表明任何一个连续型随机变量可以通过分布函数与均匀分布建立联系, 这在随机模拟中大有用处. 例如欲利用计算机产生一批数据来模拟成人的身高. 设成人身高服从已知分布 $F(x)$, 由此定理可以先产生均匀分布的随机数 $y_1,\cdots,y_n$, 通过解方程 $F(x_i)=y_i$ 即可得到服从已知分布 $F(x)$ 的随机数 $x_1,\cdots,x_n$, 而均匀分布的随机数在几乎所有的统计软件中都能产生.

接下来, 我们转而看多维随机变量函数的分布, 主要考虑最值函数和线性函数情形. 先看最值函数.

定理 3.4.8 设随机变量 $X_1,X_2,\cdots,X_n$ 相互独立, 分布函数分别为 $F_i(x)$, $i=1,2,\cdots,n$. 记

$$Y=\max\{X_1,X_2,\cdots,X_n\},\qquad Z=\min\{X_1,X_2,\cdots,X_n\},$$

则 Y 和 Z 的分布函数分别为

$$F_Y(y)=\prod_{i=1}^n F_i(y),\qquad F_Z(z)=1-\prod_{i=1}^n(1-F_i(z)).$$

证明 由分布函数的定义和独立性, Y 的分布函数为

$$\begin{aligned}F_Y(y)=P(Y\leqslant y)&=P(\max\{X_1,X_2,\cdots,X_n\}\leqslant y)\\&=P(X_1\leqslant y,X_2\leqslant y,\cdots,X_n\leqslant y)\\&=P(X_1\leqslant y)P(X_2\leqslant y)\cdots P(X_n\leqslant y)=\prod_{i=1}^n F_i(y).\end{aligned}$$

同样, Z 的分布函数为

$$\begin{aligned}F_Z(z) &= P(Z \leqslant z) = 1 - P(Z > z) = 1 - P(\min\{X_1, X_2, \cdots, X_n\} > z)\\ &= 1 - P(X_1 > z, X_2 > z, \cdots, X_n > z) = 1 - \prod_{i=1}^{n} P(X_i > z)\\ &= 1 - \prod_{i=1}^{n}(1 - P(X_i \leqslant z)) = 1 - \prod_{i=1}^{n}(1 - F_i(z)).\end{aligned}$$ □

推论 3.4.4 设随机变量 $X_1, X_2, \cdots, X_n$ 相互独立且同分布 (简记为 i.i.d.), 共同的分布函数为 $F_X(x)$. 记

$$Y = \max\{X_1, X_2, \cdots, X_n\}, \qquad Z = \min\{X_1, X_2, \cdots, X_n\},$$

则 Y 和 Z 的分布函数分别为

$$F_Y(y) = [F_X(y)]^n, \qquad F_Z(z) = 1 - [1 - F_X(z)]^n.$$

例 3.4.6 在区间 $(0,1)$ 上随机地取 n 个点, Y 和 Z 分别表示最右端和最左端两个点的坐标, 求 Y 与 Z 的概率密度函数.

解 设 n 个点的坐标分别为 $X_1, \cdots, X_n$. 由题意知, $X_1, \cdots, X_n$ 独立同分布, 共同分布为均匀分布 $U(0,1)$, $Y = \max\{X_1, \cdots, X_n\}$, $Z = \min\{X_1, \cdots, X_n\}$.

注意到均匀分布 $U(0,1)$ 的概率密度函数和分布函数分别为

$$p(t) = \begin{cases} 1, & 0 < t < 1, \\ 0, & \text{其他}, \end{cases} \qquad F(t) = \begin{cases} 0, & t < 0, \\ t, & 0 \leqslant t < 1, \\ 1, & t \geqslant 1. \end{cases}$$

故由推论 3.4.4 知, Y 与 Z 的概率密度函数分别为

$$p_Y(y) = \frac{\mathrm{d}}{\mathrm{d}y}\big(F(y)\big)^n = n\big(F(y)\big)^{n-1}p(y) = \begin{cases} ny^{n-1}, & 0 < y < 1, \\ 0, & \text{其他} \end{cases}$$

和

$$\begin{aligned}p_Z(z) &= \frac{\mathrm{d}}{\mathrm{d}z}\Big[1 - \big(1 - F_X(z)\big)^n\Big] = n(1 - F(z))^{n-1}p(z)\\ &= \begin{cases} n(1-z)^{n-1}, & 0 < z < 1, \\ 0, & \text{其他}. \end{cases}\end{aligned}$$ □

下面我们给出求连续型随机变量和的分布的卷积公式.

定理 3.4.9 (卷积公式) 设连续型随机变量 X 与 Y 相互独立, 其概率密度函数分别为 $p_X(x)$ 和 $p_Y(y)$, 则随机变量 $Z=X+Y$ 的概率密度函数为

$$p_Z(z)=\int_{-\infty}^{+\infty}p_X(x)p_Y(z-x)\mathrm{d}x=\int_{-\infty}^{+\infty}p_X(z-y)p_Y(y)\mathrm{d}y.$$

证明 设随机变量 $Z=X+Y$ 的分布函数为 $F_Z(z)$, 令

$$D_z=\{(x,y):x+y\leqslant z\}=\{(x,y):-\infty<x<+\infty,-\infty<y\leqslant z-x\}.$$

于是

$$\begin{aligned}F_Z(z)&=P(Z\leqslant z)=P(X+Y\leqslant z)=P((X,Y)\in D_z)=\iint\limits_{D_z}p(x,y)\mathrm{d}x\mathrm{d}y\\&=\int_{-\infty}^{+\infty}\mathrm{d}x\int_{-\infty}^{z-x}p(x,y)\mathrm{d}y=\int_{-\infty}^{+\infty}\mathrm{d}x\int_{-\infty}^{z}p(x,u-x)\mathrm{d}u\\&=\int_{-\infty}^{z}\left(\int_{-\infty}^{+\infty}p(x,u-x)\mathrm{d}x\right)\mathrm{d}u,\end{aligned}$$

其中倒数第二个等号是因为作了积分变量替换 $u=y+x$, 最后一个等号是因为交换了累次积分次序. 于是, $Z=X+Y$ 的概率密度函数为

$$\begin{aligned}p_Z(z)&=\frac{\mathrm{d}F_Z(z)}{\mathrm{d}z}=\frac{\mathrm{d}}{\mathrm{d}z}\left[\int_{-\infty}^{z}\left(\int_{-\infty}^{+\infty}p(x,u-x)\mathrm{d}x\right)\mathrm{d}u\right]\\&=\int_{-\infty}^{+\infty}p(x,z-x)\mathrm{d}x=\int_{-\infty}^{+\infty}p_X(x)p_Y(z-x)\mathrm{d}x.\end{aligned}$$

类似可得

$$p_Z(z)=\int_{-\infty}^{+\infty}p_X(z-y)p_Y(y)\mathrm{d}y.$$ □

注记 3.4.4 由定理 3.4.9 的证明知, 卷积公式对非独立情形依然适用, 即设连续型随机变量 (X,Y) 的概率密度函数为 $p(x,y)$, 则 $Z=X+Y$ 的概率密度函数为

$$pZ(z)=\int_{-\infty}^{+\infty}p(x,z-x)\mathrm{d}x=\int_{-\infty}^{+\infty}p(z-y,y)\mathrm{d}y.$$

定理 3.4.10 (正态分布的可加性) 设 X 服从正态分布 $N(\mu_1,\sigma_1^2)$, Y 服从正态分布 $N(\mu_2,\sigma_2^2)$, 且 X 与 Y 相互独立, 求 $Z=X+Y$ 的分布.

解 已知 X 与 Y 的概率密度函数分别为

$$p_X(x)=\frac{1}{\sqrt{2\pi}\sigma_1}\mathrm{e}^{-\frac{(x-\mu_1)^2}{2\sigma_1^2}},\quad p_Y(y)=\frac{1}{\sqrt{2\pi}\sigma_2}\mathrm{e}^{-\frac{(y-\mu_2)^2}{2\sigma_2^2}}.$$

由卷积公式, $Z=X+Y$ 的概率密度函数为

$$\begin{aligned}p_Z(z)&=\int_{-\infty}^{+\infty}\frac{1}{\sqrt{2\pi}\sigma_1}\mathrm{e}^{-\frac{(z-y-\mu_1)^2}{2\sigma_1^2}}\frac{1}{\sqrt{2\pi}\sigma_2}\mathrm{e}^{-\frac{(y-\mu_2)^2}{2\sigma_2^2}}\mathrm{d}y\\&=\frac{1}{2\pi\sigma_1\sigma_2}\int_{-\infty}^{+\infty}\exp\left\{-\frac{1}{2}\left[\frac{(z-y-\mu_1)^2}{\sigma_1^2}+\frac{(y-\mu_2)^2}{\sigma_2^2}\right]\right\}\mathrm{d}y.\end{aligned}$$

经过复杂代数运算可以得到

$$\frac{(z-y-\mu_1)^2}{\sigma_1^2}+\frac{(y-\mu_2)^2}{\sigma_2^2}=\frac{(z-\mu_1-\mu_2)^2}{\sigma_1^2+\sigma_2^2}+A\left(y-\frac{B}{A}\right)^2,$$

其中

$$A=\frac{1}{\sigma_1^2}+\frac{1}{\sigma_2^2},\quad B=\frac{z-\mu_1}{\sigma_1^2}+\frac{\mu_2}{\sigma_2^2}.$$

代入原式, 可得

$$\begin{aligned}p_Z(z)&=\frac{1}{2\pi\sigma_1\sigma_2}\exp\left\{-\frac{(z-\mu_1-\mu_2)^2}{2(\sigma_1^2+\sigma_2^2)}\right\}\int_{-\infty}^{+\infty}\exp\left\{-\frac{A}{2}\left(y-\frac{B}{A}\right)^2\right\}\mathrm{d}y\\&=\frac{1}{\sqrt{2\pi}\cdot\sqrt{\sigma_1^2+\sigma_2^2}}\exp\left\{-\frac{(z-\mu_1-\mu_2)^2}{2(\sigma_1^2+\sigma_2^2)}\right\}.\end{aligned}$$

这里最后一个等号应用了正态分布 $N\left(\frac{B}{A},\frac{1}{A}\right)$ 的概率密度函数的正则性. 故 $Z=X+Y$ 服从正态分布 $N(\mu_1+\mu_2,\sigma_1^2+\sigma_2^2)$. □

推论 3.4.5 若 X_i 服从正态分布 $N(\mu_i,\sigma_i^2)$, $i=1,2,\cdots,n$, 且相互独立, 若 a_i 是任意常数, $i=1,2,\cdots,n$, 则随机变量

$$a_1X_1+\cdots+a_nX_n$$

服从正态分布

$$N(a_1\mu_1+\cdots+a_n\mu_n, a_1^2\sigma_1^2+\cdots+a_n^2\sigma_n^2),$$

即任意 n 个相互独立的正态分布的线性组合仍是正态分布.

类似于正态分布, Gamma 分布也具有可加性.

定理 3.4.11 设随机变量 X 服从 Gamma 分布 $\mathrm{Ga}(\alpha_1,\lambda)$, Y 服从 Gamma 分布 $\mathrm{Ga}(\alpha_2,\lambda)$, 则随机变量 $X+Y$ 服从 Gamma 分布 $\mathrm{Ga}(\alpha_1+\alpha_2,\lambda)$.

✍习题 3.4

1. 设随机变量 X 服从正态分布 $N(\mu,\sigma^2)$, 求 $Y=\mathrm{e}^X$ 的分布 (此分布称为对数正态分布).

2. 设随机变量 X 服从指数分布 $\mathrm{Exp}(\lambda)$, 求 $X^{1/a}(a>0$ 为常数) 的分布 (此分布称为韦布尔分布).

3. 设随机变量 X 服从柯西分布, 证明 $\dfrac{1}{X}$ 与 X 同分布.

4. 设随机变量 (X,Y) 服从二维正态分布 $N(\mu_1,\sigma_1^2;\mu_2,\sigma_2^2;0)$, 求 $U=X+Y$ 与 $V=X-Y$ 的联合概率密度函数.

5. 设随机变量 X 与 Y 分别服从指数分布 $\mathrm{Exp}(\lambda_1)$ 和 $\mathrm{Exp}(\lambda_2)$, 且相互独立, 分别求出随机变量 $X+Y$, $\max\{X,Y\}$ 和 $\min\{X,Y\}$ 的分布.

6. 设二维随机变量 (X,Y) 的联合概率密度函数为

$$p(x,y)=\begin{cases}2, & 0<x<y<1,\\ 0, & \text{其他}.\end{cases}$$

求: (1) 随机变量 $T=X-Y$ 的概率密度函数 $p_T(t)$; (2) 概率 $P\left(Y-X\leqslant\dfrac{1}{2}\right)$.

7. 设随机变量 X 服从标准正态分布 $N(0,1)$, $a>0$, 记

$$Y=\begin{cases}X, & |X|<a,\\ -X, & |X|\geqslant a.\end{cases}$$

求随机变量 Y 的分布.

8. 设随机变量 X 服从均匀分布 $U(0,1)$, 求随机变量 $Y=-\ln X$ 的分布.

9. 设随机变量 $X_1,\cdots,X_r$ 独立同分布, 共同分布为几何分布 $\mathrm{Ge}(p)$, 求随机变量 $Y=\sum_{i=1}^{r}X_i$ 的分布. 这是何种分布?

10. 设随机变量 $X\sim U(0,1)$, 分别求出随机变量 $\left(X-\frac{1}{2}\right)^2$ 和 $\sin\left(\frac{\pi}{2}X\right)$ 的分布.

11. 设随机变量 X 与 Y 独立同分布, 且都服从标准正态分布 $N(0,1)$, 求概率 $P(|X+Y|\leqslant|X-Y|)$.

12. 设随机变量 X 服从指数分布 $\mathrm{Exp}(\lambda)$, 求 $Y=[X]$ ($[a]$ 表示不大于 a 的最大整数) 的分布.

13. 设 $D=\{(x,y):|x|+|y|<1\}$, 随机变量 (X,Y) 服从区域 D 上的均匀分布, 求随机变量 $T=X+Y$ 的概率密度函数.

14. 设随机变量 (X,Y) 的概率密度函数为

$$p(x,y)=\begin{cases}\dfrac{1}{x}, & 0<y<x<1,\\ 0, & \text{其他},\end{cases}$$

求随机变量 $T=X+Y$ 的概率密度函数.

15*. 设随机变量 X 与 Y 相互独立, 且 X 服从二项分布 $b(1,p)$, Y 的分布函数为 $G(y)$, 求随机变量 $T=X+Y$ 的分布函数.

16*. 设随机变量 X 与 Y 独立同分布, 且共同分布为 $\mathrm{Ge}(p)$, 求 $U=\max\{X,Y\}$ 和 $V=X-Y$ 的联合分布, 并判断 U 与 V 是否独立.

17*. 设随机变量 $X_1,\cdots,X_n$ 相互独立且有相同的连续型分布, $X=\max\{X_1,\cdots,X_n\}$, $Y=1_{\{X=\max\{X_1,\cdots,X_n\}\}}$, 证明 X 与 Y 相互独立.

*3.5 补充

本节, 我们主要给出几点补充: Gamma 分布和正态分布可加性的证明、多维正态分布的简单介绍、随机变量的积和商的分布, 以及条件分布.

3.5.1 Gamma 分布和正态分布可加性的证明

首先给出 Gamma 分布的可加性的证明.

1. Gamma 分布的可加性

定理 3.4.11 的证明 易知 X 与 Y 的概率密度函数分别为

$$p_X(x)=\begin{cases}\dfrac{\lambda^{\alpha_1}}{\Gamma(\alpha_1)}x^{\alpha_1-1}\mathrm{e}^{-\lambda x}, & x>0,\\ 0, & x\leqslant 0,\end{cases}\qquad p_Y(y)=\begin{cases}\dfrac{\lambda^{\alpha_2}}{\Gamma(\alpha_2)}y^{\alpha_2-1}\mathrm{e}^{-\lambda y}, & y>0,\\ 0, & y\leqslant 0.\end{cases}$$

由卷积公式, 随机变量 $Z=X+Y$ 的概率密度函数为 $p_Z(z)=\int_{-\infty}^{+\infty}p_X(x)p_Y(z-x)\mathrm{d}x$, 此积分中被积函数的非零区域为

$$\{(x,z):x>0,z-x>0\}=\{(x,z):z>0,0<x<z\}.$$

于是,

$$\begin{aligned}
p_Z(z)&=\int_{-\infty}^{+\infty}p_X(x)p_Y(z-x)\mathrm{d}x\\
&=\begin{cases}\displaystyle\int_0^z\frac{\lambda^{\alpha_1}}{\Gamma(\alpha_1)}x^{\alpha_1-1}\mathrm{e}^{-\lambda x}\cdot\frac{\lambda^{\alpha_2}}{\Gamma(\alpha_2)}(z-x)^{\alpha_2-1}\mathrm{e}^{-\lambda(z-x)}\mathrm{d}x, & z>0,\\ 0, & z\leqslant 0\end{cases}\\
&=\begin{cases}\displaystyle\frac{\lambda^{\alpha_1+\alpha_2}\mathrm{e}^{-\lambda z}}{\Gamma(\alpha_1)\Gamma(\alpha_2)}\int_0^z x^{\alpha_1-1}(z-x)^{\alpha_2-1}\mathrm{d}x, & z>0,\\ 0, & z\leqslant 0\end{cases}\\
&=\begin{cases}\displaystyle\frac{\lambda^{\alpha_1+\alpha_2}z^{\alpha_1+\alpha_2-1}\mathrm{e}^{-\lambda z}}{\Gamma(\alpha_1+\alpha_2)}\cdot\frac{\Gamma(\alpha_1+\alpha_2)}{\Gamma(\alpha_1)\Gamma(\alpha_2)}\int_0^1 t^{\alpha_1-1}(1-t)^{\alpha_2-1}\mathrm{d}t, & z>0,\\ 0, & z\leqslant 0\end{cases}\\
&=\begin{cases}\dfrac{\lambda^{\alpha_1+\alpha_2}z^{\alpha_1+\alpha_2-1}\mathrm{e}^{-\lambda z}}{\Gamma(\alpha_1+\alpha_2)}, & z>0,\\ 0, & z\leqslant 0.\end{cases}
\end{aligned}$$

这里倒数第二个等号利用了积分变量替换 $x=zt$, 最后一个等号是利用了 Γ-函数的性质 (见 2.6 节).

对照 Gamma 分布的概率密度函数, 我们知道 Z 服从 Gamma 分布 $\mathrm{Ga}(\alpha_1+\alpha_2,\lambda)$. □

2. 正态分布的可加性

定理 3.4.10 表明两个相互独立的正态随机变量的和服从正态分布, 事实上, 联合分布是二维正态分布的随机变量的和也服从正态分布. 在证明之前, 我们首

先需要给出两个定理.

定理 3.5.1 设随机变量 (X,Y) 服从二维正态分布 $N(\mu_1,\sigma_1^2;\mu_2,\sigma_2^2;\rho)$, 记 $X^*=\dfrac{X-\mu_1}{\sigma_1}, Y^*=\dfrac{Y-\mu_2}{\sigma_2}$, 则 (X^*,Y^*) 服从二维正态分布 $N(0,1;0,1;\rho)$.

证明 (X,Y) 的联合概率密度函数为

$$p(x,y)=\frac{1}{2\pi\sigma_1\sigma_2 c}\exp\left[-\frac{1}{2c^2}(a^2+b^2-2\rho ab)\right],$$

其中 $a=\dfrac{x-\mu_1}{\sigma_1}, b=\dfrac{y-\mu_2}{\sigma_2}, c=\sqrt{1-\rho^2}$.

令 (X^*,Y^*) 的联合分布函数和概率密度函数分别为 $F^*(s,t)$ 和 $p^*(s,t)$. 于是,

$$\begin{aligned}F^*(s,t)=&P(X^*\leqslant s,Y^*\leqslant t)=P(X\leqslant s\sigma_1+\mu_1,Y\leqslant t\sigma_2+\mu_2)\\=&\int_{-\infty}^{s\sigma_1+\mu_1}\int_{-\infty}^{t\sigma_2+\mu_2}p(x,y)\mathrm{d}x\mathrm{d}y\\=&\int_{-\infty}^{s}\int_{-\infty}^{t}\sigma_1\sigma_2 p(\sigma_1 u+\mu_1,\sigma_2 v+\mu_2)\mathrm{d}u\mathrm{d}v.\end{aligned}$$

于是 (X^*,Y^*) 的联合概率密度函数为

$$\begin{aligned}p^*(s,t)=&\frac{\partial^2F^*(s,t)}{\partial s\partial t}=\frac{\partial^2}{\partial s\partial t}\left(\int_{-\infty}^{s}\int_{-\infty}^{t}\sigma_1\sigma_2 p(\sigma_1 u+\mu_1,\sigma_2 v+\mu_2)\mathrm{d}u\mathrm{d}v\right)\\=&\sigma_1\sigma_2 p(\sigma_1 s+\mu_1,\sigma_2 t+\mu_2)=\frac{1}{2\pi c}\exp\left[-\frac{1}{2c^2}(s^2+t^2-2\rho st)\right].\end{aligned}$$

故 (X^*,Y^*) 服从二维正态分布 $N(0,1;0,1;\rho)$. □

定理 3.5.2 设随机变量 (X,Y) 服从二维正态分布 $N(0,1;0,1;\rho)$, 则对任意的 $t\in\mathbb{R}$, $Z=tX+Y$ 服从正态分布 $N(0,\varDelta)$, 其中 $\varDelta=1+t^2+2t\rho$.

证明 随机变量 (X,Y) 服从二维正态分布 $N(0,1;0,1;\rho)$, 故其联合概率密度函数为

$$p(x,y)=\frac{1}{2\pi c}\exp\left(-\frac{x^2+y^2-2\rho xy}{2c^2}\right),$$

其中 $c=\sqrt{1-\rho^2}$.

于是, 随机变量 $Z=tX+Y$ 的概率密度函数

$$\begin{aligned}
p_Z(z)&=\int_{-\infty}^{+\infty}p(x,z-tx)\mathrm{d}x\\
&=\int_{-\infty}^{+\infty}\frac{1}{2\pi c}\exp\left(-\frac{x^2+(z-tx)^2-2\rho x(z-tx)}{2c^2}\right)\mathrm{d}x\\
&=\frac{1}{\sqrt{2\pi}\sqrt{\Delta}}\exp\left(-\frac{z^2}{2\Delta}\right)\int_{-\infty}^{+\infty}\frac{1}{\sqrt{2\pi}\frac{c}{\sqrt{\Delta}}}\exp\left[-\frac{\left(x-\frac{(t+\rho)z}{\Delta}\right)^2}{2c^2/\Delta}\right]\mathrm{d}x\\
&=\frac{1}{\sqrt{2\pi}\sqrt{\Delta}}\exp\left(-\frac{z^2}{2\Delta}\right),
\end{aligned}$$

其中 $\Delta=1+t^2+2t\rho$.

故 $Z=tX+Y$ 服从正态分布 $N(0,\Delta)$. □

定理 3.5.3 (正态分布的可加性: 一般情形) 设随机变量 (X,Y) 服从二维正态分布 $N(\mu_1,\sigma_1^2;\mu_2,\sigma_2^2;\rho)$, 则随机变量 $Z=X+Y$ 服从正态分布 $N(\mu_1+\mu_2,\sigma_1^2+\sigma_2^2+2\rho\sigma_1\sigma_2)$.

证明 记

$$X^*=\frac{X-\mu_1}{\sigma_1},\qquad Y^*=\frac{Y-\mu_2}{\sigma_2},$$

由定理 3.5.1, (X^*,Y^*) 服从二维正态分布 $N(0,1;0,1;\rho)$. 由定理 3.5.2, $\frac{\sigma_1}{\sigma_2}X^*+Y^*$ 服从正态分布 $N\left(0,1+\left(\frac{\sigma_1}{\sigma_2}\right)^2+2\rho\cdot\frac{\sigma_1}{\sigma_2}\right)$.

由正态分布的线性不变性, $X+Y=\sigma_2\left(\frac{\sigma_1}{\sigma_2}X^*+Y^*\right)+\mu_1+\mu_2$ 服从正态分布

$$N\left(\mu_1+\mu_2,\sigma_2^2\left(1+\left(\frac{\sigma_1}{\sigma_2}\right)^2+2\rho\cdot\frac{\sigma_1}{\sigma_2}\right)\right),$$

即 $X+Y\sim N(\mu_1+\mu_2,\sigma_1^2+\sigma_2^2+2\rho\sigma_1\sigma_2)$. □

3.5.2 多维正态分布

我们已经学习了二维正态分布 $N(\mu_1,\sigma_1^2;\mu_2,\sigma_2^2;\rho)$, 其联合概率密度函数为

$$p(x_1,x_2)=\frac{1}{2\pi\sigma_1\sigma_2 c}\exp\left[-\frac{1}{2c^2}(a^2+b^2-2\rho ab)\right],$$

其中 $a=\dfrac{x_1-\mu_1}{\sigma_1}, b=\dfrac{x_2-\mu_2}{\sigma_2}, c=\sqrt{1-\rho^2}$.

如果记 $\boldsymbol{x}=(x_1,x_2)^{\mathrm{T}}$, $\boldsymbol{\mu}=(\mu_1,\mu_2)^{\mathrm{T}}$, $\boldsymbol{\Sigma}=\begin{pmatrix}\sigma_1^2 & \rho\sigma_1\sigma_2\\ \rho\sigma_1\sigma_2 & \sigma_2^2\end{pmatrix}$, 则二维正态分布可表示为 $N(\boldsymbol{\mu},\boldsymbol{\Sigma})$, 其联合概率密度函数表示为

$$p(\boldsymbol{x})=\frac{1}{2\pi|\boldsymbol{\Sigma}|^{1/2}}\exp\left(-\frac{1}{2}(\boldsymbol{x}-\boldsymbol{\mu})^{\mathrm{T}}\boldsymbol{\Sigma}^{-1}(\boldsymbol{x}-\boldsymbol{\mu})\right),$$

其中 $|\boldsymbol{\Sigma}|$ 表示矩阵 $\boldsymbol{\Sigma}$ 的行列式, $\boldsymbol{\Sigma}^{-1}$ 表示矩阵 $\boldsymbol{\Sigma}$ 的逆矩阵.

一般地, 设 $\boldsymbol{X}=(X_1,\cdots,X_d)^{\mathrm{T}}$ 是 d 维随机变量, 记 $\boldsymbol{x}=(x_1,\cdots,x_d)^{\mathrm{T}}$, 若其联合概率密度函数表示为

$$p(\boldsymbol{x})=\frac{1}{(2\pi)^{d/2}|\boldsymbol{\Sigma}|^{1/2}}\exp\left(-\frac{1}{2}(\boldsymbol{x}-\boldsymbol{\mu})^{\mathrm{T}}\boldsymbol{\Sigma}^{-1}(\boldsymbol{x}-\boldsymbol{\mu})\right),$$

则称 $\boldsymbol{X}=(X_1,\cdots,X_d)^{\mathrm{T}}$ 服从 d 维正态分布 $N(\boldsymbol{\mu},\boldsymbol{\Sigma})$, 其中 $\boldsymbol{\mu}=(\mu_1,\cdots,\mu_d)^{\mathrm{T}}$ 为 $\boldsymbol{X}$ 的数学期望向量, $\boldsymbol{\Sigma}=(\mathrm{Cov}(X_i,X_j))_{d\times d}$ 为 $\boldsymbol{X}$ 的协方差矩阵 (协方差的定义见 4.3 节).

多维正态分布是一类比较重要的多维分布, 在概率论特别是数理统计和随机过程相关领域有着重要的地位. 我们同样可以考察类似二维正态分布的一些重要性质, 这里我们不再一一叙述, 有需要的读者可以参见文献 (苏淳和冯群强, 2020).

3.5.3 边际分布是连续型分布的联合分布未必是连续型分布

设随机变量 X 服从均匀分布 $U[0,1]$, $Y=X$. 记 $D=\{(x,y):x=y\}$, $D_1=\{(x,y):x<y\}$, $D_2=\{(x,y):x>y\}$. 若 (X,Y) 具有概率密度函数 $p(x,y)$, 则

$$\begin{aligned}P((X,Y)\notin D)&=P(X<Y)+P(X>Y)=\iint\limits_{D_1}p(x,y)\mathrm{d}x\mathrm{d}y+\iint\limits_{D_2}p(x,y)\mathrm{d}x\mathrm{d}y\\&=\int_{-\infty}^{+\infty}\left(\int_{-\infty}^{y}p(x,y)\mathrm{d}x\right)\mathrm{d}y+\int_{-\infty}^{+\infty}\left(\int_{y}^{+\infty}p(x,y)\mathrm{d}x\right)\mathrm{d}y\\&=\int_{-\infty}^{+\infty}\left(\int_{-\infty}^{+\infty}p(x,y)\mathrm{d}x\right)\mathrm{d}y=\iint\limits_{\mathbb{R}^2}p(x,y)\mathrm{d}x\mathrm{d}y=1,\end{aligned}$$

上述最后一个等号由概率密度函数的正则性得到.

但由 Y 的定义知, $P((X,Y)\notin D)=P(X\neq Y)=0$. 故得到矛盾!

3.5.4 随机变量的积和商

这里我们仅考虑连续情形.

定理 3.5.4 设随机变量 (X,Y) 的联合概率密度函数为 $p(x,y)$, 记 $S=XY$, $T=Y/X$, 则 S 和 T 的概率密度函数分别为

$$p_S(s)=\int_{-\infty}^{+\infty}\frac{1}{|x|}\cdot p\left(x,\frac{s}{x}\right)\mathrm{d}x;\qquad p_T(t)=\int_{-\infty}^{+\infty}|x|\cdot p(x,tx)\mathrm{d}x.$$

证明 先求$S=XY$的概率密度函数. 对任意的 $s\in\mathbb{R}$, 记 $D_s=\{(x,y):xy\leqslant s\}$. 于是, S 的分布函数为

$$\begin{aligned}
F_S(s)=P(S\leqslant s)=P((X,Y)\in D_s)&=\iint\limits_{D_s}p(x,y)\mathrm{d}x\mathrm{d}y\\
&=\int_0^{+\infty}\left(\int_{-\infty}^{s/x}p(x,y)\mathrm{d}y\right)\mathrm{d}x+\int_{-\infty}^0\left(\int_{s/x}^{+\infty}p(x,y)\mathrm{d}y\right)\mathrm{d}x\\
&=\int_0^{+\infty}\left(\int_{-\infty}^{s}\frac{1}{x}\cdot p\left(x,\frac{u}{x}\right)\mathrm{d}u\right)\mathrm{d}x+\int_{-\infty}^0\left(\int_{s}^{-\infty}\frac{1}{x}\cdot p\left(x,\frac{u}{x}\right)\mathrm{d}u\right)\mathrm{d}x\\
&=\int_{-\infty}^{s}\left(\int_0^{+\infty}\frac{1}{x}\cdot p\left(x,\frac{u}{x}\right)\mathrm{d}x\right)\mathrm{d}u+\int_{-\infty}^{s}\left(\int_{-\infty}^0\frac{(-1)}{x}\cdot p\left(x,\frac{u}{x}\right)\mathrm{d}x\right)\mathrm{d}u.
\end{aligned}$$

故 S 的概率密度函数为

$$\begin{aligned}
p_S(s)=\frac{\mathrm{d}F_S(s)}{\mathrm{d}s}&=\int_0^{+\infty}\frac{1}{x}\cdot p\left(x,\frac{s}{x}\right)\mathrm{d}x+\int_{-\infty}^0\frac{(-1)}{x}\cdot p\left(x,\frac{s}{x}\right)\mathrm{d}x\\
&=\int_{-\infty}^{+\infty}\frac{1}{|x|}\cdot p\left(x,\frac{s}{x}\right)\mathrm{d}x.
\end{aligned}$$

再求 $T=Y/X$ 的概率密度函数. 对任意的 $t\in\mathbb{R}$, 记 $D_t=\{(x,y):y/x\leqslant t\}$. 于是, T 的分布函数为

$$\begin{aligned}
F_T(t)=P(T\leqslant t)=P((X,Y)\in D_t)&=\iint\limits_{D_t}p(x,y)\mathrm{d}x\mathrm{d}y\\
&=\int_0^{+\infty}\left(\int_{-\infty}^{tx}p(x,y)\mathrm{d}y\right)\mathrm{d}x+\int_{-\infty}^0\left(\int_{tx}^{+\infty}p(x,y)\mathrm{d}y\right)\mathrm{d}x\\
&=\int_0^{+\infty}\left(\int_{-\infty}^{t}x\cdot p(x,ux)\mathrm{d}u\right)\mathrm{d}x+\int_{-\infty}^0\left(\int_{t}^{-\infty}x\cdot p(x,ux)\mathrm{d}u\right)\mathrm{d}x
\end{aligned}$$

$$= \int_{-\infty}^{t} \left(\int_{0}^{+\infty} x \cdot p(x, ux) \mathrm{d}x \right) \mathrm{d}u + \int_{-\infty}^{t} \left(\int_{-\infty}^{0} (-x) \cdot p(x, ux) \mathrm{d}x \right) \mathrm{d}u.$$

故 T 的概率密度函数为

$$p_T(t) = \frac{\mathrm{d}F_T(t)}{\mathrm{d}t} = \int_{0}^{+\infty} x \cdot p(x, tx) \mathrm{d}x + \int_{-\infty}^{0} (-x) \cdot p(x, tx) \mathrm{d}x$$

$$= \int_{-\infty}^{+\infty} |x| \cdot p(x, tx) \mathrm{d}x.$$

□

推论 3.5.1 设 $(X, Y) \sim p(x, y)$, 记 $U = X/Y$, 则 U 的概率密度函数为

$$p_U(u) = \int_{-\infty}^{+\infty} |y| \cdot p(uy, y) \mathrm{d}y.$$

例 3.5.1 设随机变量 X 与 Y 都服从标准正态分布 $N(0, 1)$, 且相互独立, 求随机变量 $T = Y/X$ 的分布.

解 由题意知, (X, Y) 的联合概率密度函数为 $p(x, y) = \varphi(x)\varphi(y)$, 这里

$$\varphi(x) = \frac{1}{\sqrt{2\pi}} \exp\left(-\frac{x^2}{2}\right)$$

是标准正态分布的概率密度函数. 于是, 由定理 3.5.4 知, $T = Y/X$ 的概率密度函数为

$$p_T(t) = \int_{-\infty}^{+\infty} |x| \cdot p(x, tx) \mathrm{d}x = \int_{-\infty}^{+\infty} |x| \cdot \varphi(x)\varphi(tx) \mathrm{d}x$$

$$= \int_{-\infty}^{+\infty} |x| \cdot \frac{1}{\sqrt{2\pi}} \exp\left(\frac{-x^2}{2}\right) \cdot \frac{1}{\sqrt{2\pi}} \exp\left(\frac{-(tx)^2}{2}\right) \mathrm{d}x$$

$$= \frac{1}{\pi} \int_{0}^{+\infty} x \cdot \exp\left(\frac{-x^2}{2}(1 + t^2)\right) \mathrm{d}x = \frac{1}{\pi(1 + t^2)}.$$

故 $T = Y/X$ 服从柯西分布. □

3.5.5 条件分布

在第 1 章中, 我们介绍了条件概率, 用来刻画一个事件的发生对另一个事件发生可能性的影响. 基于同样的想法, 有时需要考虑在已知某随机变量取某值的条件下, 去研究另一随机变量的概率分布. 这就是下面我们所要研究的条件分布.

假设给定二维随机变量 (X,Y) 的联合分布, 自然地, 若概率 $P(Y=y)>0$, 称 x 的函数 $P(X\leqslant x|Y=y)$ 为在 $Y=y$ 的条件下 X 的条件分布函数. 为了避免 $P(Y=y)=0$ (譬如, Y 为连续型随机变量) 的情形, 我们有下面严格的定义.

定义 3.5.1 设 (X,Y) 为二维随机变量, 且对任意的 $\Delta y>0$, $P(y-\Delta y<Y\leqslant y)>0$. 若对任意的实数 x, 极限

$$\lim_{\Delta y\to 0+}P(X\leqslant x|y-\Delta y<Y\leqslant y)=\lim_{\Delta y\to 0+}\frac{P(X\leqslant x,y-\Delta y<Y\leqslant y)}{P(y-\Delta y<Y\leqslant y)}$$

存在, 则称该极限为在 $Y=y$ 的条件下 X 的**条件分布函数**, 记为 $P(X\leqslant x|Y=y)$ 或 $F_{X|Y}(x|y)$.

注记 3.5.1 $P(X\leqslant x|Y=y)$ 或 $F_{X|Y}(x|y)$ 只是一个记号, 且并非对所有的 y, 条件分布函数 $F_{X|Y}(x|y)$ 都存在.

下面我们分别就离散情形和连续情形来考虑条件分布.

1. 条件分布列

设 (X,Y) 为二维离散型随机变量, 且其联合分布列为

$$P(X=x_i,Y=y_j)=p_{ij},\quad i,j=1,2,\cdots.$$

当 $P(Y=y_j)>0$ 时, 这里 $j=1,2,\cdots$, 由条件概率的定义可知, 在 $Y=y_j$ 的条件下 X 的条件分布列为

$$P(X=x_i|Y=y_j)=\frac{P(X=x_i,Y=y_j)}{P(Y=y_j)}=\frac{p_{ij}}{\sum_k p_{kj}},\quad i=1,2,\cdots.$$

例 3.5.2 已知 (X,Y) 有联合分布列如下:

X \ Y	0	1	2
0	1/2	1/8	1/4
1	1/16	1/16	0

求在 $X=0$ 的条件下 Y 的条件分布列.

解 易求

$$P(X=0)=\frac{1}{2}+\frac{1}{8}+\frac{1}{4}=\frac{7}{8}.$$

于是, 在 $X=0$ 的条件下 Y 的条件分布列为

$$P(Y=0|X=0)=\frac{P(X=0,Y=0)}{P(X=0)}=\frac{1/2}{7/8}=\frac{4}{7},$$

$$P(Y=1|X=0)=\frac{P(X=0,Y=1)}{P(X=0)}=\frac{1/8}{7/8}=\frac{1}{7},$$

$$P(Y=2|X=0)=\frac{P(X=0,Y=2)}{P(X=0)}=\frac{1/4}{7/8}=\frac{2}{7}.$$ □

例 3.5.3 设随机变量 X 与 Y 相互独立, 且 X 服从泊松分布 $P(\lambda)$, Y 服从泊松分布 $P(\mu)$. 求在 $X+Y=n$ 的条件下 X 的条件分布.

解 由泊松分布的可加性知, $X+Y$ 服从泊松分布 $P(\lambda+\mu)$. 于是,

$$P(X+Y=n)=\frac{(\lambda+\mu)^n}{n!}\mathrm{e}^{-(\lambda+\mu)}.$$

由条件概率的定义和独立性知, 在 $X+Y=n$ 的条件下 X 的条件分布列为

$$\begin{aligned}P(X=k|X+Y=n)&=\frac{P(X=k,X+Y=n)}{P(X+Y=n)}=\frac{P(X=k)P(Y=n-k)}{P(X+Y=n)}\\&=\frac{\dfrac{\lambda^k}{k!}\mathrm{e}^{-\lambda}\dfrac{\mu^{n-k}}{(n-k)!}\mathrm{e}^{-\mu}}{\dfrac{(\lambda+\mu)^n}{n!}\mathrm{e}^{-(\lambda+\mu)}}=\mathrm{C}_n^k\left(\frac{\lambda}{\lambda+\mu}\right)^k\left(\frac{\mu}{\lambda+\mu}\right)^{n-k},\\&\quad k=0,1,\cdots,n.\end{aligned}$$

即在 $X+Y=n$ 的条件下 X 的条件分布为二项分布 $b\left(n,\dfrac{\lambda}{\lambda+\mu}\right)$. □

2. 条件概率密度函数

设随机变量 (X,Y) 有联合概率密度函数 $p(x,y)$, X 与 Y 的边际概率密度函数分别为 $p_X(x)$ 和 $p_Y(y)$, 且 $p_Y(y)>0$. 注意到

$$P(X\leqslant x,y-\Delta y<Y\leqslant y)=\int_{-\infty}^{x}\int_{y-\Delta y}^{y}p(u,v)\mathrm{d}u\mathrm{d}v=\int_{y-\Delta y}^{y}\left(\int_{-\infty}^{x}p(u,v)\mathrm{d}u\right)\mathrm{d}v,$$

由微分中值定理知,

$$\begin{aligned}\lim_{\Delta y\to0+}\frac{1}{\Delta y}P(X\leqslant x,y-\Delta y<Y\leqslant y)&=\lim_{\Delta y\to0+}\frac{1}{\Delta y}\int_{y-\Delta y}^{y}\left(\int_{-\infty}^{x}p(u,v)\mathrm{d}u\right)\mathrm{d}v\\&=\int_{-\infty}^{x}p(u,y)\mathrm{d}u.\end{aligned}$$

类似地, 我们有 $\lim\limits_{\Delta y\to 0+}\dfrac{1}{\Delta y}P(y-\Delta y<Y\leqslant y)=p_Y(y)$.

于是, 由定义 3.5.1 知, 在 $Y=y$ 的条件下 X 的条件分布函数为

$$F_{X|Y}(x|y)=\int_{-\infty}^{x}\frac{p(u,y)}{p_Y(y)}\mathrm{d}u.$$

因此在 $Y=y$ 的条件下, X 的条件分布是连续型分布, 其概率密度函数为

$$\frac{p(x,y)}{p_Y(y)},$$

称之为在 $Y=y$ 的条件下 X 的**条件概率密度函数**, 记为 $p_{X|Y}(x|y)$. 即

$$p_{X|Y}(x|y)=\frac{p(x,y)}{p_Y(y)}.$$

读者应特别注意, 上式只有当 $p_Y(y)>0$ 时才有意义.

例 3.5.4 设 (X,Y) 服从二维正态分布 $N(\mu_1,\sigma_1^2;\mu_2,\sigma_2^2;\rho)$, 求在 $Y=y$ 条件下 X 的条件分布.

解 由定理 3.2.1 知 Y 的边际分布为正态分布 $N(\mu_2,\sigma_2^2)$. 故在 $Y=y$ 条件下 X 的条件概率密度函数为

$$\begin{aligned}&p_{X|Y}(x|y)\\=&\frac{p(x,y)}{p_Y(y)}\\=&\frac{\dfrac{1}{2\pi\sigma_1\sigma_2\sqrt{1-\rho^2}}\exp\left[-\dfrac{1}{2(1-\rho^2)}\left(\dfrac{(x-\mu_1)^2}{\sigma_1^2}-2\rho\dfrac{(x-\mu_1)(y-\mu_2)}{\sigma_1\sigma_2}+\dfrac{(y-\mu_2)^2}{\sigma_2^2}\right)\right]}{\dfrac{1}{\sqrt{2\pi}\sigma_2}\exp\left(-\dfrac{(y-\mu_2)^2}{2\sigma_2^2}\right)}\\=&\frac{1}{\sqrt{2\pi}\sigma_1\sqrt{1-\rho^2}}\exp\left[-\frac{1}{2\sigma_1^2(1-\rho^2)}\left(x-(\mu_1+\rho\sigma_1(y-\mu_2)/\sigma_2)\right)^2\right],\end{aligned}$$

即在 $Y=y$ 条件下 X 的条件分布是正态分布 $N(\mu_1+\rho\sigma_1(y-\mu_2)/\sigma_2,\sigma_1^2(1-\rho^2))$.□

例 3.5.5 设随机变量 (X,Y) 服从区域 $D=\{(x,y):x^2+y^2\leqslant 1\}$ 上的均匀分布, 设 $|y|<1$, 求在给定 $Y=y$ 条件下 X 的条件概率密度函数.

解 易知 (X,Y) 的联合概率密度函数为 $p(x,y)=\begin{cases}\dfrac{1}{\pi}, & x^2+y^2\leqslant 1,\\ 0, & x^2+y^2>1.\end{cases}$ 由例 3.2.6 知, Y 的概率密度函数为

$$p_Y(y)=\begin{cases}\dfrac{2\sqrt{1-y^2}}{\pi}, & |y|<1,\\ 0, & |y|\geqslant 1.\end{cases}$$

于是, 当 $|y|<1$ 时, 在给定 $Y=y$ 条件下 X 的条件概率密度函数为

$$p_{X|Y}(x|y)=\frac{p(x,y)}{p_Y(y)}=\frac{p(x,y)}{2\sqrt{1-y^2}/\pi}=\begin{cases}\dfrac{1/\pi}{2\sqrt{1-y^2}/\pi}, & |x|\leqslant\sqrt{1-y^2},\\ 0, & |x|>\sqrt{1-y^2}\end{cases}$$

$$=\begin{cases}\dfrac{1}{2\sqrt{1-y^2}}, & |x|\leqslant\sqrt{1-y^2},\\ 0, & |x|>\sqrt{1-y^2}.\end{cases}$$

故当 $|y|<1$ 时, 在给定 $Y=y$ 条件下 X 服从均匀分布 $U(-\sqrt{1-y^2},\sqrt{1-y^2})$. □

例 3.5.6 已知 $(X,Y)\sim p(x,y)=\begin{cases}\dfrac{\mathrm{e}^{-x/y}\mathrm{e}^{-y}}{y}, & x>0,y>0,\\ 0, & \text{其他}.\end{cases}$ 当 $y>0$ 时, 求概率 $P(X>1|Y=y)$.

解 容易求得 Y 的边际概率密度函数为

$$p_Y(y)=\int_{-\infty}^{+\infty}p(x,y)\mathrm{d}x=\begin{cases}\displaystyle\int_0^{+\infty}\frac{\mathrm{e}^{-x/y}\mathrm{e}^{-y}}{y}\mathrm{d}x, & y>0,\\ 0, & y\leqslant 0\end{cases}=\begin{cases}\mathrm{e}^{-y}, & y>0,\\ 0, & y\leqslant 0.\end{cases}$$

当 $y>0$ 时, 在给定 $Y=y$ 条件下 X 的条件概率密度函数为

$$p_{X|Y}(x|y)=\frac{p(x,y)}{p_Y(y)}=\begin{cases}\dfrac{\mathrm{e}^{-x/y}\mathrm{e}^{-y}y^{-1}}{\mathrm{e}^{-y}}, & x>0,\\ 0, & x\leqslant 0\end{cases}=\begin{cases}\dfrac{\mathrm{e}^{-x/y}}{y}, & x>0,\\ 0, & x\leqslant 0.\end{cases}$$

故当 $y>0$ 时, 在给定 $Y=y$ 条件下 X 服从指数分布 $\mathrm{Exp}\left(\dfrac{1}{y}\right)$, 从而所求条件概率为

$$P(X>1|Y=y)=\int_1^{+\infty}p_{X|Y}(x|y)\mathrm{d}x=\int_1^{+\infty}\frac{\mathrm{e}^{-x/y}}{y}\mathrm{d}x=\mathrm{e}^{-1/y}.\qquad\square$$

第 3 章测试题

第 4 章　数字特征

第 2 章和第 3 章都是从概率分布的角度来研究随机变量的, 一个随机变量的性质完全由其分布函数确定. 对于两个不同的随机变量, 它们对应的分布可能不同. 为便于对不同的随机变量进行比较研究, 我们在本章中介绍随机变量的一些数字特征, 即从数量角度刻画一个随机变量的分布特征.

4.1 数学期望

在概率论中, 数学期望源于历史上一个著名的分赌本问题. 17 世纪中叶, 一位赌徒向法国数学家帕斯卡提出一个使他苦恼长久的分赌本问题: 甲、乙两个赌徒赌技不相上下, 各出赌注 50 法郎, 每局中无平局. 他们约定, 谁先赢三局, 则得全部赌本 100 法郎. 当甲赢了两局, 乙赢了一局时, 因故要中止赌博, 现问这 100 法郎如何分才算公平? 帕斯卡提出了如下的分法: 设想再赌下去, 则甲最终所得 X 为一个随机变量, 其可能取值为 0 或 100. 再赌两局必可结束, 其结果不外乎以下四种情况之一: 甲甲、甲乙、乙甲、乙乙, 其中 "甲乙" 表示第一局甲胜第二局乙胜. 在这四种情况中有三种可使甲获 100 法郎, 只有一种情况甲获 0 法郎. 因为赌技不相上下, 所以甲获得 100 法郎的可能性为 3/4, 获得 0 法郎的可能性为 1/4. 故甲的期望所得应为 75 法郎, 即甲分得 75 法郎, 乙分得 25 法郎. 这种分法不仅考虑了已赌局数, 而且还包括了对再赌下去的一种 "期望", 这就是数学期望的由来.

平均值、数学期望的概念广泛存在, 如某课程考试的平均成绩、电子产品的平均无故障时间、某地区的日平均气温和日平均降水量、某地区水稻的平均亩产量、某地区的家庭平均年收入、某国家或地区人的平均寿命.

设甲、乙两人每射击一发子弹命中的环数分别用 X 与 Y 来表示, 其分布列分别为

X	8	9	10
P	0.1	0.8	0.1

Y	8	9	10
P	0.1	0.7	0.2

由分布列, 我们该如何判断甲、乙二人谁的射击技术更好? 一个自然的想法, 设甲、乙二人各自射击了 n 发子弹, 由于概率可视为频率的近似, 则甲、乙分别大

约射中了 $0.1n\cdot 8+0.8n\cdot 9+0.1n\cdot 10$ 和 $0.1n\cdot 8+0.7n\cdot 9+0.2n\cdot 10$, 比较这两个数值的大小即可. 这样计算得到的数值实际上是对每发子弹命中环数的加权平均值与 n 的乘积. 这种加权平均值即是我们将要介绍的随机变量的数学期望.

4.1.1 一维随机变量的数学期望

定义 4.1.1 设离散型随机变量 X 具有分布列 $P(X=x_k)=p_k$, $k=1,2,\cdots$. 若级数 $\sum\limits_{k=1}^{+\infty}x_k\cdot p_k$ 绝对收敛, 即 $\sum\limits_{k=1}^{+\infty}|x_k|\cdot p_k<+\infty$, 则称 $\sum\limits_{k=1}^{+\infty}x_k\cdot p_k$ 为 X 的数学期望, 记为 EX, 即 $EX=\sum\limits_{k=1}^{+\infty}x_k\cdot p_k$.

例 4.1.1 设随机变量 X 的分布列为

X	0	1	2
P	1/2	1/4	1/4

, 求 X 的数学期望.

解 由定义, X 的数学期望为

$$EX=0\cdot\frac{1}{2}+1\cdot\frac{1}{4}+2\cdot\frac{1}{4}=\frac{3}{4}.$$

□

注记 4.1.1 关于数学期望的定义, 我们必须注意:

(1) 定义中要求 $\sum\limits_{k=1}^{+\infty}|x_k|\cdot p_k<+\infty$ 是必要的. 随机变量的取值 $x_1,x_2,\cdots$ 进行重新编号不会改变其分布函数, 因而不会影响其概率性质. 但是当 X 取值是无穷多个时, 只有绝对收敛才能保证无穷级数的求和不受求和次序的影响而唯一确定.

(2) 若将 $P(X=x_k)$ 视为点 x_k 的质量, 概率分布视作质量在数轴上的分布, 则数学期望 EX 即是该质量分布的重心所在.

类似地, 对连续型随机变量, 我们有

定义 4.1.2 设连续型随机变量 X 有概率密度函数 $p(x)$. 若积分 $\int_{-\infty}^{+\infty}x\cdot p(x)\mathrm{d}x$ 绝对收敛, 即 $\int_{-\infty}^{+\infty}|x|p(x)\mathrm{d}x<+\infty$, 则称 $\int_{-\infty}^{+\infty}x\cdot p(x)\mathrm{d}x$ 为 X 的数学期望, 记为 EX, 即 $EX=\int_{-\infty}^{+\infty}x\cdot p(x)\mathrm{d}x$.

例 4.1.2 设随机变量 X 服从均匀分布 $U(0,1)$, 求 X 的数学期望.

解 易知 X 的概率密度函数为 $p(x)=\begin{cases}1, & 0<x<1,\\ 0, & x\leqslant 0\text{ 或 }x\geqslant 1.\end{cases}$ 由定义, X 的

数学期望为

$$EX=\int_{-\infty}^{+\infty}xp(x)\mathrm{d}x=\int_0^1 x\cdot 1\mathrm{d}x=\frac{1}{2}.$$ □

注记 4.1.2 (1) 初等概率论中所说的数学期望存在都是指 EX 为有限值, 不包括取 $+\infty$ 或 $-\infty$ 的情形; 有些分布的数学期望不存在, 例如, 设随机变量 X 服从柯西分布, 即其概率密度函数为 $p(x)=\dfrac{1}{\pi(1+x^2)}$. X 的数学期望 EX 不存在. 因为对任意的 $M>0$,

$$\int_{-\infty}^{+\infty}|x|p(x)\mathrm{d}x=\int_{-\infty}^{+\infty}|x|\cdot\frac{1}{\pi(1+x^2)}\mathrm{d}x\geqslant\frac{1}{\pi}\int_0^{+\infty}\frac{x}{1+x^2}\mathrm{d}x$$
$$\geqslant\frac{1}{\pi}\int_0^{M}\frac{x}{1+x^2}\mathrm{d}x=\frac{1}{2\pi}\ln(1+M^2).$$

令 $M\to+\infty$, 我们得到 $\displaystyle\int_{-\infty}^{+\infty}|x|p(x)\mathrm{d}x=+\infty$.

(2) 今后为了简便, 我们不再验证数学期望的存在性, 即总假定所考察的数学期望是存在的.

例 4.1.3 计算二项分布 $b(n,p)$ 的数学期望.

解 设随机变量 X 服从二项分布 $b(n,p)$, 则其分布列为

$$P(X=k)=\mathrm{C}_n^k p^k(1-p)^{n-k},\quad k=0,1,\cdots,n.$$

由数学期望的定义,

$$EX=\sum_k kP(X=k)=\sum_{k=0}^{n}k\mathrm{C}_n^k p^k(1-p)^{n-k}=\sum_{k=1}^{n}k\cdot\frac{n!}{k!(n-k)!}p^k(1-p)^{n-k}$$
$$=np\sum_{k=1}^{n}\frac{(n-1)!}{(k-1)!(n-1-(k-1))!}p^{k-1}(1-p)^{(n-1-(k-1))}$$
$$=np\sum_{j=0}^{n-1}\frac{(n-1)!}{j!(n-1-j)!}p^j(1-p)^{n-1-j}=np,$$

其中最后一个等号是因为应用了二项分布 $b(n-1,p)$ 的分布列的正则性. □

例 4.1.4 计算指数分布 $\mathrm{Exp}(\lambda)$ 和标准正态分布 $N(0,1)$ 的数学期望.

解 设随机变量 X 服从指数分布 $\mathrm{Exp}(\lambda)$, 则其概率密度函数为

$$p(x)=\begin{cases}\lambda\mathrm{e}^{-\lambda x}, & x>0,\\ 0, & x\leqslant 0.\end{cases}$$

由数学期望的定义知,

$$EX = \int xp(x)\mathrm{d}x = \int_0^{+\infty} x \cdot \lambda \mathrm{e}^{-\lambda x}\mathrm{d}x = \frac{1}{\lambda}.$$

设 Y 服从标准正态分布 $N(0,1)$, 则 Y 的概率密度函数为 $\varphi(y) = \dfrac{1}{\sqrt{2\pi}}\mathrm{e}^{-y^2/2}$. 由于 $\varphi(y)$ 是偶函数, 故

$$EY = \int_{-\infty}^{+\infty} y\varphi(y)\mathrm{d}y = 0. \qquad \square$$

我们接下来考虑随机变量函数的数学期望. 下面这个定理说明, 已知随机变量 X 的分布, 要求随机变量 $Y = f(X)$ 的数学期望 (假定存在), 通常我们并不需要事先求出 Y 的分布. 这个定理的证明需要用到测度论的知识 (已经超出了本书的范围), 这里略去.

定理 4.1.1 设 $Y = f(X)$ 为随机变量 X 的函数, 若数学期望 $E(f(X))$ 存在, 则

$$EY = E(f(X)) = \begin{cases} \sum_k f(x_k)p_k, & \text{离散情形}, \\ \int_{-\infty}^{+\infty} f(x)p(x)\mathrm{d}x, & \text{连续情形}. \end{cases}$$

例 4.1.5 已知 X 具有分布列 $P(X=0)=1/2$, $P(X=1)=P(X=2)=1/4$. 求数学期望 $E(X^2+2)$.

解 由定理 4.1.1, $E(X^2+2) = (0^2+2)\cdot\dfrac{1}{2} + (1^2+2)\cdot\dfrac{1}{4} + (2^2+2)\cdot\dfrac{1}{4} = \dfrac{13}{4}$. $\square$

由定理 4.1.1, 我们不难证明以下定理.

定理 4.1.2 (数学期望的性质) 假定下面涉及的数学期望都存在.

(1) $E(c) = c$;

(2) $E(aX) = aEX$;

(3) $E(f(X)+g(X)) = E(f(X)) + E(g(X))$.

例 4.1.6 设随机变量 X 的概率密度函数为

$$p(x) = \begin{cases} 2x, & 0 < x < 1, \\ 0, & \text{其他}. \end{cases}$$

求随机变量 $2X-1$ 和 $(X-2)^2$ 的数学期望.

解 由定理 4.1.2,

$$E(2X-1)=2EX-1=2\int xp(x)\mathrm{d}x-1=2\int_0^1 x\cdot 2x\mathrm{d}x-1=\frac{1}{3},$$

$$\begin{aligned}E(X-2)^2&=E(X^2-4X+4)=EX^2-4EX+4\\&=\int x^2\cdot p(x)\mathrm{d}x-4\int x\cdot p(x)\mathrm{d}x+4\\&=\int_0^1 x^2\cdot 2x\mathrm{d}x-4\int_0^1 x\cdot 2x\mathrm{d}x+4=\frac{11}{6}.\end{aligned}$$ □

例 4.1.7 (1) 设随机变量 X 服从正态分布 $N(\mu,\sigma^2)$, 求数学期望 $E(X)$;
(2) 设随机变量 X 服从正态分布 $N(0,\sigma^2)$, 求数学期望 $E(|X|)$.

解 (1) 由推论 3.4.3 知, $\frac{X-\mu}{\sigma}\sim N(0,1)$. 注意到 $X=\sigma\cdot\frac{X-\mu}{\sigma}+\mu$, 由数学期望的性质和例 4.1.4 知, $EX=\mu$.

(2) 设随机变量 Y 服从标准正态分布 $N(0,1)$, 则 Y 的概率密度函数为 $\varphi(y)=\frac{1}{\sqrt{2\pi}}\mathrm{e}^{-y^2/2}$. 于是

$$\begin{aligned}E|Y|&=\int_{-\infty}^{+\infty}|y|\varphi(y)\mathrm{d}y=\int_{-\infty}^{+\infty}|y|\cdot\frac{1}{\sqrt{2\pi}}\exp\left(-\frac{y^2}{2}\right)\mathrm{d}y\\&=\frac{2}{\sqrt{2\pi}}\int_0^{+\infty}\exp\left(-\frac{y^2}{2}\right)\mathrm{d}\left(\frac{y^2}{2}\right)=\sqrt{\frac{2}{\pi}}.\end{aligned}$$

因为 X 服从正态分布 $N(0,\sigma^2)$, 故 X/σ 服从标准正态分布 $N(0,1)$. 故

$$E(|X|)=E\left(\sigma\cdot\left|\frac{X}{\sigma}\right|\right)=\sigma\sqrt{\frac{2}{\pi}}.$$ □

4.1.2 二维随机变量的数学期望

定义 4.1.3 设 (X,Y) 为二维随机变量, 若随机变量 X 和 Y 的数学期望都存在, 称 (EX,EY) 为 (X,Y) 的 **数学期望向量**, 简称为**数学期望**.

注记 4.1.3 一般地, 设 $\boldsymbol{X}=(X_1,\cdots,X_d)^{\mathrm{T}}$ 为 d 维随机向量, 若其每个分量的数学期望都存在, 称 $E\boldsymbol{X}=(EX_1,\cdots,EX_d)^{\mathrm{T}}$ 为随机向量 $\boldsymbol{X}$ 的数学期望向量.

例 4.1.8 设随机变量 (X,Y) 服从二维正态分布 $N(\mu_1,\sigma_1^2;\mu_2,\sigma_2^2;\rho)$, 则 (X,Y) 的数学期望为 (μ_1,μ_2).

类似于定理 4.1.1, 对于二维随机变量函数的数学期望, 我们有

定理 4.1.3 设随机变量 $Z=g(X,Y)$ 是二维随机变量 (X,Y) 的函数, 若数学期望 EZ 存在, 则

$$EZ=Eg(X,Y)=\begin{cases}\sum\limits_{i,j} g(x_i,y_j)p_{ij}, & \text{离散情形},\\ \iint g(x,y)p(x,y)\mathrm{d}x\mathrm{d}y, & \text{连续情形}.\end{cases}$$

例 4.1.9 设 X 与 Y 是取自于区间 $(0,1)$ 中的两点, 求它们的平均距离.

解 由题设知, X 与 Y 服从均匀分布 $U(0,1)$, 且相互独立, 故 (X,Y) 的联合概率密度函数为

$$p(x,y)=\begin{cases}1, & (x,y)\in(0,1)\times(0,1),\\ 0, & \text{其他}.\end{cases}$$

于是, 所求的平均距离为

$$\begin{aligned}E|X-Y|&=\iint|x-y|\cdot p(x,y)\mathrm{d}x\mathrm{d}y\\&=\iint_{(0,1)\times(0,1)}|x-y|\cdot 1\mathrm{d}x\mathrm{d}y=2\int_0^1\mathrm{d}x\int_0^x(x-y)\mathrm{d}y=\frac{1}{3}.\end{aligned}$$ □

由定理 4.1.3 容易证明

定理 4.1.4 (数学期望的性质) 假定下面涉及的数学期望都存在.

(1) $E(f(X)+g(Y))=Ef(X)+Eg(Y)$, 其中 f, g 为一元实值函数.

(2) 若 X 与 Y 相互独立, 则 $E(f(X)g(Y))=Ef(X)\cdot Eg(Y)$.

例 4.1.10 设随机变量 X 与 Y 独立同分布, 都服从正态分布 $N(\mu,\sigma^2)$. 求 $E(\max\{X,Y\})$.

解 注意到

$$\max\{X,Y\}=\frac{X+Y+|X-Y|}{2},$$

$EX=EY=\mu$, 故只需求数学期望 $E|X-Y|$.

因为 X 与 Y 相互独立, 由正态分布的可加性知, $X-Y$ 服从正态分布 $N(0,2\sigma^2)$. 由例 4.1.9 知, $E|X-Y|=\sqrt{2}\sigma\sqrt{\frac{2}{\pi}}=\frac{2\sigma}{\sqrt{\pi}}$.

故由数学期望的性质知, $E(\max\{X,Y\})=\dfrac{\mu+\mu+\frac{2\sigma}{\sqrt{\pi}}}{2}=\mu+\dfrac{\sigma}{\sqrt{\pi}}$. □

注记 4.1.4 由定理 4.1.3 和定理 4.1.4,

(1) $E[(X-EX)(Y-EY)]=E(XY)-EXEY$.

(2) 若 X 与 Y 相互独立, 则 $E[(X-EX)(Y-EY)]=0$.

例 4.1.11 设随机变量 X 与 Y 独立, $X\sim U(0,1)$, $Y\sim \mathrm{Exp}(1)$, 求数学期望 $E(XY)$.

解 由例 4.1.2 和例 4.1.4 知, $EX=1/2$, $EY=1$. 于是, 由定理 4.1.4 知,

$$E(XY)=EX\cdot EY=\frac{1}{2}\cdot 1=\frac{1}{2}.$$ □

本节最后我们来看一个数学期望应用方面的例子.

例 4.1.12 设某生产企业为减少因台风等恶劣天气而带来的损失, 年初时购买了一份保险, 约定首次台风时保险公司不需要赔付, 从第二次开始每次台风保险公司都要赔付该企业人民币 1 万元. 假定当年台风到来的次数服从参数为 1.5 的泊松分布, 求保险公司在这一年内为该企业所支付的平均赔付总额.

解 设 N 表示台风到来的次数, 则 N 服从泊松分布 $P(1.5)$, 分布列为

$$P(N=n)=\frac{1.5^n}{n!}\mathrm{e}^{-1.5},\qquad n=0,1,\cdots.$$

设 X 表示保险公司该年支付的赔付额, 由题意知,

$$X=\begin{cases}0, & N=0,\\ N-1, & N=1,2,\cdots.\end{cases}$$

所求平均赔付总额即求 X 的数学期望, 于是

$$\begin{aligned}EX&=0\cdot P(N=0)+\sum_{n=1}^{+\infty}(n-1)P(N=n)=\sum_{n=1}^{+\infty}nP(N=n)-\sum_{n=1}^{+\infty}P(N=n)\\&=\sum_{n=0}^{+\infty}nP(N=n)-(1-P(N=0))\\&=EN-1+P(N=0)=1.5-1+\mathrm{e}^{-1.5}=0.7231.\end{aligned}$$

这里我们使用了泊松分布 $P(\lambda)$ 的数学期望为 λ 的结论 (请读者自证). □

实际应用案例分析: 风险决策. 人们在处理一个问题时, 往往面临着某种自然状态, 存在很多种方案可供选择, 这就构成了决策. 自然状态是客观存在的不可控因素, 供选择的行动方案称为策略, 这是可控因素. 选择哪种方案由决策者确定. 依据概率的决策称为风险决策.

某捕鱼队面临着明天是否出海捕鱼的选择. 如果出海后遇到好天气, 就可以得到 50000 元的收益; 如果出海后遇到坏天气, 则将损失 20000 元; 如果不出海, 则无论天气如何, 都要承受 10000 元损失费. 由天气预报已知下个星期天气好的概率为 0.6, 天气坏的概率为 0.4, 为获得较高收益, 应如何选择最佳方案?

回答: 设出海方案为 A, 不出海方案为 B, EA 和 EB 分别是两个方案的期望效益值:

$$\begin{aligned}&E(A)=50000\times 0.6+(-20000)\times 0.4=22000,\\&E(B)=-10000.\end{aligned}$$

因此出海捕鱼是最佳方案, 其效益期望值为 22000 元.

使用 Python 求数学期望

```
1 ♯coding=utf-8
2 import numpy as np
3 arr = [1,2,3,4,5,6]
4 num_avg = np.mean(arr)
5 print(num_avg)
```

✍习题 4.1

1. 设 X 是非负整数值随机变量, 数学期望 EX 存在, 证明

$$EX=\sum_{k=1}^{+\infty}P(X\geqslant k).$$

2. 设随机变量 $X\geqslant 0$, 其概率密度函数为 $p(x)$, $r>0$, 若数学期望 EX^r 存在, 证明

$$EX^r=\int_0^{+\infty}rx^{r-1}P(X>x)\mathrm{d}x.$$

3. 设随机变量 X 服从泊松分布 $P(\lambda)$, 证明 $EX^{k+1}=\lambda E(X+1)^k$. 利用此结论求 EX^3.

4. 已知随机变量 X 服从几何分布 $\mathrm{Ge}(p)$, 即具有分布列 $P(X=k)=p(1-p)^{k-1}$, $k=1,2,\cdots$, 求数学期望 EX.

5. 设随机变量 X 服从均匀分布 $U(0,1)$, 计算下列随机变量的数学期望:

$$X^3, \quad \mathrm{e}^X, \quad \left(X-\frac{1}{2}\right)^2.$$

6. 设随机变量 X 服从 Gamma 分布 $\mathrm{Ga}(\alpha,\lambda)$, 求数学期望 EX^n.

7. 设随机变量 X 与 Y 都服从指数分布 $\mathrm{Exp}(1)$, 且相互独立, 求数学期望

$$E(\mathrm{e}^{\frac{X+Y}{2}}).$$

8. 设随机变量 X 与 Y 都服从均匀分布 $U(0,1)$, 且相互独立, 求数学期望 $E(\max\{X,Y\})$ 和 $E(\min\{X,Y\})$.

9. 设随机变量 X 服从指数分布 $\mathrm{Exp}(\lambda)$, 求 $Y=[X]$ 的数学期望 EY($[x]$ 表示不超过 x 的最大整数).

10*. 设随机变量 X 服从正态分布 $N(\mu,\sigma^2)$, Φ 为标准正态分布 $N(0,1)$ 的分布函数, 求数学期望 $E(\Phi(X))$.

11*. 设随机变量 X 与 Y 都具有连续型的对称分布 (参见定理 2.3.3), 且 X 的分布函数为 F, 求数学期望 $E(F(Y))$.

12*. 设随机变量 $X_1, X_2, \cdots$ 相互独立且都服从均匀分布 $U(0,1)$, 记

$$M=\inf\{n\geqslant 1: X_1+\cdots+X_n>1\},$$

求数学期望 EM.

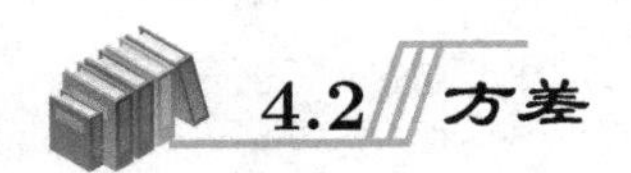

4.2 方差

数学变量 X 的数学期望 $E(X)$ 是分布的一种位置特征数, 它刻画了 X 的取值总在 $E(X)$ 周围波动. 但这个位置特征数无法反映出随机变量取值的“波动大小”. 设甲、乙两人射击一发子弹命中的环数分别用 X 与 Y 来表示, 其分布列分别为

X	8	9	10
P	0.1	0.8	0.1

Y	8	9	10
P	0.15	0.7	0.15

我们容易计算得 $EX=EY=9$, 即从平均命中的环数的角度来说, 甲、乙两人的技术大致相当. 但是, 从分布中可以看到, 甲的技术要比乙稳定, 换言之, 乙的波动性比甲大. 概率论中, 刻画随机变量波动性的量即为方差.

定义 4.2.1 若数学期望 $E(X-EX)^2$ 存在, 则称其为随机变量 X 的**方差**, 记为 $\mathrm{Var}X$. 称 $\sigma_X=\sigma(X)=\sqrt{\mathrm{Var}X}$ 为 X 的**标准差**.

注记 4.2.1 数学期望反映了 X 取值的中心. 方差衡量了 X 取值的离散(偏离) 程度, 方差越大, 偏离数学期望的程度越大.

例 4.2.1 设随机变量 X 服从三角形分布, 其概率密度函数为

$$p(x)=\begin{cases} x, & 0\leqslant x<1,\\ 2-x, & 1\leqslant x<2,\\ 0, & \text{其他}. \end{cases}$$

求数学期望 EX 和方差 $\mathrm{Var}X$.

解 由定义,

$$EX=\int xp(x)\mathrm{d}x=\int_0^1 x\cdot x\mathrm{d}x+\int_1^2 x\cdot(2-x)\mathrm{d}x=1.$$

于是,

$$\begin{aligned}\mathrm{Var}X=E(X-EX)^2&=\int(x-1)^2p(x)\mathrm{d}x\\ &=\int_0^1(x-1)^2\cdot x\mathrm{d}x+\int_1^2(x-1)^2\cdot(2-x)\mathrm{d}x=\frac{1}{6}.\end{aligned}$$ □

由定理 4.1.2 和定理 4.1.4, 我们不难证明

定理 4.2.1 (方差的性质) 假定下面涉及的方差都存在.

(1) $\mathrm{Var}(c)=0$, 这里 c 是常数;

(2) $\mathrm{Var}(aX+b)=a^2\mathrm{Var}(X)$;

(3) $\mathrm{Var}X=EX^2-(EX)^2$;

(4) $\mathrm{Var}X\geqslant 0$;

(5) $\mathrm{Var}(X\pm Y)=\mathrm{Var}X+\mathrm{Var}Y\pm 2E[(X-EX)(Y-EY)]$;

(6) 若 X 与 Y 相互独立, 则 $\mathrm{Var}(X\pm Y)=\mathrm{Var}X+\mathrm{Var}Y$.

例 4.2.2 (1) 设随机变量 X 服从正态分布 $N(0,1)$, 求方差 $\mathrm{Var}X$.

(2) 设随机变量 X 服从正态分布 $N(0,\sigma^2)$, 求方差 $\mathrm{Var}(|X|)$.

解 (1) 由例 4.1.4 知, $EX=0$. 故

$$\begin{aligned}\mathrm{Var}X=EX^2&=\int_{-\infty}^{+\infty}x^2\varphi(x)\mathrm{d}x\\ &=\int_{-\infty}^{+\infty}x^2\cdot\frac{1}{\sqrt{2\pi}}\exp\left(-\frac{x^2}{2}\right)\mathrm{d}x=\frac{2}{\sqrt{2\pi}}\int_0^{+\infty}x^2\cdot\exp\left(-\frac{x^2}{2}\right)\mathrm{d}x\\ &=\frac{2}{\sqrt{2\pi}}\int_0^{+\infty}2t\cdot\mathrm{e}^{-t}\cdot\frac{\sqrt{2}}{2}t^{-1/2}\mathrm{d}t=\frac{2}{\sqrt{\pi}}\int_0^{+\infty}t^{3/2-1}\mathrm{e}^{-t}\mathrm{d}t\end{aligned}$$

$$= \frac{2}{\sqrt{\pi}}\Gamma\left(\frac{3}{2}\right) = \frac{2}{\sqrt{\pi}} \cdot \frac{1}{2} \cdot \Gamma\left(\frac{1}{2}\right) = 1,$$

其中最后三个等号是因为命题 2.4.1.

(2) 设随机变量 Y 服从标准正态分布 $N(0,1)$, 由例 4.1.7 知, $E|Y| = \sqrt{\frac{2}{\pi}}$.

又 $E(|Y|^2) = EY^2 = \text{Var}Y = 1$, 故 $\text{Var}(|Y|) = E(|Y|^2) - (E|Y|)^2 = 1 - \frac{2}{\pi}$, 进而

$$\text{Var}(|X|) = \text{Var}\left(\sigma \cdot \left|\frac{X}{\sigma}\right|\right) = \sigma^2\left(1 - \frac{2}{\pi}\right).$$

□

例 4.2.3 若随机变量 X 与 Y 相互独立, $\text{Var}X=6$, $\text{Var}Y=3$, 求 $\text{Var}(2X-Y)$.

解 因为 X 与 Y 相互独立, 故 $2X$ 与 $-Y$ 也相互独立. 于是

$$\begin{aligned}\text{Var}(2X - Y) &= \text{Var}(2X) + \text{Var}(-Y) \\ &= 2^2\text{Var}X + (-1)^2\text{Var}Y = 4 \times 6 + 3 = 27.\end{aligned}$$

□

例 4.2.4 若随机变量 X 与 Y 相互独立, X 服从泊松分布 $P(2)$, Y 服从正态分布 $N(-2,4)$, 求 $E(X-Y)$, $E(X-Y)^2$.

解 易知 $EX = \text{Var}X = 2$, $EY = -2$, $\text{Var}Y = 4$. 于是

$$E(X-Y) = EX - EY = 2 - (-2) = 4.$$

又因为

$$\text{Var}(X-Y) = \text{Var}X + \text{Var}Y = 2 + 4 = 6,$$

故 $E(X-Y)^2 = \text{Var}(X-Y) + (E(X-Y))^2 = 6 + 4^2 = 22$. □

注记 4.2.2 在例 4.2.4 中, 主要思路是将 $X-Y$ 视作一个随机变量, 先由独立性容易求出其方差, 再利用定理 4.2.1 的 (3). 这种方法比把 $(X-Y)^2$ 展开来直接求数学期望要简便.

接下来, 我们介绍两个重要的概率不等式.

定理 4.2.2 (马尔可夫 (Markov) 不等式) 设随机变量 $X \geqslant 0$ 且数学期望 EX 存在, 则对任意的 $\epsilon > 0$,

$$P(X \geqslant \epsilon) \leqslant \frac{EX}{\epsilon}.$$

证明 仅对连续情形证明. 设 X 具有概率密度函数 $p(x)$. 因为 $X \geqslant 0$, 故当 $x \leqslant 0$ 时, $p(x) = 0$. 于是, 对任意的 $\epsilon > 0$, 有

$$EX = \int xp(x)\mathrm{d}x = \int_0^{+\infty} xp(x)\mathrm{d}x$$

$$\geqslant \int_{\epsilon}^{+\infty} xp(x)\mathrm{d}x \geqslant \epsilon \int_{\epsilon}^{+\infty} p(x)\mathrm{d}x = \epsilon P(X \geqslant \epsilon),$$

移项即得证. □

推论 4.2.1 (切比雪夫 (Chebyshev) 不等式) 设随机变量 X 的方差存在, 则对任意的 $\epsilon > 0$, 有

$$P\{|X - EX| \geqslant \epsilon\} \leqslant \frac{\mathrm{Var}X}{\epsilon^2}.$$

等价地, 有

$$P\{|X - EX| < \epsilon\} \geqslant 1 - \frac{\mathrm{Var}X}{\epsilon^2}.$$

证明 对随机变量 $Y = |X - EX|^2$ 应用马尔可夫不等式, 并注意到 $\mathrm{Var}X = EY$ 即可. □

注记 4.2.3 切比雪夫不等式从数量的角度进一步表明: 随机变量的方差越小, 其取值与其数学期望的偏差超过给定界限的概率就越小.

推论 4.2.2 设随机变量 X 的方差存在, 则 $\mathrm{Var}X = 0$ 当且仅当存在常数 a, 使得 $P(X = a) = 1$.

证明 只需证明必要性. 设 $\mathrm{Var}X = 0$, 由切比雪夫不等式, 对任意的 $\epsilon > 0$, $P\{|X - EX| \geqslant \epsilon\} = 0$. 于是, 由概率的次可列可加性,

$$\begin{aligned} P(|X - EX| > 0) &= P\left(\bigcup_{n=1}^{+\infty}\left\{|X - EX| \geqslant \frac{1}{n}\right\}\right) \\ &\leqslant \sum_{n=1}^{+\infty} P\left\{|X - EX| \geqslant \frac{1}{n}\right\} = 0. \end{aligned}$$

故 $P(|X - EX| = 0) = 1$, 即存在常数 $a = EX$, 使得 $P(X = a) = 1$. □

例 4.2.5 设随机变量 X 的概率密度函数为

$$p(x) = \begin{cases} \dfrac{x^n}{n!}\mathrm{e}^{-x}, & x > 0, \\ 0, & x \leqslant 0. \end{cases}$$

证明

$$P(0 < X < 2(n+1)) \geqslant \frac{n}{n+1}.$$

证明 由 Γ-函数的性质, 容易求得 X 的数学期望和方差为 $EX = \mathrm{Var}X = n+1$ (事实上, 注意到 $X \sim \mathrm{Ga}(n+1,1)$, 由表 4.1 可得). 故由切比雪夫不等式,

$$P(0 < X < 2(n+1)) = P(|X - EX| < n+1) \geqslant 1 - \frac{\mathrm{Var}X}{(n+1)^2} = \frac{n}{n+1}. \quad \square$$

例 4.2.6 利用切比雪夫不等式求解下列问题.

重复地掷一枚有偏的硬币, 设在每次试验中出现正面的概率 p 未知. 试问要掷多少次才能使正面出现的频率与 p 相差不超过 $\dfrac{1}{100}$ 的概率达到 95% 以上?

解 记 X 表示掷 n 次时出现的正面次数, 则 $X \sim b(n,p)$, $EX = np$, $\mathrm{Var}X = np(1-p)$. 由题意知, n 需满足

$$P\left(\left|\frac{X}{n} - p\right| \leqslant \frac{1}{100}\right) \geqslant 95\%,$$

即

$$P\left(|X - EX| \geqslant \frac{n}{100}\right) \leqslant 5\%.$$

由切比雪夫不等式, 有

$$P\left(|X - EX| \geqslant \frac{n}{100}\right) \leqslant \frac{\mathrm{Var}X}{(n/100)^2} = \frac{10^4 p(1-p)}{n}.$$

于是, 由 $\dfrac{10^4 p(1-p)}{n} \leqslant 5\%$, 解得 $n \geqslant 2p(1-p) \times 10^5$.

又因为 $p(1-p) \leqslant \dfrac{1}{4}$, 故 $n \geqslant 5 \times 10^4$. 即至少需要掷 5×10^4 次才能使正面出现的频率与 p 相差不超过 $\dfrac{1}{100}$ 的概率达到 95% 以上. $\square$

为便于读者使用, 我们将常用分布的数学期望和方差归纳整理如表 4.1 所示.

表 4.1 常用分布的数学期望和方差

分布	分布列或概率密度函数	数学期望	方差
二项分布 $b(n,p)$	$p_k = \mathrm{C}_n^k p^k (1-p)^{n-k}, k = 0, 1, \cdots, n$	np	$np(1-p)$
泊松分布 $P(\lambda)$	$p_k = \dfrac{\lambda^k}{k!}\mathrm{e}^{-\lambda}, k = 0, 1, \cdots$	λ	λ
几何分布 $\mathrm{Ge}(p)$	$p_k = (1-p)^{k-1}p, k = 1, 2, \cdots$	$1/p$	$(1-p)/p^2$
负二项分布 $\mathrm{Nb}(r,p)$	$p_k = \mathrm{C}_{k-1}^{r-1}(1-p)^{k-r}p^r, k = r, r+1, \cdots$	r/p	$r(1-p)/p^2$
均匀分布 $U(a,b)$	$p(x) = \begin{cases} \dfrac{1}{b-a}, & a < x < b, \\ 0, & \text{其他} \end{cases}$	$(a+b)/2$	$(b-a)^2/12$
正态分布 $N(\mu, \sigma^2)$	$p(x) = \dfrac{1}{\sqrt{2\pi}\sigma}\exp\left(-\frac{(x-\mu)^2}{2\sigma^2}\right)$	μ	σ^2
Gamma 分布 $\mathrm{Ga}(\alpha, \lambda)$	$p(x) = \begin{cases} \dfrac{\lambda^\alpha}{\Gamma(\alpha)} x^{\alpha-1}\mathrm{e}^{-\lambda x}, & x > 0, \\ 0, & x \leqslant 0 \end{cases}$	α/λ	α/λ^2

实际应用案例分析: 期望与方差在投资中的应用. 某人有一笔资金, 可投入两个项目: 房地产和商业, 其收益都与市场状态有关, 若把未来市场分为好、中、差三个等级, 其发生的概率分别为 0.2, 0.7, 0.1. 通过调查, 该投资者认为投资于房地产的收益 X (万元) 和投资于商业的收益 Y (万元) 的分布列分别如下, 请问如何进行决策?

X	11	3	-3
P	0.2	0.7	0.1

Y	6	4	-1
P	0.2	0.7	0.1

回答: 作为投资者, 可以先考察数学期望:

$$E(X) = 11 \times 0.2 + 3 \times 0.7 + (-3) \times 0.1 = 4.0,$$

$$E(Y) = 6 \times 0.2 + 4 \times 0.7 + (-1) \times 0.1 = 3.9.$$

从平均收益看, 投资房地产收益大, 可比投资商业多收益 0.1 万元. 下面来计算它们各自的方差

$$\mathrm{Var}(X) = (11-4)^2 \times 0.2 + (3-4)^2 \times 0.7 + (-3-4)^2 \times 0.1 = 15.4,$$

$$\mathrm{Var}(Y) = (6-3.9)^2 \times 0.2 + (4-3.9)^2 \times 0.7 + (-1-3.9)^2 \times 0.1 = 3.29.$$

相应的标准差分别为

$$\sigma(X) = 3.92, \quad \sigma(Y) = 1.81.$$

从标准差看, 投资房地产的风险比投资商业的风险大一倍多. 若收益与风险综合权衡, 该投资者还是应该选择投资商业为好, 虽然平均收益少 0.1 万元, 但风险要小一半以上.

使用 Python 求方差和标准差

```
1 ♯coding=utf-8
2 import numpy as np
3 arr = [1,2,3,4,5,6]
4 num_var = np.var(arr)
5 print(num_var)
6 num_std = np.std(arr,ddof=1)
7 print(num_std)
```

✍习题 4.2

1. 已知随机变量 X 服从几何分布 $\mathrm{Ge}(p)$, 即具有分布列

$$P(X=k) = p(1-p)^{k-1}, \quad k = 1, 2, \cdots.$$

求方差 $\mathrm{Var}X$.

2. 设随机变量 X 服从 Gamma 分布 $\mathrm{Ga}(\alpha,\lambda)$, 求方差 $\mathrm{Var}X$.

3. 设随机变量 X 服从卡方分布 $\chi^2(n)$, Y 服从卡方分布 $\chi^2(m)$, 且相互独立, 求 XY 的数学期望和方差.

4. 设随机变量 X 服从均匀分布 $U(0,1)$, 计算随机变量 X^3 的方差.

5. 设随机变量 X 服从标准正态分布 $N(0,1)$, 求随机变量 e^X 的数学期望和方差.

6. 设随机变量 X 服从正态分布 $N(\mu,\sigma^2)$, 求随机变量 $|X|$ 的数学期望和方差.

7. 已知随机变量 (X,Y) 的概率密度函数为

$$p(x,y)=\begin{cases}\dfrac{1+xy}{4}, & |x|<1,|y|<1,\\ 0, & \text{其他}.\end{cases}$$

求方差 $\mathrm{Var}(X+Y)$.

8. 设 (X,Y) 服从二维正态分布 $N(\mu_1,\sigma_1^2;\mu_2,\sigma_2^2;\rho)$, 求方差 $\mathrm{Var}(X+Y)$ 和 $\mathrm{Var}(X-Y)$.

9. 设随机变量 (X,Y) 具有概率密度函数

$$p(x,y)=\begin{cases}\mathrm{e}^{-y}, & 0<x<y,\\ 0, & \text{其他}.\end{cases}$$

求数学期望 EX, EY, $E(XY)$ 和方差 $\mathrm{Var}X$, $\mathrm{Var}Y$, $\mathrm{Var}(X+Y)$.

10. 证明:

(1) 设随机变量 $X\geqslant 0$, 数学期望存在, 则 $EX\geqslant 0$;

(2) 设随机变量 X 的方差存在, 则对任意的常数 c, 有 $E(X-c)^2\geqslant \mathrm{Var}X$ 成立;

(3) 设随机变量 X 仅取值于 $[a,b]$, 则 $\mathrm{Var}X\leqslant\left(\dfrac{b-a}{2}\right)^2$.

11*. 设随机变量 X 的分布函数为 $F(x)=1-\mathrm{e}^{-\mathrm{e}^x}$, 求 $F(X)$ 的数学期望与方差.

4.3 协方差与相关系数

我们在注记 3.2.3 中已经知道, 已知随机变量 X 与 Y 的边际分布不能确定 (X,Y) 的联合分布. 这是因为联合分布不仅包含了边际分布的信息, 还隐含了 X 与 Y 之间的关系信息. 这一节将介绍两个刻画 X 与 Y 之间的关系的数字特征:

协方差与相关系数.

定义 4.3.1 设 (X,Y) 为二维随机变量, 若数学期望 $E[(X-EX)(Y-EY)]$ 存在, 称 $E[(X-EX)(Y-EY)]$ 为随机变量 X 与 Y 的**协方差**, 记为 $\mathrm{Cov}(X,Y)$.

例 4.3.1 设二维随机变量 (X,Y) 的联合分布如下:

X \ Y	-1	0	1
-1	$1/8$	$1/8$	$1/8$
0	$1/8$	0	$1/8$
1	$1/8$	$1/8$	$1/8$

求 X 与 Y 的协方差 $\mathrm{Cov}(X,Y)$.

解 显然 X 与 Y 同分布, 且 X 与 XY 的分布列分别为

X	-1	0	1
P	$3/8$	$1/4$	$3/8$

XY	-1	0	1
P	$1/4$	$1/2$	$1/4$

于是, 容易求得 $E(XY)=EX=EY=0$, 从而

$$\mathrm{Cov}(X,Y)=E(XY)-EX\cdot EY=0.$$ □

由定义和数学期望的性质, 我们不难得出协方差具有以下性质.

定理 4.3.1 (协方差的性质) 设 X,Y,Z 为随机变量, 且下面涉及的期望、方差和协方差都存在, 则

(1) $\mathrm{Cov}(X,Y)=\mathrm{Cov}(Y,X)$, $\mathrm{Cov}(X,X)=\mathrm{Var}X$.

(2) $\mathrm{Cov}(X,a)=0$, $\mathrm{Cov}(aX,bY)=ab\mathrm{Cov}(X,Y)$, 其中 a,b 是常数.

(3) $\mathrm{Cov}(X,Y)=E(XY)-EXEY$.

(4) 若 X 与 Y 相互独立, 则 $\mathrm{Cov}(X,Y)=0$.

(5) $\mathrm{Cov}(X+Y,Z)=\mathrm{Cov}(X,Z)+\mathrm{Cov}(Y,Z)$.

(6) $\mathrm{Var}(X\pm Y)=\mathrm{Var}X+\mathrm{Var}Y\pm 2\mathrm{Cov}(X,Y)$.

定义 4.3.2 设 (X,Y) 为二维随机变量, 称 $\mathrm{Corr}(X,Y)=\dfrac{\mathrm{Cov}(X,Y)}{\sqrt{\mathrm{Var}X}\sqrt{\mathrm{Var}Y}}$

为随机变量 X 与 Y 的**相关系数**, 有时也记为 ρ_{XY}.

注记 4.3.1 若记 $X^*=\dfrac{X-EX}{\sqrt{\mathrm{Var}X}}$, $Y^*=\dfrac{Y-EY}{\sqrt{\mathrm{Var}Y}}$, 显然 $EX^*=EY^*=0$, $\mathrm{Var}X^*=\mathrm{Var}Y^*=1$, 且

$$\mathrm{Corr}(X,Y)=E(X^*Y^*)=\mathrm{Cov}(X^*,Y^*)=\mathrm{Corr}(X^*,Y^*).$$

例 4.3.2 设随机变量 (X,Y) 有概率密度函数

$$p(x,y)=\begin{cases}\dfrac{1}{8}(x+y), & 0<x<2, 0<y<2,\\ 0, & \text{其他}.\end{cases}$$

求 $\mathrm{Corr}(X,Y)$.

解 记 $D=(0,2)\times(0,2)$. 由定义,

$$\begin{aligned}E(XY)&=\iint xyp(x,y)\mathrm{d}x\mathrm{d}y=\iint_D xy\cdot\frac{1}{8}(x+y)\mathrm{d}x\mathrm{d}y\\&=\int_0^2\int_0^2 xy\cdot\frac{1}{8}(x+y)\mathrm{d}x\mathrm{d}y=\frac{4}{3}.\end{aligned}$$

注意到 X 与 Y 同分布,

$$\begin{aligned}EY=EX&=\iint xp(x,y)\mathrm{d}x\mathrm{d}y=\iint_D x\cdot\frac{1}{8}(x+y)\mathrm{d}x\mathrm{d}y\\&=\int_0^2\int_0^2 x\cdot\frac{1}{8}(x+y)\mathrm{d}x\mathrm{d}y=\frac{7}{6},\\EY^2=EX^2&=\iint x^2p(x,y)\mathrm{d}x\mathrm{d}y=\iint_D x^2\cdot\frac{1}{8}(x+y)\mathrm{d}x\mathrm{d}y\\&=\int_0^2\int_0^2 x^2\cdot\frac{1}{8}(x+y)\mathrm{d}x\mathrm{d}y=\frac{5}{3}.\end{aligned}$$

于是,

$$\mathrm{Var}Y=\mathrm{Var}X=EX^2-(EX)^2=\frac{5}{3}-\left(\frac{7}{6}\right)^2=\frac{11}{36},$$

$$\mathrm{Cov}(X,Y)=E(XY)-EXEY=\frac{4}{3}-\left(\frac{7}{6}\right)^2=-\frac{1}{36}.$$

故 $\mathrm{Corr}(X,Y)=\dfrac{\mathrm{Cov}(X,Y)}{\sqrt{\mathrm{Var}X}\sqrt{\mathrm{Var}Y}}=\dfrac{-1/36}{11/36}=-\dfrac{1}{11}$. □

例 4.3.3 设二维随机变量 (X,Y) 的联合概率密度函数为

$$p(x,y)=\begin{cases}2, & \text{若 } 0<x<y<1,\\ 0, & \text{其他}.\end{cases}$$

求 X 与 Y 的相关系数 $\mathrm{Corr}(X,Y)$.

解 令 $D=\{(x,y):0<x<y<1\}$, 由数学期望的定义,

$$EX=\iint xp(x,y)\mathrm{d}x\mathrm{d}y=\iint\limits_D x\cdot 2\mathrm{d}x\mathrm{d}y=\int_0^1\mathrm{d}y\int_0^y 2x\mathrm{d}x=\frac{1}{3},$$

$$EY=\iint yp(x,y)\mathrm{d}x\mathrm{d}y=\iint\limits_D y\cdot 2\mathrm{d}x\mathrm{d}y=\int_0^1 2y\mathrm{d}y\int_0^y \mathrm{d}x=\frac{2}{3},$$

$$EX^2=\iint x^2p(x,y)\mathrm{d}x\mathrm{d}y=\iint\limits_D x^2\cdot 2\mathrm{d}x\mathrm{d}y=\int_0^1\mathrm{d}y\int_0^y 2x^2\mathrm{d}x=\frac{1}{6},$$

$$EY^2=\iint y^2p(x,y)\mathrm{d}x\mathrm{d}y=\iint\limits_D y^2\cdot 2\mathrm{d}x\mathrm{d}y=\int_0^1 2y^2\mathrm{d}y\int_0^y \mathrm{d}x=\frac{1}{2},$$

$$E(XY)=\iint xyp(x,y)\mathrm{d}x\mathrm{d}y=\iint\limits_D xy\cdot 2\mathrm{d}x\mathrm{d}y=\int_0^1 y\mathrm{d}y\int_0^y 2x\mathrm{d}x=\frac{1}{4}.$$

于是, X 与 Y 的相关系数为

$$\mathrm{Corr}(X,Y)=\frac{\mathrm{Cov}(X,Y)}{\sqrt{\mathrm{Var}X\cdot\mathrm{Var}Y}}=\frac{E(XY)-EXEY}{\sqrt{(EX^2-(EX)^2)(EY^2-(EY)^2)}}$$

$$=\frac{\dfrac{1}{4}-\dfrac{1}{3}\cdot\dfrac{2}{3}}{\sqrt{\left(\dfrac{1}{6}-\left(\dfrac{1}{3}\right)^2\right)\left(\dfrac{1}{2}-\left(\dfrac{2}{3}\right)^2\right)}}=\frac{1}{2}.$$

□

定理 4.3.2 设 (X,Y) 为二维随机变量, $|\mathrm{Corr}(X,Y)|\leqslant 1$; $|\mathrm{Corr}(X,Y)|=1$ 当且仅当 X 与 Y 有线性关系, 即存在常数 a 和 b, 使得 $P(Y=aX+b)=1$.

证明 记 $X^*=\dfrac{X-EX}{\sqrt{\mathrm{Var}X}}$, $Y^*=\dfrac{Y-EY}{\sqrt{\mathrm{Var}Y}}$, 对任意的 $t\in\mathbb{R}$, 记 $f(t)=E(tX^*+Y^*)^2$. 显然,

$$f(t)=E(tX^*+Y^*)^2=t^2E(X^*)^2+2tE(X^*Y^*)+E(Y^*)^2$$

$$= t^2 + 2\text{Corr}(X,Y)t + 1$$

是关于 t 的一元二次多项式, 且对任意的 t, $f(t) \geqslant 0$. 于是, 判别式 $\varDelta \leqslant 0$, 即

$$(2\text{Corr}(X,Y))^2 - 4 \leqslant 0,$$

从而得 $|\text{Corr}(X,Y)| \leqslant 1$.

下证 $|\text{Corr}(X,Y)| = 1$ 当且仅当 X 与 Y 有线性关系.

$|\text{Corr}(X,Y)| = 1 \Leftrightarrow \varDelta = 0 \Leftrightarrow$ 方程 $f(t) = 0$ 有唯一的解 $t_0 = -\text{Corr}(X,Y)$, 即 $f(t_0) = 0 \Leftrightarrow E(t_0X^* + Y^*)^2 = 0 \Leftrightarrow \text{Var}(t_0X^* + Y^*) = 0 \Leftrightarrow$ 存在常数 c, 使得 $P(t_0X^* + Y^* = c) = 1$, 代入 X^* 和 Y^*, 即得 $P(Y = aX + b) = 1$, 其中

$$a = -\frac{\sqrt{\text{Var}Y}}{\sqrt{\text{Var}X}}t_0, \quad b = EX\frac{\sqrt{\text{Var}Y}}{\sqrt{\text{Var}X}}t_0 + c\sqrt{\text{Var}Y} + EY. \qquad \square$$

注记 4.3.2 (柯西-施瓦茨 (Cauchy-Schwarz) 不等式) 由 $|\text{Corr}(X,Y)| \leqslant 1$ 得

$$|E((X - EX)(Y - EY))|^2 \leqslant \text{Var}X \cdot \text{Var}Y.$$

一般地, 若对随机变量 (X,Y) 下面涉及的数学期望都存在, 则

$$|E(XY)|^2 \leqslant EX^2EY^2.$$

注记 4.3.3 $\text{Corr}(X,Y)$ 的大小反映 X 与 Y 之间的线性关系. 特别地,

(1) $\text{Corr}(X,Y) = 1\ (-1)$, 称 X 与 Y 正 (负) 相关.

(2) $\text{Corr}(X,Y) = 0$, 称 X 与 Y **不相关**.

例 4.3.4 设二维随机变量 (X,Y) 的联合分布如下:

X \ Y	-1	0	1
-1	1/8	1/8	1/8
0	1/8	0	1/8
1	1/8	1/8	1/8

求 $\text{Corr}(X,Y)$.

解 在例 4.3.1 中, 已经求得 $\text{Cov}(X,Y) = 0$, 故

$$\text{Corr}(X,Y) = \frac{\text{Cov}(X,Y)}{\sqrt{\text{Var}X \cdot \text{Var}Y}} = 0. \qquad \square$$

注记 4.3.4 随机变量 X 与 Y 相互独立, 则 X 与 Y 不相关; 反之不真, 即 X 与 Y 不相关只能说明 X 与 Y 之间没有线性关系. 例如, 在上例中 X 与 Y 不相关, 但是由

$$P(X=0,Y=0)=0,\quad P(X=0)=P(Y=0)=\frac{1}{4}$$

知 X 与 Y 不独立.

定理 4.3.3 若 $(X,Y)\sim N(\mu_1,\sigma_1^2;\mu_2,\sigma_2^2;\rho)$, 则 $\mathrm{Corr}(X,Y)=\rho$. 于是对二维正态分布来说, 不相关与独立等价.

证明 由定理 3.5.3 知, $X+Y$ 服从正态分布 $N(\mu_1+\mu_2,\sigma_1^2+\sigma_2^2+2\rho\sigma_1\sigma_2)$. 故 $\mathrm{Var}(X+Y)=\sigma_1^2+\sigma_2^2+2\rho\sigma_1\sigma_2$. 又因为 $\mathrm{Var}X=\sigma_1^2$, $\mathrm{Var}Y=\sigma_2^2$,

$$\mathrm{Var}(X+Y)=\mathrm{Var}X+\mathrm{Var}Y+2\mathrm{Cov}(X,Y),$$

故 $\mathrm{Cov}(X,Y)=\rho\sigma_1\sigma_2$, 进而 $\mathrm{Corr}(X,Y)=\rho$. 由定理 3.3.1 知, X 与 Y 独立当且仅当 $\rho=0$, 从而不相关与独立等价. □

下面的例子说明, 两个互不相关的一维正态随机变量可能不独立, 因为其联合分布不一定是二维正态分布. 即没有"联合分布是二维正态分布"的前提, 我们不能说两个互不相关的一维正态随机变量必相互独立!

例 4.3.5 设 (X,Y) 的概率密度函数为

$$p(x,y)=\frac{1}{2}(p_1(x,y)+p_2(x,y)),\quad (x,y)\in\mathbb{R}^2,$$

其中 $p_1(x,y)$ 和 $p_2(x,y)$ 分别是二维正态分布 $N\left(0,1;0,1;\frac{1}{2}\right)$ 和 $N\left(0,1;0,1;-\frac{1}{2}\right)$ 的概率密度函数. 不难验证, X 与 Y 的边际分布都是一维标准正态分布 $N(0,1)$, 且 $\mathrm{Corr}(X,Y)=0$. 但是 X 与 Y 不独立.

例 4.3.6 设 (X,Y) 服从二维正态分布, 且 $X\sim N(1,9)$, $Y\sim N(0,16)$.

(1) 若 $\mathrm{Corr}(X,Y)=0$, 求 (X,Y) 的联合概率密度函数;

(2) 若 $\mathrm{Corr}(X,Y)=-\frac{1}{2}$, $Z=\frac{X}{3}+\frac{Y}{2}$, 求 EZ, $\mathrm{Var}Z$, $\mathrm{Corr}(X,Z)$.

解 由已知, (X,Y) 服从二维正态分布 $N(1,9;0,16;\rho)$, 其中 $\rho=\mathrm{Corr}(X,Y)$.

(1) 当 $\mathrm{Corr}(X,Y)=0$ 时, X 与 Y 独立, 于是 (X,Y) 的联合概率密度函数为

$$\begin{aligned}p(x,y)&=p_X(x)p_Y(y)\\&=\frac{1}{\sqrt{2\pi}\times 3}\exp\left(-\frac{(x-1)^2}{2\times 9}\right)\cdot\frac{1}{\sqrt{2\pi}\times 4}\exp\left(-\frac{y^2}{2\times 16}\right)\\&=\frac{1}{24\pi}\exp\left(-\frac{(x-1)^2}{18}-\frac{y^2}{32}\right).\end{aligned}$$

(2) 当 $\text{Corr}(X,Y) = -\frac{1}{2}$ 时,

$$\text{Cov}(X,Y) = \text{Corr}(X,Y) \cdot \sqrt{\text{Var}X}\sqrt{\text{Var}Y} = -\frac{1}{2} \times 3 \times 4 = -6.$$

于是,

$$EZ = E\left(\frac{X}{3} + \frac{Y}{2}\right) = \frac{1}{3}EX + \frac{1}{2}EY = \frac{1}{3} \times 1 + \frac{1}{2} \times 0 = \frac{1}{3},$$

$$\begin{aligned}\text{Var}Z = \text{Var}\left(\frac{X}{3} + \frac{Y}{2}\right) &= \text{Var}\left(\frac{X}{3}\right) + \text{Var}\left(\frac{Y}{2}\right) + 2\text{Cov}\left(\frac{X}{3}, \frac{Y}{2}\right) \\ &= \frac{1}{9}\text{Var}X + \frac{1}{4}\text{Var}Y + 2 \times \frac{1}{3} \times \frac{1}{2}\text{Cov}(X,Y) \\ &= \frac{1}{9} \times 9 + \frac{1}{4} \times 16 + 2 \times \frac{1}{3} \times \frac{1}{2} \times (-6) = 3,\end{aligned}$$

$$\begin{aligned}\text{Cov}(X,Z) = \text{Cov}\left(X, \frac{X}{3} + \frac{Y}{2}\right) &= \frac{1}{3}\text{Cov}(X,X) + \frac{1}{2}\text{Cov}(X,Y) \\ &= \frac{1}{3} \times 9 + \frac{1}{2} \times (-6) = 0,\end{aligned}$$

于是 $\text{Corr}(X,Z) = 0$. □

注记 4.3.5 在上例 (2) 中, 读者还可以进一步证明 X 与 Z 是相互独立的, 事实上, 只需验证 (X,Z) 的联合分布是二维正态分布 (具体过程留给读者思考).

使用 Python 求协方差

```
1 import numpy as np
2 x=np.array([[1, 2, 3], [2, 5, 6], [7, 8, 9], [11, 11, 12]])
3 cov=np.cov(x)
4 print(cov)
```

使用 Python 求相关系数

```
1 import numpy
2 X = [10.11, 20.11, 33.11]
3 Y = [10.22, 20.22, 30.22]
4 t=numpy.corrcoef(X,Y)
5 print(t)
```

✍习题 4.3

1. 设随机变量 X 与 Y 满足 $EX = EY = 0$, $\text{Var}X = \text{Var}Y = 1$, $\text{Cov}(X,Y) = \rho$, 证明

$$E\max\{X^2,Y^2\}\leqslant 1+\sqrt{1-\rho^2}.$$

2. 设随机变量 X 与 Y 都服从均匀分布 $U(0,1)$, 且相互独立, 求随机变量 $\max\{X,Y\}$ 和 $\min\{X,Y\}$ 的协方差.

3. 设随机变量 (X,Y) 服从均匀分布 $U(D)$, 其中 $D=\{(x,y):x^2+y^2\leqslant 1\}$, 求 X 与 Y 的协方差.

4. 设 $X_1,X_2,\cdots$ 独立同分布, 且 $EX_1=\mu$, $\mathrm{Var}X_1=\sigma^2$, 求随机变量 $X_1+\cdots+X_{100}$ 与 $X_{101}+\cdots+X_{150}$ 的协方差.

5. 已知 X 与 Y 的分布列分别为

X	-1	0	1
P	$1/4$	$1/2$	$1/4$

Y	0	1
P	$1/2$	$1/2$

且 $P(XY=0)=1$, 求 X 与 Y 的协方差, 并判断 X 与 Y 是否独立.

6. 已知随机变量 (X,Y) 的概率密度函数为

$$p(x,y)=\begin{cases}\dfrac{1+xy}{4}, & |x|<1,|y|<1,\\ 0, & \text{其他}.\end{cases}$$

求 X 与 Y 的协方差和相关系数.

7. 设 (X,Y) 服从二维正态分布 $N(\mu_1,\sigma_1^2;\mu_2,\sigma_2^2;\rho)$, 求 $X+Y$ 和 $X-Y$ 的相关系数.

8. 设随机变量 (X,Y) 具有概率密度函数

$$p(x,y)=\begin{cases}\mathrm{e}^{-y}, & 0<x<y,\\ 0, & \text{其他}.\end{cases}$$

求 X 与 Y 的协方差和相关系数.

9. 设随机变量 $\theta\sim U(0,2\pi)$, $X=\cos\theta$, $Y=\cos(\theta+\alpha)$, 其中 α 为常数. 求相关系数 $\mathrm{Corr}(X,Y)$, 并讨论当 $\alpha=\dfrac{k\pi}{2}(k=0,1,2,3)$ 时, X 与 Y 的关系.

10*. 设随机变量 X_1,X_2,X_3 中两两之间的相关系数皆为 ρ, 证明 $\rho\geqslant-\dfrac{1}{2}$.

11*. 设随机变量 (X,Y) 服从二维正态分布 $N(0,1;0,1;\rho)$, 求相关系数 $\mathrm{Corr}(X^2,Y^2)$.

4.4 矩与其他数字特征

除了数学期望、方差和协方差之外, 本节我们将介绍随机变量其他几种常用的数字特征: 矩、偏度系数、峰度系数、变异系数、分位数、中位数. 读者应着重

掌握矩和分位数的概念.

定义 4.4.1 (矩) 设 k 为正整数, 若 X^k 的数学期望存在, 则称 $E(X-EX)^k$ 为 X 的 k 阶**中心矩**, 记为 ν_k. 特别地, 称 EX^k 为 X 的 k 阶**原点矩**, 简称为 k 阶矩, 记为 μ_k.

注记 4.4.1 若 $k+1$ 阶矩存在, k 阶矩必存在. 这是因为对任意的 $x \in \mathbb{R}$, 不等式 $|x|^k \leqslant |x|^{k+1}+1$ 成立.

注记 4.4.2 显然, $\mu_1 = EX$, $\nu_1 = 0$, $\nu_2 = \mathrm{Var}X$. 此外, 由二项展开式,

$$\nu_k = \sum_{i=0}^{k} \mathrm{C}_k^i \mu_i (-1)^{k-i} \mu_1^{k-i}.$$

例 4.4.1 设 X 服从标准正态分布 $N(0,1)$, 求 μ_k, ν_k, $k \geqslant 1$.

解 因为 $X \sim N(0,1)$, 概率密度函数为 $\varphi(x) = \dfrac{1}{\sqrt{2\pi}}\mathrm{e}^{-x^2/2}$ 是偶函数, 故当 $k = 2m-1$ 时, 这里 m 是正整数, $\mu_{2m-1} = 0$. 当 $k = 2m$ 时,

$$\begin{aligned}
\mu_{2m} &= \int x^{2m}\varphi(x)\mathrm{d}x = \int_{-\infty}^{+\infty} x^{2m} \cdot \frac{1}{\sqrt{2\pi}}\mathrm{e}^{-x^2/2}\mathrm{d}x \\
&= \frac{2}{\sqrt{2\pi}}\int_0^{+\infty} x^{2m} \cdot \mathrm{e}^{-x^2/2}\mathrm{d}x = \frac{2}{\sqrt{2\pi}}\int_0^{+\infty} (2t)^m \mathrm{e}^{-t} \cdot \frac{\sqrt{2}}{2} t^{-1/2}\mathrm{d}t \\
&= \frac{2^m}{\sqrt{\pi}}\int_0^{+\infty} t^{m+\frac{1}{2}-1}\mathrm{e}^{-t}\mathrm{d}t = \frac{2^m}{\sqrt{\pi}} \cdot \Gamma\left(m+\frac{1}{2}\right) \\
&= \frac{2^m}{\sqrt{\pi}}\left(m-\frac{1}{2}\right)\left(m-\frac{3}{2}\right)\cdots\frac{1}{2}\Gamma\left(\frac{1}{2}\right) \\
&= \frac{(2m)!}{2^m \cdot m!} = (2m-1)!!.
\end{aligned}$$

上述计算过程中第四个等号作了积分变量替换 $x = \sqrt{2t}$.

由于 $\mu_1 = EX = 0$, 故对任意的 $k \geqslant 1$,

$$\mu_k = \nu_k = \begin{cases} (2m-1)!!, & k = 2m, \\ 0, & k = 2m-1, \end{cases} \quad \text{其中 } m \text{ 为正整数.}$$

特别地, $EX = EX^3 = 0$, $EX^2 = 1, EX^4 = 3$. □

例 4.4.2 设 X 服从 Gamma 分布 $\mathrm{Ga}(\alpha, \lambda)$, 求 μ_k, $k \geqslant 1$.

解 $X \sim \mathrm{Ga}(\alpha, \lambda)$, 其概率密度函数为

$$p(x) = \begin{cases} \dfrac{\lambda^\alpha}{\Gamma(\alpha)} x^{\alpha-1} \mathrm{e}^{-\lambda x}, & x > 0, \\ 0, & x \leqslant 0. \end{cases}$$

于是, 由定义,

$$\begin{aligned} \mu_k &= \int x^k \cdot p(x) \mathrm{d}x = \int_0^{+\infty} x^k \cdot \frac{\lambda^\alpha}{\Gamma(\alpha)} x^{\alpha-1} \mathrm{e}^{-\lambda x} \mathrm{d}x \\ &= \frac{1}{\lambda^k \Gamma(\alpha)} \int_0^{+\infty} (\lambda x)^{k+\alpha-1} \mathrm{e}^{-\lambda x} \mathrm{d}(\lambda x) \\ &= \frac{\Gamma(k+\alpha)}{\lambda^k \Gamma(\alpha)} = \alpha(\alpha+1) \cdots (\alpha+k-1)/\lambda^k. \end{aligned}$$

□

显然, 若随机变量的分布是对称的 (对连续情形来说, 即概率密度函数为偶函数), $\nu_3 = \mu_3 = EX^3 = 0$. 通常, 用 ν_3 来度量随机变量的对称性的程度.

定义 4.4.2 (偏度系数) 若随机变量 X 的三阶矩即 μ_3 存在, 称 $\beta_s = \dfrac{\nu_3}{\sigma^3}$ 为 X 的**偏度** (skewness) **系数**, 这里 $\sigma = \sqrt{\nu_2}$ 为 X 的标准差.

注记 4.4.3 偏度系数是衡量随机变量分布对称性的一个数字特征. 若 $\beta_s \neq 0$, 则称该分布为偏态分布. 若 $\beta_s > 0$, 称为右偏; $\beta_s < 0$, 称为左偏.

例 4.4.3 计算正态分布 $N(\mu, \sigma^2)$ 和卡方分布 $\chi^2(n)$ 的偏度系数.

解 设 $X \sim N(\mu, \sigma^2)$, 由定义,

$$\begin{aligned} \nu_3 = E(X-\mu)^3 &= \int_{-\infty}^{+\infty} (x-\mu)^3 \frac{1}{\sqrt{2\pi}\sigma} \exp\left(-\frac{(x-\mu)^2}{2\sigma^2}\right) \mathrm{d}x \\ &= \frac{\sigma^3}{\sqrt{2\pi}} \int_{-\infty}^{+\infty} t^3 \exp\left(-\frac{t^2}{2}\right) \mathrm{d}t = 0. \end{aligned}$$

故正态分布的偏度系数 $\beta_s = \dfrac{\nu_3}{\sigma^3} = 0$.

下求卡方分布 $\chi^2(n)$ 的偏度系数. 由例 4.4.4 知, $\mathrm{Ga}(\alpha, \lambda)$ 的偏度系数为 $\dfrac{2}{\sqrt{\alpha}}$. 因而若 $X \sim \chi^2(n) = \mathrm{Ga}\left(\dfrac{n}{2}, \dfrac{1}{2}\right)$, 则其偏度系数为 $\beta_s = \sqrt{\dfrac{8}{n}}$.

□

注记 4.4.4 卡方分布是偏态分布; 正态分布是非偏态分布. 事实上, 任何关于数学期望对称 (对连续情形即概率密度函数满足 $p(\mu_1 - x) = p(\mu_1 + x)$) 的分布的偏态系数都为 0.

描述分布形状的特征数除了偏度系数外, 还有峰度系数.

定义 4.4.3 (峰度系数) 若随机变量 X 的四阶矩即 μ_4 存在, 称 $\beta_k = \frac{\nu_4}{\nu_2^2} - 3$ 为 X 的**峰度** (kurtosis) **系数**.

注记 4.4.5 设 $X^* = \frac{X - EX}{\sqrt{\mathrm{Var}X}}$, 则 $\beta_k = E(X^*)^4 - 3$.

注记 4.4.6 峰度系数是刻画分布尾部肥瘦程度的一个数字特征. 注意到, 对标准正态分布, $\mu_4 = 3$, 因而正态分布的峰度系数为 0. 于是, 峰度系数是相对于正态分布而言的超出量.

例 4.4.4 计算 Gamma 分布 $\mathrm{Ga}(\alpha, \lambda)$ 的峰度系数.

解 由例 4.4.2 和注记 4.4.2 知, 若 $X \sim \mathrm{Ga}(\alpha, \lambda)$, 则

$$\nu_2 = \frac{\alpha}{\lambda^2}, \quad \nu_4 = \frac{3\alpha(\alpha + 2)}{\lambda^4}.$$

于是, Gamma 分布 $\mathrm{Ga}(\alpha, \lambda)$ 的峰度系数为

$$\beta_k = \frac{\nu_4}{\nu_2^2} - 3 = \frac{6}{\alpha}.$$

特别地, 卡方分布 $\chi^2(n)$ 的峰度系数为 $\frac{12}{n}$. □

我们知道, 方差是刻画随机变量波动性大小的一个数字特征. 但是, 不同量纲的随机变量以方差来比较波动性是不合理的. 为消除量纲的影响, 我们有以下定义.

定义 4.4.4 (变异系数) 设随机变量 X 的二阶矩即 μ_2 存在且数学期望 $\mu_1 = EX \neq 0$, 称 $C_v = \frac{\sqrt{\nu_2}}{\mu_1}$ 为 X 的**变异系数**.

例 4.4.5 计算 Gamma 分布 $\mathrm{Ga}(\alpha, \lambda)$ 的变异系数.

解 由例 4.4.2 和注记 4.4.2 知, $\mu_1 = EX = \frac{\alpha}{\lambda}$, $\nu_2 = \mathrm{Var}X = \frac{\alpha}{\lambda^2}$. 故 Gamma 分布 $\mathrm{Ga}(\alpha, \lambda)$ 的变异系数为 $C_v = \frac{\sqrt{\nu_2}}{\mu_1} = \frac{1}{\sqrt{\alpha}}$. □

在第 2 章中, 我们知道对于正态分布, 利用标准正态分布函数表, 不仅已知 x 时可以求出其分布函数 $F(x)$ 的值, 而且在已知分布函数 $F(x)$ 的值时也可以求出 x. 已知分布函数的值所求的自变量 x 称为分位数. 一般地,

定义 4.4.5 (分位数) 设 F 是随机变量 X 的分布函数, $0 < \alpha < 1$, 称 $x_\alpha = \inf\{x : F(x) \geqslant \alpha\}$ 为 X 或分布 F 的 α-**分位数** (quantile).

例 4.4.6 设 $X \sim b(1, 1/2)$, 分别求出当 $\alpha = 1/3, 1/2$ 时的分位数.

解 由 X 的分布函数立知, $x_{1/3} = x_{1/2} = 0$. □

注记 4.4.7 当分布函数 F 严格单调时, α-分位数 x_α 是方程 $F(x) = \alpha$ 的解.

例 4.4.7 设 $X \sim N(0, 1)$, 分别求出当 $\alpha = 0.5, 0.90, 0.95, 0.975$ 时的分位数.

解 标准正态分布的分布函数 $\Phi(x)$ 严格单调, 故反查标准正态分布函数表, 即可得到当 $\alpha = 0.5, 0.90, 0.95, 0.975$ 时的分位数依次为

$$x_{0.5} = 0, \quad x_{0.90} = 1.285, \quad x_{0.95} = 1.645, \quad x_{0.975} = 1.96.$$ □

注记 4.4.8 标准正态分布的 α-分位数通常用 u_α 来表示.

特别地, 当 $\alpha = 1/2$ 时,

定义 4.4.6 (中位数) 设 F 是随机变量 X 的分布函数, 称 $x_{1/2}$ 为 X 或分布 F 的**中位数** (median).

注记 4.4.9 设 $x_{1/2}$ 为 X 的中位数, 则 $P(X \geqslant x_{1/2}) = P(X \leqslant x_{1/2})$.

例 4.4.8 设 $X \sim N(\mu, \sigma^2)$, 求 X 的中位数.

解 记 X 的分布函数为 $F(x)$. 由例 4.4.7 知 $N(0, 1)$ 的中位数为 0. 故由正态分布函数与标准正态分布函数之间的关系 $\Phi\left(\dfrac{x-\mu}{\sigma}\right) = F(x)$ 知, X 的中位数 $x_{1/2} = \mu$. □

注记 4.4.10 正态分布 $N(\mu, \sigma^2)$ 的中位数与数学期望相同, 都是参数 μ. 中位数与数学期望都是随机变量的数字特征, 它们的含义不同. 例如, 某市市民年收入的中位数是 30 万, 则表明该市年收入超过 30 万和低于 30 万的人数各占一半. 但是我们不能得到市民的年收入均值为 30 万.

例 4.4.9 设 X 的概率密度函数为

$$p(x) = \begin{cases} 4x^3, & 0 < x < 1, \\ 0, & x \leqslant 0 \text{ 或 } x \geqslant 1. \end{cases}$$

求 X 的数学期望和中位数.

解 由定义, 易求 X 的数学期望

$$EX=\int xp(x)\mathrm{d}x=\int_0^1 x\cdot 4x^3\mathrm{d}x=\frac{4}{5}=0.8.$$

分布函数为

$$F(x)=\int_{-\infty}^{x}p(t)\mathrm{d}t=\begin{cases}0, & x\leqslant 0,\\ \displaystyle\int_0^x 4t^3\mathrm{d}t, & 0<x<1,\\ 1, & x\geqslant 1\end{cases}=\begin{cases}0, & x\leqslant 0,\\ x^4, & 0<x<1,\\ 1, & x\geqslant 1.\end{cases}$$

于是, 由 $F(x)=1/2$ 解得, X 的中位数为

$$x_{1/2}=2^{-1/4}=0.8409.$$

显然, 这里数学期望和中位数不相等. □

✍习题 4.4

1. 求均匀分布 $U(0,1)$ 的各阶原点矩 μ_k 和中心矩 ν_k.
2. 求均匀分布 $U(0,1)$ 的偏度系数、峰度系数和变异系数.
3. 设 $0<\alpha<1$, 求均匀分布 $U(0,1)$ 的 α 分位数.
4. 设 $X\sim N(10,4)$, 求 X 的分位数 $x_{0.975}$.

4.5 极限定理

极限定理是概率论与数理统计的重要组成部分, 其内容非常丰富. 本节我们拟简要介绍一下中心极限定理和大数定律.

4.5.1 中心极限定理

例 4.5.1 设随机变量 X 服从二项分布 $b(n,p)$, 则其分布列为

$$P(X=k)=\mathrm{C}_n^k p^k(1-p)^{n-k},\quad k=0,1,\cdots,n.$$

现固定 $p=0.1$, 当 $n=10,20,50,100$ 时, 分别做出其概率直方图, 如图 4.1 所示.

由图可知, 随着 n 的增大, 图像变得越来越对称. 事实上, 当 n 充分大时, 我们可以用正态分布 $N(np,np(1-p))$ 来近似替代二项分布 $b(n,p)$.

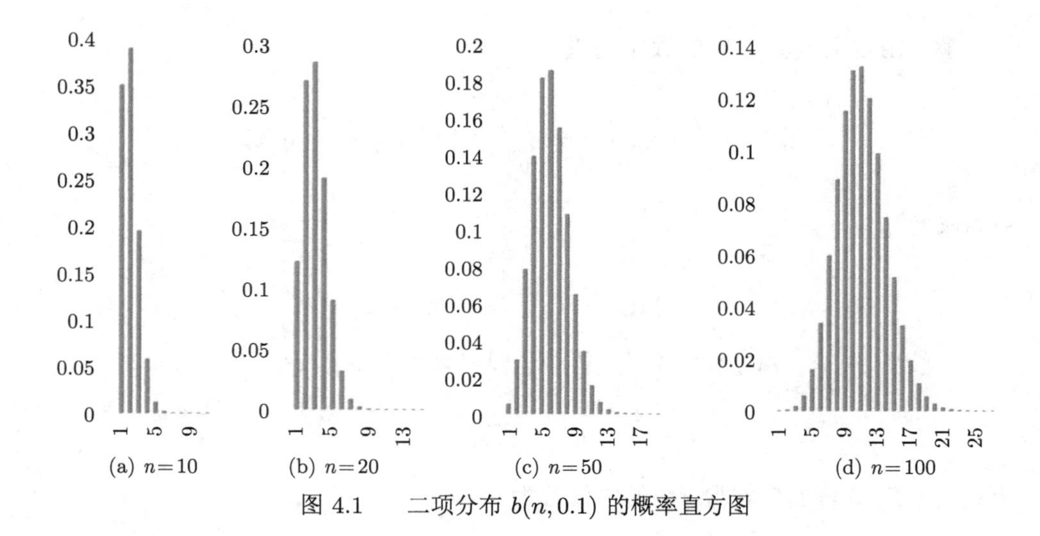

图 4.1 二项分布 $b(n,0.1)$ 的概率直方图

例 4.5.2 设 $X_1,\cdots,X_n$ 独立同分布且都服从均匀分布 $U(0,1)$, 记 $S_n=\sum\limits_{i=1}^{n}X_i$, 理论上来说, 由卷积公式, S_n 的分布是可以求出的. 例如, S_1, S_2, S_3 的概率密度函数依次为

$$p_1(x)=\begin{cases}1, & 0<x<1,\\0, & \text{其他},\end{cases}\qquad p_2(x)=\begin{cases}x, & 0<x<1,\\2-x, & 1\leqslant x<2,\\0, & \text{其他},\end{cases}$$

$$p_3(x)=\begin{cases}\dfrac{1}{2}x^2, & 0<x<1,\\\dfrac{1}{2}(x^2-3(x-1)^2), & 1\leqslant x<2,\\\dfrac{1}{2}(3-x)^2, & 2\leqslant x<3,\\0, & \text{其他},\end{cases}$$

但是随着 n 的增大, S_n 的概率密度函数会越来越复杂, 使用起来也不方便. 这就迫使人们去寻找 S_n 的近似分布. 中心极限定理告诉我们, 其近似分布为正态分布.

定义 4.5.1 称随机变量序列 $\{X_n,n\geqslant 1\}$ 服从**中心极限定理**, 若当 $n\to+\infty$ 时, S_n 渐近服从正态分布, 即 $\dfrac{S_n-ES_n}{\sqrt{\mathrm{Var}S_n}}$ 的分布函数 $F_n(x)$ 收敛于 $\Phi(x)$, 其中 $S_n=\sum\limits_{k=1}^{n}X_k$, $\Phi(x)$ 为标准正态分布 $N(0,1)$ 的分布函数.

当随机变量序列 $\{X_n, n \geqslant 1\}$ 独立同分布时, 我们有下面的林德伯格–勒维 (Lindburg-Levy) 中心极限定理.

定理 4.5.1 (林德伯格–勒维中心极限定理) 设 $\{X_n, n \geqslant 1\}$ 为独立同分布的随机变量序列, 数学期望为 μ, 方差为 σ^2, 记 $S_n = \sum\limits_{k=1}^{n} X_k$, 则 S_n 渐近服从正态分布, 即对任意的实数 y,

$$\lim_{n\to+\infty} P\left\{\frac{S_n - n\mu}{\sigma\sqrt{n}} \leqslant y\right\} = \Phi(y),$$

这里 $\Phi(y)$ 为标准正态分布的分布函数.

这个定理的证明需要运用特征函数等分析工具, 这里我们略去.

注记 4.5.1 由中心极限定理, 我们可以作近似计算:

$$P\left(a \leqslant S_n \leqslant b\right) \approx \Phi\left(\frac{b - n\mu}{\sigma\sqrt{n}}\right) - \Phi\left(\frac{a - n\mu}{\sigma\sqrt{n}}\right).$$

例 4.5.3 每袋味精的净重为随机变量, 平均重量为 100 克, 标准差为 10 克. 一箱内装 200 袋味精, 求一箱味精的净重大于 20300 克的概率.

解 设 X_k 表示第 k 袋味精的净重, $k = 1, \cdots, 200$, $X_1, \cdots, X_{200}$ 独立同分布. 由题意, $EX_1 = 100, \mathrm{Var}X_1 = 10^2$. 由中心极限定理, 所求概率为

$$P\left(\sum_{k=1}^{200} X_k > 20300\right) \approx 1 - \Phi\left(\frac{20300 - 200 \times 100}{10\sqrt{200}}\right) = 1 - 0.9830 = 0.0170. \qquad \square$$

例 4.5.4 设 X 为一次射击中命中的环数, X 取 $6, 7, 8, 9, 10$ 的概率分别为 0.05, 0.1, 0.05, 0.1, 0.7. 求 100 次射击中命中环数在 900 环到 930 环之间的概率.

解 易求 $EX = 9.3$, $\mathrm{Var}X = 1.51$. 设 X_k 表示第 k 次射击时命中的环数, $k = 1, \cdots, 100$, 则 $X_1, \cdots, X_{100}$ 相互独立, 且都与 X 同分布. 于是, 由中心极限定理, 所求的概率为

$$\begin{aligned} P\left(900 \leqslant \sum_{k=1}^{100} X_k \leqslant 930\right) &\approx \Phi\left(\frac{930 - 100 \times 9.3}{\sqrt{100 \times 1.51}}\right) - \Phi\left(\frac{900 - 100 \times 9.3}{\sqrt{100 \times 1.51}}\right) \\ &= \Phi(0) - \Phi(-2.44) = \frac{1}{2} - (1 - 0.9927) = 0.4927. \qquad \square \end{aligned}$$

特别地, 对于二项分布, 我们有以下定理.

定理 4.5.2 (棣莫弗–拉普拉斯中心极限定理) 设 $Y_n \sim b(n,p)$, 则

$$\lim_{n\to+\infty} P\left\{\frac{Y_n - np}{\sqrt{np(1-p)}} \leqslant y\right\} = \Phi(y),$$

这里 $\Phi(y)$ 为标准正态分布的分布函数.

例 4.5.5 设每颗炮弹命中目标的概率为 0.01, 求 500 发炮弹命中 5 发的概率.

解 设 X 表示命中的炮弹数, 则 $X \sim b(500, 0.01)$. 我们用两种方式来求概率 $P(X=5)$, 一是直接求, 二是用中心极限定理来近似计算.

(1) $P(X=5) = \mathrm{C}_{500}^5 \times 0.01^5 \times 0.99^{495} = 0.17635$;

(2) $P(X=5) = P(4.5 < X < 5.5) \approx \Phi\left(\dfrac{5.5-5}{\sqrt{4.95}}\right) - \Phi\left(\dfrac{4.5-5}{\sqrt{4.95}}\right) = 0.1742.$

由此可见, 利用中心极限定理作近似计算与直接利用二项分布的分布列计算所得的结果差异不大. □

注记 4.5.2 二项分布是离散分布, 而正态分布是连续分布, 所以用正态分布作为二项分布的近似时, 可作如下修正:

$$\begin{aligned} P(k_1 \leqslant Y_n \leqslant k_2) &= P(k_1 - 0.5 < Y_n < k_2 + 0.5) \\ &\approx \Phi\left(\frac{k_2 + 0.5 - np}{\sqrt{np(1-p)}}\right) - \Phi\left(\frac{k_1 - 0.5 - np}{\sqrt{np(1-p)}}\right). \end{aligned}$$

例 4.5.6 100 个独立工作 (工作的概率为 0.9) 的部件组成一个系统, 求系统中至少有 85 个部件工作的概率.

解 设 X 表示工作的部件数, 则由题意知, $X \sim b(100, 0.9)$. 由中心极限定理知, 所求概率为

$$\begin{aligned} P(X \geqslant 85) &\approx 1 - \Phi\left(\frac{85 - 0.5 - 100 \times 0.9}{\sqrt{100 \times 0.9 \times (1-0.9)}}\right) \\ &= 1 - \Phi\left(-\frac{5.5}{3}\right) = \Phi(1.83) = 0.9664. \end{aligned}$$ □

例 4.5.7 有 200 台独立工作 (工作的概率为 0.7) 的机床, 每台机床工作时需 15 千瓦电力. 问共需多少电力, 才可有 95% 的可能性保证正常生产.

解 设 X 表示正常工作的机床数, 则由题意知, $X\sim b(200,0.7)$. 设需 y 千瓦电力, 才可有 95% 的可能性保证正常生产, 则必有

$$P(15X\leqslant y)\geqslant 95\%.$$

由中心极限定理知, 我们有

$$0.95\leqslant P(15X\leqslant y)\approx\Phi\left(\frac{y/15+0.5-200\times 0.7}{\sqrt{200\times 0.7\times(1-0.7)}}\right).$$

查标准正态分布函数表, 得

$$\frac{y/15+0.5-200\times 0.7}{\sqrt{200\times 0.7\times(1-0.7)}}\geqslant 1.645,$$

解得 $y\geqslant 2252$, 即共需 2252 千瓦电力, 才有 95% 的可能性保证正常生产. □

例 4.5.8 用调查对象中的收看比例 $\frac{k}{n}$ 作为某电视节目的收视率 p 的估计. 要有 90% 的把握, 使 $\frac{k}{n}$ 与 p 的差异不大于 0.05, 问至少要调查多少对象.

解 设 X 表示 n 个调查对象中收看此电视节目的人数, 则 $X\sim b(n,p)$. 显然, $EX=np$, $\mathrm{Var}X=np(1-p)$. 由题意,

$$P\left(\left|\frac{X}{n}-p\right|\leqslant 0.05\right)\geqslant 90\%,$$

即

$$P\left(\left|\frac{X-EX}{\sqrt{\mathrm{Var}X}}\right|\leqslant\frac{0.05n}{\sqrt{np(1-p)}}\right)\geqslant 90\%.$$

由中心极限定理得

$$2\Phi\left(\frac{0.05n}{\sqrt{np(1-p)}}\right)-1\geqslant 0.90.$$

查标准正态分布函数表, 得

$$\frac{0.05n}{\sqrt{np(1-p)}}\geqslant 1.645.$$

再注意到 $p(1-p)\leqslant 1/4$, 解得 $n\geqslant 270.6$, 即至少调查 271 个对象. □

4.5.2 大数定律

下面, 我们转而介绍大数定律, 先给出依概率收敛的定义.

定义 4.5.2 设随机变量 X 和 $X_1, X_2, \cdots$ 都定义在同一个概率空间 $(\Omega, \mathcal{F}, P)$ 中, 如果对任意的 $\epsilon > 0$, 都有

$$\lim_{n \to +\infty} P(|X_n - X| \geqslant \epsilon) = 0$$

成立, 则称随机变量序列 $\{X_n, n \geqslant 1\}$ **依概率收敛**到 X. 通常记为 $X_n \xrightarrow{P} X$.

注记 4.5.3 依概率收敛表明, 当 $n \to +\infty$ 时, X_n 落在 $(X - \epsilon, X + \epsilon)$ 内的概率趋向于 1.

注记 4.5.4 $X_n \xrightarrow{P} X$ 当且仅当 $X_n - X \xrightarrow{P} 0$.

定义 4.5.3 称随机变量序列 $\{X_n, n \geqslant 1\}$ 服从**大数定律**, 若

$$\frac{S_n - ES_n}{n} \xrightarrow{P} 0,$$

其中 $S_n = \sum\limits_{k=1}^{n} X_k$.

由定义可知, 若随机变量序列 $\{X_n, n \geqslant 1\}$ 服从大数定律, 表明该随机变量序列的算术平均值稳定于其数学期望的算术平均值. 最简单形式的大数定律是下面的伯努利大数定律.

定理 4.5.3 (伯努利大数定律) 设 $X_1, X_2, \cdots$ 独立同分布, 且共同分布为 $b(1, p)$, 则

$$\frac{S_n}{n} \xrightarrow{P} p,$$

其中 $S_n = \sum\limits_{k=1}^{n} X_k$.

证明 注意到 $ES_n = np$, $\mathrm{Var} S_n = np(1-p)$, 对随机变量 S_n 利用切比雪夫不等式 (推论 4.2.1) 即可. □

注记 4.5.5 显然, 伯努利大数定律表明, 事件 A 出现的频率 $\dfrac{S_n}{n}$ 与概率 p 的偏差小于任何给定的精度 ϵ 的概率, 随着试验次数的增大而趋于 1. 这就解释了为什么我们在第 1 章曾经用频率代替概率.

大数定律还有许多版本, 我们这里列举几个.

定理 4.5.4 (切比雪夫 (Chebyshev) 大数定律) 设有随机变量序列 $\{X_n, n \geqslant 1\}$, 满足对任意的 $i \neq j$, $\mathrm{Cov}(X_i, X_j) = 0$(即两两不相关), 且存在常数 C 使得对任意的 $n \geqslant 1$, $\mathrm{Var}X_n \leqslant C$(即方差一致有界), 则随机变量序列 $\{X_n, n \geqslant 1\}$ 服从大数定律.

证明 记 $S_n = \sum\limits_{k=1}^{n} X_k$, 则

$$\begin{aligned}\mathrm{Var}S_n &= \mathrm{Var}\left(\sum_{k=1}^{n} X_k\right) \\ &= \sum_{k=1}^{n} \mathrm{Var}X_k + 2\sum_{i<j} \mathrm{Cov}(X_i, X_j) = \sum_{k=1}^{n} \mathrm{Var}X_k \leqslant nC.\end{aligned}$$

于是马尔可夫条件成立, 由下面的马尔可夫大数定律即得. □

定理 4.5.5 (马尔可夫 (Markov) 大数定律) 设有随机变量序列 $\{X_n, n \geqslant 1\}$ 使得马尔可夫条件

$$\frac{1}{n^2}\mathrm{Var}\left(\sum_{k=1}^{n} X_k\right) \to 0$$

成立, 则随机变量序列 $\{X_n, n \geqslant 1\}$ 服从大数定律.

证明 对随机变量 $S_n = \sum\limits_{k=1}^{n} X_k$ 利用切比雪夫不等式即可. □

定理 4.5.6 (辛钦 (Khinchin) 大数定律) 设 $X_1, X_2, \cdots$ 独立同分布, 且 EX_1 存在, 则随机变量序列 $\{X_n, n \geqslant 1\}$ 服从大数定律.

辛钦大数定律的证明超出了本书的范围, 这里从略. 由大数定律, 我们可以作近似计算, 譬如

例 4.5.9 利用大数定律作近似计算 计算定积分 $J = \int_0^1 f(x)\mathrm{d}x$.

解 若 $f(x)$ 的原函数无法用初等函数表示, 利用大数定律做近似计算: 令 $X \sim U(0,1)$, 则 $J = Ef(X)$. 先产生 n 个 $(0,1)$ 上均匀分布的随机数 $x_1, \cdots, x_n$, 则由大数定律,

$$J \approx \frac{1}{n}\sum_{k=1}^{n} f(x_k).$$

当 $f(x) = (2\pi)^{-1/2}e^{-x^2/2}$ 时, 对于 $n = 10^4$ 时, 估计值为 0.341329; $n = 10^5$ 时, 估计值为 0.341334. 这同由标准正态分布函数表计算所得结果几乎一致. □

注记 4.5.6(大数定律的一般形式) 若存在实数列 $\{a_n, n \geqslant 1\}$ 和 $\{b_n, n \geqslant 1\}$, 其中 $b_n \to +\infty$, 使得

$$\frac{S_n - a_n}{b_n} \xrightarrow{P} 0,$$

则称随机变量序列 $\{X_n, n \geqslant 1\}$ 服从大数定律.

注记 4.5.7 上面介绍的大数定律严格地来说应为弱大数定律, 这里的 "弱" 代表收敛类型为依概率收敛. 与弱大数定律相对应地, 有强大数定律, "强" 代表的收敛类型为**以概率 1 收敛**, 这种收敛性限于篇幅, 这里不准备介绍, 有兴趣的读者可以参阅文献 (Durrett, 2013).

实际应用案例分析: 大数定律和中心极限定理在保险中的应用. 设在一家保险公司里有 10000 人参加保险, 每人每年付 12 元保险费, 一年内一个人死亡的概率为 0.006, 死亡时其家属可向保险公司领得 1000 元, 问: (1) 保险公司亏本的概率有多大? (2) 保险公司一年的利润不少于 40000 元和 60000 元的概率各为多大?

回答: (1) 设 ζ 表示一年内参保人的死亡数, 则 $\zeta \sim b(10000, 0.006)$. 已知 ζ 和保险公司盈利近似服从正态分布, 若保险公司亏本, 则 $12 \times 10000 - 1000\zeta < 0$, 即 $\zeta > 120$. 所以

$$\begin{aligned}P(\zeta > 120) &= 1 - P(0 \leqslant \zeta \leqslant 120)\\ &\approx 1 - \left[\Phi\left(\frac{120 - 10000 \times 0.006}{\sqrt{10000 \times 0.006 \times 0.994}}\right) - \Phi\left(\frac{20 - 10000 \times 0.006}{\sqrt{10000 \times 0.006 \times 0.994}}\right)\right]\\ &= 1 - [2\Phi(7.77) - 1] = 0.\end{aligned}$$

故公司会亏本的概率为 0.

(2) 当保险公司一年的利润不少于 40000 元和 60000 元时, 分别满足 $12 \times 10000 - 1000\zeta \geqslant 40000$ 和 $12 \times 10000 - 1000\zeta \geqslant 60000$, 即 ζ 分别满足 $\zeta \leqslant 80$ 和 $\zeta \leqslant 60$.

$$\begin{aligned}P(0 \leqslant \zeta \leqslant 80) &\approx \Phi\left(\frac{80 - 10000 \times 0.006}{\sqrt{10000 \times 0.006 \times 0.994}}\right) - \Phi\left(\frac{0 - 10000 \times 0.006}{\sqrt{10000 \times 0.006 \times 0.994}}\right)\\ &= \Phi(2.59) + \Phi(7.77) - 1 = 0.9951,\\ P(0 \leqslant \zeta \leqslant 60) &\approx \Phi\left(\frac{60 - 10000 \times 0.006}{\sqrt{10000 \times 0.006 \times 0.994}}\right) - \Phi\left(\frac{0 - 10000 \times 0.006}{\sqrt{10000 \times 0.006 \times 0.994}}\right)\\ &= \Phi(0) + \Phi(7.77) - 1 = 0.5.\end{aligned}$$

故保险公司一年的利润不少于 40000 元和 60000 元的概率分别为 0.9951 和 0.5.

最后, 我们给出用 Python 演示中心极限定理和大数定律的代码.

```
#引自中心极限定理的python展示及直方图. [2023-12-01]. https://zhuanlan.zhihu.com/p/671664294
import numpy as np
import matplotlib.pyplot as plt
from scipy.stats import norm

#生成30个数, 每个数是100个服从指数分布的随机浮点数的和
data=[]
num_per_sample=100000
num_sample=1000
for _ in range(num_sample):
    exponential_numbers=np.random.exponential(scale=1.0, size=num_per_sample)
    sum_exponential_numbers=np.sum(exponential_numbers)
    data.append(sum_exponential_numbers)

# 绘制直方图
num_bin=20
plt.hist(data, bins=num_bin, density=True, alpha=0.2, color='b', label='Histogram')

# 计算正态分布的参数 (均值和标准差)
mu=np.mean(data)
sigma=np.std(data)

# 生成正态分布的概率密度函数
x=np.linspace(min(data), max(data), 100)
pdf=norm.pdf(x, mu, sigma)

# 绘制正态分布的概率密度函数
plt.plot(x, pdf, 'r-', lw=2, label='Normal Distribution')

# 设置标题和标签
plt.title(f'Sum of {num_per_sample} Exponentially Distributed Random Floats for {num_sample} Samples Scattering for {num_bin} Bins')
plt.xlabel('Sum of Exponentially Distributed Random Floats')
plt.ylabel('Probability Density')

# 显示图例
plt.legend()

# 显示图形
plt.show()
```

```
#引自大数定律(Law of Large Numbers)的原理及 Python 实现.[2023-12-01]. https://www.cnblogs.com/klchang/p/13126831.html
```

```
2  #-*- coding: utf8 -*-
3  from __future__ import print_function
4
5  import numpy as np
6  import matplotlib.pyplot as plt
7  import os
8
9
10 def law_of_large_numbers(num_series=10,num_tosses=10000,heads_prob=0.51,display=True
       ):
11     coin_tosses=(np.random.rand(num_tosses, num_series)<heads_prob).astype('float32')
12     cumulative_heads_ratio=np.cumsum(coin_tosses, axis=0)/np.arange(1, num_tosses+1).
          reshape(-1,1)
13     if display:
14         plot_fig(cumulative_heads_ratio, heads_prob)
15
16
17 def save_fig(fig_id, dirname="images/", tight_layout=True):
18     print("Saving figure", fig_id)
19     if tight_layout:
20         plt.tight_layout()
21     if not os.path.isdir(dirname):
22         os.makedirs(dirname)
23     image_path="%s.png" % os.path.join(dirname, fig_id)
24     plt.savefig(image_path, format='png', dpi=300)
25
26
27 def plot_fig(cumulative_heads_ratio, heads_prob, save=True):
28     num_tosses=cumulative_heads_ratio.shape[0]
29     plt.figure(figsize=(8, 3.5))
30     plt.plot(cumulative_heads_ratio)
31     plt.plot([0, num_tosses], [heads_prob, heads_prob], "k--", linewidth=2, label="
          {}%".format(round(heads_prob*100, 1)))
32     plt.plot([0, num_tosses], [0.5, 0.5], "k-", label="50.0%")
33     plt.xlabel("Number of coin tosses")
34     plt.ylabel("Heads ratio")
35     plt.legend(loc="lower right")
36     xmin, xmax, ymin, ymax=0, num_tosses, 0.42, 0.58
37     plt.axis([xmin, xmax, ymin, ymax])
38     if save:
39         save_fig("law_of_large_numbers_plot")
40     plt.show()
41
42 if __name__ == '__main__':
43     num_series, num_tosses=10, 10000
44     heads_proba=0.51
45     law_of_large_numbers(num_series, num_tosses, heads_proba)
```

✍习题 4.5

1. 设 $\{a_n, n \geqslant 1\}$ 为一实数列, 若随机变量序列 $\{X_n, n \geqslant 1\}$ 服从中心极限定理, 证明随机变量序列 $\{X_n + a_n, n \geqslant 1\}$ 也服从中心极限定理.

2. 独立抛掷 100 颗均匀的骰子, 记所得点数的平均值为 $\overline{X}$, 利用中心极限定理求概率 $P(3 \leqslant \overline{X} \leqslant 4)$.

3. 掷一枚均匀的硬币 900 次, 试估计至少出现 495 次正面的概率.

4. 某份试卷由 100 个题目构成, 学生至少答对 60 个方能通过考试. 假设某考生答对每一题的概率为 1/2, 且回答各题是相互独立的, 试估计该生通过考试的概率.

5. 某厂生产的螺丝钉不合格率为 0.01, 问一盒中应装多少只才能使得其中含有至少 100 只合格品的概率不小于 0.95.

6. 设 $X_n \xrightarrow{P} X$, $Y_n \xrightarrow{P} Y$, 证明 $X_n + Y_n \xrightarrow{P} X + Y$.

7. 设随机变量序列 $\{X_n, n \geqslant 1\}$ 同分布且方差存在. 若 $i \neq j$ 时, $\mathrm{Cov}(X_i, X_j) \leqslant 0$. 证明 $\{X_n, n \geqslant 1\}$ 服从大数定律.

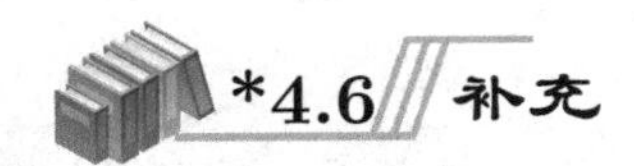

*4.6 补充

本节中补充几个常用的概率不等式、数学期望的一般定义和条件数学期望.

4.6.1 常用的概率不等式

这里仅给出若干与随机变量的数字特征有关的重要的概率不等式. 概率不等式有很多, 有兴趣的读者可以参见文献 (匡继昌, 2004; Lin and Bai, 2010).

1. 赫尔德 (Hölder) 不等式

设 $p > 1$, $\dfrac{1}{p} + \dfrac{1}{q} = 1$, 随机变量 X 与 Y 满足 $E|X|^p < +\infty$, $E|Y|^q < +\infty$, 则

$$E|XY| \leqslant (E|X|^p)^{\frac{1}{p}} (E|Y|^q)^{\frac{1}{q}}.$$

等号成立当且仅当存在不全为零的常数 a 和 b 使得 $P(a|X|^p + b|Y|^q = 0) = 1$.

注记 4.6.1 $p = 2$ 时的 Hölder 不等式即为 **Cauchy-Schwarz 不等式** (见注记 4.3.2).

2. 闵可夫斯基 (Minkowski) 不等式

设 $p > 0$, $q = \max\{p, 1\}$, 随机变量 X 与 Y 满足 $E|X|^p < +\infty$, $E|Y|^p < +\infty$, 则

$$(E|X+Y|^p)^{\frac{1}{q}} \leqslant (E|X|^p)^{\frac{1}{q}} + (E|Y|^p)^{\frac{1}{q}}.$$

3. C_p 不等式

设 $p>0$, 随机变量 $X_1,\cdots,X_n$ 满足 $E|X_i|^p<+\infty$, 记 $C_p=n^{\max\{p-1,0\}}$, 则

$$E|X_1+\cdots+X_n|^p \leqslant C_p(E|X_1|^p+\cdots+E|X_n|^p).$$

4. 詹森 (Jensen) 不等式

设随机变量 X 的值域为 D, 函数 f 是定义在 D 上的连续凸函数, 若数学期望 EX 和 $Ef(X)$ 都存在, 则

$$f(EX) \leqslant Ef(X).$$

令 $f(x)=|x|^{q/p}$, 我们有下面的结论.

注记 4.6.2 (李雅普诺夫 (Lyapunov) 不等式) 设 $0<p\leqslant q$, 则

$$(E|X|^p)^{\frac{1}{p}} \leqslant (E|X|^q)^{\frac{1}{q}}.$$

5. 马尔可夫不等式的一般形式

设随机变量 X 的值域为 D, 函数 f 是定义在 D 上恒正的单调不降的函数, 若数学期望 $Ef(X)$ 存在, 则对任意的 x,

$$P(X\geqslant x) \leqslant \frac{Ef(X)}{f(x)}.$$

4.6.2 数学期望的一般定义

在 4.1 节中, 我们分别给出了离散型随机变量和连续型随机变量的数学期望的定义 (定义 4.1.1 和定义 4.1.3). 事实上, 这两个定义可以统一起来, 只不过需要引入黎曼–斯蒂尔切斯 (Riemann-Stieltjes) 积分 (丁万鼎等, 1988).

定义 4.6.1 设 F 是某随机变量的分布函数, $g(x)$ 是 $(a,b]$ 上的连续函数, $a=x_0<x_1<\cdots<x_n=b$ 为区间 $(a,b]$ 的一个分割 T_n, $\xi_k\in(x_{k-1},x_k]$, 作和

$$S_n=\sum_{k=1}^{n} g(x_k)(F(x_k)-F(x_{k-1})).$$

记 $||T_n||=\max\{x_k-x_{k-1}:1\leqslant k\leqslant n\}$, 当分割无限加细时, 即当 $n\to+\infty$, $||T_n||\to 0$ 时, S_n 的极限存在, 且与 x_k,ξ_k 的取法无关, 则称 $\lim\limits_{n\to+\infty} S_n$ 为 $g(x)$

在 $(a, b]$ 上关于 $F(x)$ 的 **Riemann-Stieltjes 积分**, 简称为 **R-S 积分**, 记为

$$\int_a^b g(x)\mathrm{d}F(x) \quad 或 \quad \int_{(a,b]} g(x)\mathrm{d}F(x),$$

即

$$\int_a^b g(x)\mathrm{d}F(x) = \lim_{||T_n||\to 0} \sum_{k=1}^n g(\xi_k)(F(x_k) - F(x_{k-1})).$$

注记 4.6.3 由定义,

(1) 设 $a \in \mathbb{R}$,

$$\lim_{\epsilon\to 0+} \int_{a-\epsilon}^a g(x)\mathrm{d}F(x) = g(a)(F(a) - F(a-0)) \triangleq \int_{\{a\}} g(x)\mathrm{d}F(x),$$

即单点集上的 R-S 积分可能不为 0. 因而, 我们将

$$\int_{(a,b)} g(x)\mathrm{d}F(x) \quad 和 \quad \int_{[a,b]} g(x)\mathrm{d}F(x)$$

分别写为

$$\int_a^{b-0} g(x)\mathrm{d}F(x) \quad 和 \quad \int_{a-0}^b g(x)\mathrm{d}F(x).$$

(2) 当 $g(x) = 1$ 时,

$$\int_a^b \mathrm{d}F(x) = F(b) - F(a).$$

(3) 若极限

$$\lim_{\substack{a\to-\infty \\ b\to+\infty}} \int_a^b g(x)\mathrm{d}F(x)$$

存在, 则称其极限为 $g(x)$ 在 $\mathbb{R}$ 上关于 $F(x)$ 的 R-S 积分, 记为 $\int_{-\infty}^{+\infty} g(x)\mathrm{d}F(x)$.

(4) 若 $F(x)$ 为某离散型随机变量的分布函数, 该随机变量的取值点为 x_1, $x_2, \cdots$, 则

$$\int_{-\infty}^{+\infty} g(x)\mathrm{d}F(x) = \sum_k g(x_k)(F(x_k) - F(x_k - 0)).$$

(5) 若 $F(x)$ 为某连续型随机变量的分布函数, 对应的概率密度函数为 $p(x)$, 则

$$\int_{-\infty}^{+\infty} g(x)\mathrm{d}F(x) = \int_{-\infty}^{+\infty} g(x)p(x)\mathrm{d}x.$$

即此时的 R-S 积分可化为 Riemann 积分.

由定义, 我们可以证明以下定理.

定理 4.6.1 (R-S 积分的性质) 在以下 R-S 积分存在的前提下, 有

(1) $\int_a^b (\alpha g(x) + \beta h(x))\mathrm{d}F(x) = \alpha \int_a^b g(x)\mathrm{d}F(x) + \beta \int_a^b h(x)\mathrm{d}F(x)$;

(2) $\int_a^b g(x)\mathrm{d}(\alpha F_1(x) + \beta F_2(x)) = \alpha \int_a^b g(x)\mathrm{d}F_1(x) + \beta \int_a^b g(x)\mathrm{d}F_2(x)$;

(3) 若 $a \leqslant c \leqslant b$, 则 $\int_a^b g(x)\mathrm{d}F(x) = \int_a^c g(x)\mathrm{d}F(x) + \int_c^b g(x)\mathrm{d}F(x)$;

(4) 若 $g(x) \geqslant 0$, 则 $\int_a^b g(x)\mathrm{d}F(x) \geqslant 0$.

有了 R-S 积分的定义后, 我们可以给出随机变量的数学期望的一般定义了.

定义 4.6.2 设随机变量 X 的分布函数为 $F(x)$, 若积分 $\int |x|\mathrm{d}F(x) < +\infty$, 称

$$\int x\mathrm{d}F(x)$$

为 X 的**数学期望**, 记为 EX. 若积分 $\int |x|\mathrm{d}F(x) = +\infty$, 称 X 的数学期望不存在.

注记 4.6.4 由注记 4.6.3 知, 定义 4.6.2 与定义 4.1.1 和定义 4.1.3 是相容的, 即定义 4.1.1 和定义 4.1.3 是定义 4.6.2 的特殊形式.

例 4.6.1 设随机变量 X 的分布函数为

$$F(x) = \begin{cases} 0, & x < 0, \\ \dfrac{1+2x}{5}, & 0 \leqslant x < 1, \\ 1, & x \geqslant 1. \end{cases}$$

求数学期望 EX.

解 易知 X 有混合型分布, 即 $F(x)=\frac{3}{5}F_1(x)+\frac{2}{5}F_2(x)$, 其中 $F_1(x)$ 为两点分布 $b(1,2/3)$ 的分布函数, $F_2(x)$ 为均匀分布 $U(0,1)$ 的分布函数. 于是, 由数学期望的定义和性质知,

$$\begin{aligned}EX&=\int_{-\infty}^{+\infty}x\mathrm{d}F(x)=\frac{3}{5}\int_{-\infty}^{+\infty}x\mathrm{d}F_1(x)+\frac{2}{5}\int_{-\infty}^{+\infty}x\mathrm{d}F_2(x)\\&=\frac{3}{5}\left(0\cdot\frac{1}{3}+1\cdot\frac{2}{3}\right)+\frac{2}{5}\int_0^1x\mathrm{d}x\\&=\frac{3}{5}\cdot\frac{2}{3}+\frac{2}{5}\cdot\frac{1}{2}=\frac{3}{5}.\end{aligned}$$

□

4.6.3 条件数学期望

正如条件概率是概率一样, 条件分布是一个概率分布, 因而可以考虑条件分布的数字特征. 条件分布的数学期望称为条件数学期望, 定义如下.

定义 4.6.3 设 (X,Y) 为二维随机变量, 称

$$E(X|Y=y)=\begin{cases}\sum\limits_i x_iP(X=x_i|Y=y), & \text{离散情形,}\\ \int_{-\infty}^{+\infty}xp_{X|Y}(x|y)\mathrm{d}x, & \text{连续情形}\end{cases}$$

为在 $Y=y$ 的条件下, X 的**条件数学期望**.

注记 4.6.5 从条件数学期望的定义中我们必须注意到:

(1) 只有当条件分布列 $P(X=x_i|Y=y)$ 或条件概率密度函数 $p_{X|Y}(x|y)$ 有意义时才有可能去考虑条件数学期望 $E(X|Y=y)$.

(2) 条件数学期望可能不存在, 即上述求和或积分结果可能是无穷大.

(3) 条件数学期望 $E(X|Y=y)$ 是 y 的函数.

例 4.6.2 设 (X,Y) 服从二维正态分布 $N(\mu_1,\sigma_1^2;\mu_2,\sigma_2^2;\rho)$, 求在 $Y=y$ 条件下 X 的条件数学期望.

解 由例 3.5.4 知, 在 $Y=y$ 条件下 X 的条件分布为正态分布

$$N(\mu_1+\rho\sigma_1(y-\mu_2)/\sigma_2,\sigma_1^2(1-\rho^2)),$$

故在 $Y=y$ 条件下 X 的条件数学期望为 $E(X|Y=y)=\mu_1+\rho\sigma_1(y-\mu_2)/\sigma_2$. □

例 4.6.3 设随机变量 (X,Y) 服从区域 $D=\{(x,y):x^2+y^2\leqslant 1\}$ 上的均匀分布, $|y|\leqslant 1$, 求在给定 $Y=y$ 条件下 X 的条件数学期望.

解 由例 3.5.5 知, 当 $|y| \leqslant 1$ 时, 在给定 $Y=y$ 条件下 X 的条件分布为均匀分布

$$U(-\sqrt{1-y^2}, \sqrt{1-y^2}),$$

故由表 4.1 知, 在给定 $Y=y$ 条件下 X 的条件数学期望 $E(X|Y=y)=0$. □

例 4.6.4 已知随机变量 (X,Y) 的联合概率密度函数为

$$p(x,y)=\begin{cases} \dfrac{\mathrm{e}^{-x/y}\mathrm{e}^{-y}}{y}, & x>0, y>0, \\ 0, & \text{其他}. \end{cases}$$

求当 $y>0$ 时的条件数学期望 $E(X|Y=y)$.

解 由例 3.5.6 知, 当 $y>0$ 时, 在给定 $Y=y$ 条件下 X 服从指数分布 $\mathrm{Exp}\left(\dfrac{1}{y}\right)$, 故由表 4.1 知, 在给定 $Y=y$ 条件下 X 的条件数学期望为 $E(X|Y=y)=y$. □

既然条件数学期望 $E(X|Y=y)$ 是 y 的函数, 记为 $g(y)$. 可以考虑随机变量 Y 的函数 $g(Y)$, 即 $g(Y)=E(X|Y)$, 因而 $E(X|Y)$ 是随机变量, 当 $Y=y$ 时其取值为 $E(X|Y=y)$. 可以证明条件数学期望和数学期望有如下的关系.

定理 4.6.2 (重期望公式) 设 (X,Y) 是二维随机变量, 且 EX 存在, 则

$$EX=E(E(X|Y)).$$

注记 4.6.6 重期望公式的本质是全概率公式. 使用重期望公式的方法如下:

$$EX=\begin{cases} \displaystyle\sum_j E(X|Y=y_j)P(Y=y_j), & \text{离散情形}, \\ \displaystyle\int_{-\infty}^{+\infty} E(X|Y=y)p_Y(y)\mathrm{d}y, & \text{连续情形}. \end{cases}$$

例 4.6.5 设随机变量 Y 服从均匀分布 $U(0,1)$, 当 $Y=y(0<y<1)$ 时, X 服从均匀分布 $U(y,1)$. 求数学期望 EX.

解 当 $Y=y(0<y<1)$ 时, X 的条件分布为均匀分布 $U(y,1)$. 于是, 条件数学期望 $E(X|Y=y)=\dfrac{y+1}{2}$. 故 $E(X|Y)=\dfrac{Y+1}{2}$, 从而

$$EX=E(E(X|Y))=E\left(\frac{Y+1}{2}\right)=\frac{3}{4}.$$ □

注记 4.6.7 重期望公式是概率论中较为深刻的结果, 离散情形或连续情形由联合分布与条件分布之间的关系以及条件数学期望的定义即得, 其完整的证明需要用到实分析或测度论的知识, 这里从略.

类似地, 我们有条件方差的定义.

定义 4.6.4 称

$$\operatorname{Var}(X|Y=y)=E[(X-E(X|Y=y))^2|Y=y]=E(X^2|Y=y)-[E(X|Y=y)]^2$$

为在 $Y=y$ 的条件下 X 的**条件方差**, 如果存在的话. 同样, $\operatorname{Var}(X|Y)$ 是随机变量 Y 的函数, 当 $Y=y$ 时其取值为 $\operatorname{Var}(X|Y=y)$.

由条件数学期望和条件方差的定义, 我们不难得出以下定理.

定理 4.6.3 (条件方差公式)

$$\operatorname{Var}X=E(\operatorname{Var}(X|Y))+\operatorname{Var}(E(X|Y)).$$

证明 由定义知,

$$\operatorname{Var}(X|Y)=E(X^2|Y)-(E(X|Y))^2,$$

于是,

$$E(\operatorname{Var}(X|Y))=E(E(X^2|Y)-(E(X|Y))^2)=E(E(X^2|Y))-E((E(X|Y))^2).$$

又因为

$$\operatorname{Var}(E(X|Y))=E((E(X|Y))^2)-(E(E(X|Y)))^2,$$

故由重期望公式

$$\begin{aligned}
&E(\operatorname{Var}(X|Y))+\operatorname{Var}(E(X|Y))\\
&=E(E(X^2|Y))-E((E(X|Y))^2)+E((E(X|Y))^2)-(E(E(X|Y)))^2\\
&=E(E(X^2|Y))-(E(E(X|Y)))^2\\
&=EX^2-(EX)^2=\operatorname{Var}X.
\end{aligned}$$

□

第 4 章测试题 1

第 4 章测试题 2

第 5 章 数理统计基础

前面四章我们学习了概率论的基本内容, 从本章开始要转入数理统计的学习. 数理统计是基于概率论来研究如何有效进行数据收集、整理以及分析的学问. 当今时代, 大数据、人工智能、信息科学、生命科学、经济管理等重要学科, 但凡涉及数据, 都要以数理统计为基础.

在概率论部分我们介绍了一些基本概念, 例如事件与概率、随机变量及其分布、数字特征等. 以随机变量的讨论为例, 其分布都是假设已知的, 而一切计算或推理均基于这个已知的分布进行. 这种推理是"由大而小", 其结论在数学上是严格和精确的. 而在数理统计问题中, 我们往往只有有限数据, 不知道或不完全知道其背后随机变量的概率分布, 需要根据这些数据去给出分布的合理推断. 这种推断是"由小而大", 方法通常不唯一, 目的都是寻找隐藏在数据背后的统计规律, 而好的方法经常需要根据概率论原理来巧妙设计. 因此《不列颠百科全书》中解释数理统计是"收集和分析数据的科学与艺术".

5.1 总体与样本

5.1.1 总体

定义 5.1.1 研究对象的全体称为**总体**, 把组成总体的每个成员称为**个体**.

注记 5.1.1 实际问题中, 人们关心的往往是研究对象的某个或几个数值指标, 因此也可以将每个研究对象的这个 (或这几个) 数值指标看作个体, 它们的全体看作总体.

例 5.1.1 研究某学校学生身高情况. 所有学生的身高构成总体, 每个学生的身高就是个体.

例 5.1.2 研究某批灯泡的质量. 该批灯泡寿命的全体就是总体, 每个灯泡的寿命就是个体.

从总体所包含的个体的个数看, 总体可以分为两类, 一类是有限总体, 另一类是无限总体. 在例 5.1.1 中, 若该校共有 5000 名学生, 每个学生的身高是一个可能的观测值，所形成的总体中共有 5000 个观测值，是一个有限总体. 研究某一地点每天的最低气温，观测可以无限进行下去，所得总体具有无限、不可数个元素，因此是无限总体. 对于有限总体，每次抽取一个单位后总体元素会减少一个，前一次抽样的结果往往会影响后一次抽样的结果，前后观测不一定独立. 对于无限总体，每次抽取可看成独立的. 本书我们仅研究无限总体.

总体中的每个个体是随机试验的一个观测值，因此它是某一随机变量 X 的值，这样一个总体对应于**一个随机变量** X; X 取值的统计规律性反映了总体中各个个体的数量指标的规律，X 的分布函数和数字特征就称为总体的分布函数和数字特征.

例 5.1.3 若灯泡寿命这一总体服从指数分布，则表示总体中的观测值是指数分布随机变量 X 的取值.

5.1.2 样本

在实际问题中，总体的分布一般是未知的，或只知道是某类型的分布，但其中包含有未知参数. 在数理统计中，人们是通过从总体中抽取一部分个体，根据获得的观测数据来对总体信息或总体分布做出推断的.

定义 5.1.2 从总体中抽出的部分个体称为**样本**，样本中所含的个体称为样品，样本中样品的个数称为**样本容量**.

注记 5.1.2 (样本的二重性) 样本是从总体中随机抽取的，抽取前无法预知它们的数值，因此样本是**随机变量**，用大写字母 $X_1, \cdots, X_n$ 来表示; 但在抽取之后经观测就有确定的**观测值**，这时就用小写字母 $x_1, \cdots, x_n$ 表示.

例 5.1.4 某食品厂用自动装罐机生产净重为 345 克的午餐肉罐头，由于随机性，每个罐头的净重都有差别. 该生产线上的罐头净重这一总体用随机变量 X 表示. 现在从生产线上随机抽取 10 个罐头，称其净重. 称重前 10 个罐头的重量 $X_1, \cdots, X_{10}$ 是总体 X 的一个容量为 10 的样本. 称重后得如下结果:

$$344, 336, 345, 342, 340, 338, 344, 343, 344, 343.$$

这是总体 X 的一个容量为 10 的样本观测值 $x_1, \cdots, x_{10}$.

为了能从样本对总体做出比较可靠的推断，就希望样本能很好地代表总体，即样本能够反映总体 X 取值的统计规律性，所以需要一个正确的抽取样本方法. 最常用的抽取样本的方法是 "简单随机抽样".

定义 5.1.3 设 X 是具有分布函数 $F(x)$ 的随机变量, 若 $X_1, X_2, \cdots, X_n$ 是具有同一分布函数 $F(x)$ 的相互独立的随机变量, 称 $X_1, X_2, \cdots, X_n$ 是来自总体 X(或分布函数 $F(x)$) 中的容量为 n 的**简单随机样本**, 简称为**样本**.

注记 5.1.3 设总体 X 具有分布函数 $F(x)$, $X_1, X_2, \cdots, X_n$ 是来自该总体的一组样本, 则样本的联合分布函数为

$$F(x_1, x_2, \cdots, x_n) = \prod_{i=1}^{n} F(x_i).$$

又若 X 具有概率密度函数 $p(x)$, 则样本的联合概率密度函数为

$$p(x_1, x_2, \cdots, x_n) = \prod_{i=1}^{n} p(x_i).$$

例 5.1.5 正态总体 $N(\mu, \sigma^2)$ 下, 样本容量为 n 的简单随机样本的联合概率密度函数为

$$\begin{aligned} p(x_1, x_2, \cdots, x_n) &= \prod_{i=1}^{n} \frac{1}{\sqrt{2\pi}\sigma} \exp\left\{-\frac{(x_i-\mu)^2}{2\sigma^2}\right\} \\ &= (2\pi\sigma^2)^{-n/2} \exp\left\{-\frac{1}{2\sigma^2}\sum_{i=1}^{n}(x_i-\mu)^2\right\}. \end{aligned}$$

5.1.3 经验分布函数

总体 X 的分布函数 $F(x)$ 通常是未知的, 那么能否根据已知的样本观测值来推测总体未知的分布函数呢? 为回答这个问题, 我们先看一个定义.

定义 5.1.4 设 $x_1, \cdots, x_n$ 是来自总体分布函数为 $F(x)$ 的样本, 记

$$I_i(x) = \begin{cases} 1, & x_i \leqslant x, \\ 0, & x_i > x. \end{cases}$$

称函数

$$F_n(x) = \frac{1}{n}\sum_{i=1}^{n} I_i(x)$$

为**经验分布函数**.

注记 5.1.4 对固定的 x, $F_n(x)$ 是样本中事件 $\{x_i \leqslant x\}$ 发生的频率.

容易验证以下内容.

注记 5.1.5 经验分布函数是分布函数, 即具有单调性、有界性和右连续性等性质.

例 5.1.6 设从总体 X 中抽取样本得到样本观测值为 $21, 25, 25, 30$, 则经验分布函数为

$$F_4(x) = \begin{cases} 0, & x < 21, \\ 0.25, & 21 \leqslant x < 25, \\ 0.75, & 25 \leqslant x < 30, \\ 1, & x \geqslant 30. \end{cases}$$

计算经验分布函数的 Python 代码如下所示.

```
1 #计算一组数据的经验分布函数
2 import numpy as np
3 import scipy.stats as stats
4 a = np.array([21, 25, 25, 30]) #样本观测值
5 stats.cumfreq(a, numbins=len(a)) #计算经验分布函数
6 print(stats.cumfreq(a, numbins=len(a))[0]/len(a)) #经验分布函数值
7 #最后一行代码输出结果为累积频率, 即经验分布函数所有可能的取值: [0.25 0.75 0.75 1.00]
```

由大数定律, 对任意实数 x, 随着样本容量 n 的增大, 经验分布函数 $F_n(x)$ 在概率意义下越来越"靠近"总体分布函数 $F(x)$. 更一般地, 我们有下面的定理.

定理 5.1.1 (格利文科 (Glivenko) 定理) 设 $x_1, \cdots, x_n$ 是来自总体分布函数为 $F(x)$ 的样本, $F_n(x)$ 为经验分布函数, 则当 $n \to +\infty$ 时, 有

$$P\left(\sup_{x\in\mathbb{R}} |F_n(x) - F(x)| \to 0\right) = 1.$$

注记 5.1.6 格利文科定理是经典统计学中的统计推断的基础. 其证明已经超出了本书的范围, 这里略去.

5.1.4 直方图和箱线图

图像法也是从样本观测值来推测总体的直观、常用方法. 这里介绍"直方图"和"箱线图".

直方图以总体 X 的取值或取值区间为横坐标, 样本观测值 $x_1, x_2, \cdots, x_n$ 落在相应取值或取值区间内的频数或频率为纵坐标作图. 其中, 若 X 为离散总体, 通常以 X 所有可能的取值为横坐标, 样本观测值取相应值的频数或频率为纵坐

标. 若 X 为连续总体, 则通常取能够覆盖所有样本观测值 $x_1, x_2, \cdots, x_n$ 的 k 个等长度区间 $(a_{i-1}, a_i]$, $i = 1, 2, \cdots, k$, 计算样本观测值落在每个区间的频数或频率作图, 根据样本容量, 区间组数推荐公式为 $k = 1 + \log_2(n)$.

箱线图利用 $x_{(1)}$, Q_1, m_d, Q_3, $x_{(n)}$ 五个数作图, 其中 $x_{(1)}$ 和 $x_{(n)}$ 分别是样本观测值的最小和最大值, m_d 为样本中位数, 即样本 0.5 分位数, Q_1 和 Q_3 分别为样本 0.25 和 0.75 分位数, 也叫第一、第三四分位数. 对 $0 < p < 1$, 样本 p 分位数 m_p 表示 $x_1, \cdots, x_n$ 中从小至大第 $100 \times p\%$ 位置的数值, 严格定义为

$$m_p = \begin{cases} x_{(k)}, & \dfrac{k}{n+1} = p, \\ x_{(k)} + [x_{(k+1)} - x_{(k)}][(n+1)p - k], & \dfrac{k}{n+1} < p < \dfrac{k+1}{n+1}, \end{cases}$$

其中 $x_{(1)}, \cdots, x_{(n)}$ 为次序统计量. 箱线图画一垂直 (或水平) 数轴, 标上 $x_{(1)}$, Q_1, m_d, Q_3, $x_{(n)}$, 在数轴侧方画一个平行于数轴的矩形箱子, 矩形上下两边在 Q_1, Q_3 处, 矩形中间在中位数 m_d 处标一条线, 矩形外画两条线段延伸到 $x_{(1)}$ 与 $x_{(n)}$ 处.

例 5.1.7 设某中学 16 名学生的性别和身高 (厘米) 数据如下:

男	男	女	男	男	女	女	女
150	183	163	159	175	166	169	152
女	男	女	女	男	男	女	女
143	170	130	144	161	146	159	160

图 5.1 画出了性别 (可用 0 和 1 分别编码男女) 和身高的频数直方图、身高的箱线图和按性别分类的身高箱线图. 其 Python 代码如下所示. 从图中我们看到身高在 160 厘米的最多, 男学生总体比女学生身高要高.

```
1 #绘制直方图和箱线图
2 import pandas as pd
3 import numpy as np
4 import matplotlib.pyplot as plt
5 import seaborn as sns
6 plt.rcParams['font.sans-serif']=['SimHei'] #使画图正常显示中文
7 df=pd.DataFrame({'身高':[150,183,163,159,175,166,169,152,143,170,130,144,161,146,159,
      160], '性别': [' 男','男','女','男','男','女','女','女','女','男','女','女','男'
      ,'男','女','女']})
8 plt.figure(figsize = (10, 8), dpi=150) #设置图形大小
9 plt.subplot(2,2,1) #第一个子图: 性别频数直方图
10 plt.hist(x='性别', data=df)
11 plt.ylabel('频数')
12 plt.title('性别频数直方图')
```

```
13 plt.subplot(2,2,2) #第二个子图: 身高频数直方图
14 plt.hist(x='身高', bins=5, edgecolor='white', data=df) #直方图区间个数设为5
15 plt.ylabel('频数')
16 plt.title('身高频数直方图')
17 plt.subplot(2,2,3) #第三个子图: 身高箱线图
18 sns.boxplot(y='身高', data=df)
19 plt.title('身高箱线图')
20 plt.subplot(2,2,4) #第四个子图: 按性别分组的身高箱线图
21 sns.boxplot(x='性别', y='身高', data=df)
22 plt.title('按性别分组的身高箱线图')
```

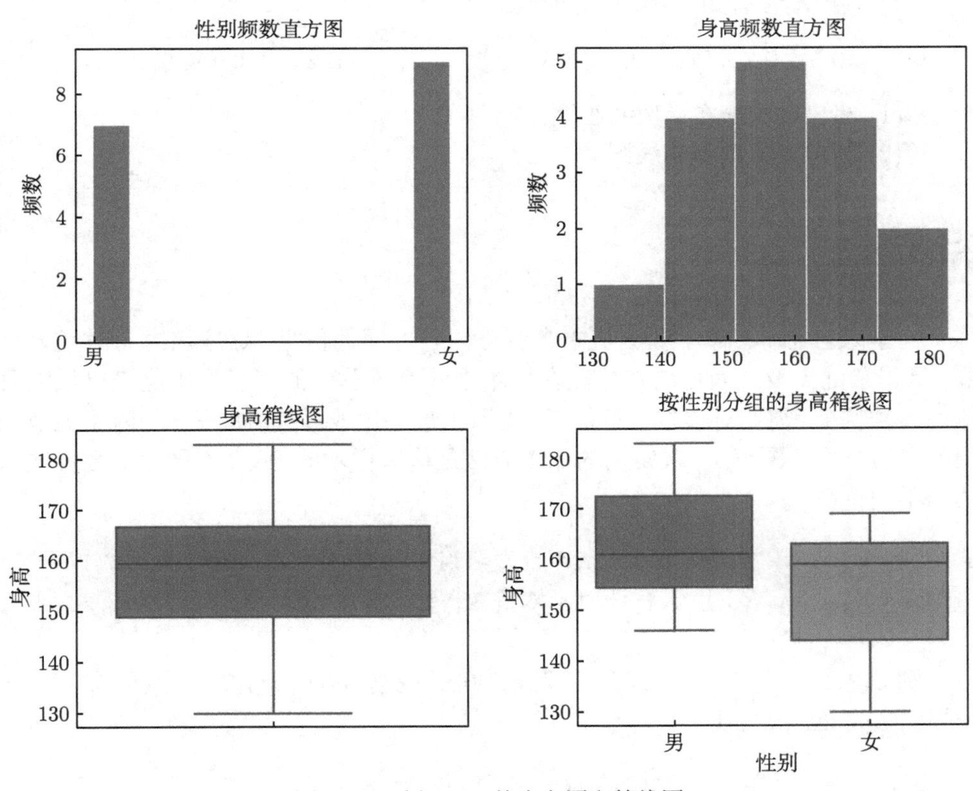

图 5.1 例 5.1.7 的直方图和箱线图

✍习题 5.1

1. 研究某工厂生产的标值为 3 的电阻的阻值, 试确定该问题的总体.

2. 某工厂生产的电容器的使用寿命服从指数分布, 为了解其平均寿命, 从中抽出 n 个产品测其实际使用寿命, 确定该问题的总体和样本.

3. 设 $X_1, \cdots, X_m$ 是取自二项分布 $b(n,p)$ 的一个样本, 其中 $0<p<1$, 写出该样本的联合分布列.

4. 设 $X_1, \cdots, X_n$ 是取自泊松分布 $P(\lambda)$ 的一个样本, 其中 $\lambda>0$, 写出该样本的联合分布列.

5. 设 $X_1, \cdots, X_n$ 是取自均匀分布 $U(0,\theta)$ 的一个样本, 其中 $\theta>0$, 写出该样本的联合概率密度函数.

6. 设 $X_1, \cdots, X_n$ 是取自指数分布 $\mathrm{Exp}(\lambda)$ 的一个样本, 其中 $\lambda>0$, 写出该样本的联合分布函数.

7. 某样本含有如下 10 个观测值:

$$0.5,\quad 0.7,\quad 0.2,\quad 0.7,\quad 0.5,\quad 0.5,\quad 1.5,\quad -0.2,\quad 0.2,\quad -0.5.$$

(1) 写出经验分布函数并画图;

(2) 画出直方图和箱线图.

5.2 统计量

样本来自总体, 样本观测值中含有总体各方面的信息, 这些信息有时较为分散, 显得杂乱无章. 为将这些分散在样本中的有关总体的信息集中起来以反映总体的各种特征, 需要对样本进行加工, 提取出最有用或最关心的信息. 除了上节介绍的经验分布、图形法, 最常用的加工方法是构造样本的函数, 不同的函数反映总体的不同特征.

定义 5.2.1 设 $X_1, X_2, \cdots, X_n$ 为取自某总体的样本, 若样本函数 $T=T(X_1, X_2, \cdots, X_n)$ 不含有任何未知参数, 则称 T 为**统计量**.

例 5.2.1 设 X_1, X_2, X_3, X_4 是来自正态总体 $N(\mu, \sigma^2)$ 的一个样本, 其中 μ 未知, 但 σ^2 已知. 于是

$$\sum_{i=1}^{4} X_i^4,\quad \frac{1}{3}\sum_{i=1}^{3} X_i,\quad \frac{1}{\sigma^2}\sum_{i=1}^{4}\left(X_i-\frac{1}{4}\sum_{i=1}^{4} X_i\right)^2,\quad \max\{X_1, X_2, X_3, X_4\}$$

都是统计量, 但是

$$\sum_{i=1}^{4}(X_i-\mu)^2,\quad X_1+X_2-EX_3$$

不是统计量.

下面给出后面需要经常用到的统计量.

定义 5.2.2 (常用统计量) 设 $X_1, X_2, \cdots, X_n$ 是来自总体 X 的一个样本, 定义

(1) 样本均值 $\overline{X} = \frac{1}{n}\sum_{i=1}^{n} X_i$;

(2) 样本方差 $S^2 = \frac{1}{n-1}\sum_{i=1}^{n}(X_i - \overline{X})^2 = \frac{1}{n-1}\left(\sum_{i=1}^{n} X_i^2 - n\overline{X}^2\right)$;

(3) 样本标准差 $S = \sqrt{S^2}$;

(4) 样本 k 阶原点矩 $A_k = \frac{1}{n}\sum_{i=1}^{n} X_i^k, \quad k = 1, 2, \cdots$;

(5) 样本 k 阶中心矩 $B_k = \frac{1}{n}\sum_{i=1}^{n}(X_i - \overline{X})^k, \quad k = 1, 2, \cdots$.

注记 5.2.1 显然 $A_1 = \overline{X}$, $B_1 = 0$.

注记 5.2.2 称 $B_2 = \frac{1}{n}\sum_{i=1}^{n}(X_i - \overline{X})^2 = \frac{n-1}{n}S^2$ 也是样本方差, 记为 S_n^2. 实际中, S^2 比 S_n^2 更常用, 因为 S^2 是总体方差的无偏估计 (定义参见 6.3 节). 今后, 除非特别说明, 样本方差都是指 S^2.

例 5.2.2 考虑例 5.1.4 的罐头重量的样本观测值, 其样本均值 $\overline{x} = 341.9$, 样本方差 $s^2 = 8.77$, 样本标准差 $s = 2.96$, 样本二阶中心矩 $b_2 = s_n^2 = 7.89$, 样本二阶原点矩 $a_2 = 116903.5$. 计算这些统计量的 Python 代码如下.

```
1 import numpy as np
2 a=np.array([344,336,345,342,340,338,344,343,344,343])
3 np.mean(a) #样本均值
4 np.sum((a-np.mean(a))**2)/(len(a)-1) #样本方差
5 (np.sum((a-np.mean(a))**2)/(len(a)-1))**0.5 #样本标准差
6 np.mean((a-np.mean(a))**2) #样本二阶中心矩
7 np.var(a) #样本二阶中心矩另一计算方法
8 np.mean(a**2) #样本二阶原点矩
```

在观测之前样本是随机变量, 样本均值和样本方差作为样本函数也是随机变量. 下面的定理是关于样本均值和样本方差的数字特征的刻画, 它们都不依赖于总体的分布.

定理 5.2.1 设 $X_1, X_2, \cdots, X_n$ 是来自总体 X 的一个简单随机样本, 且 $EX = \mu$, $\mathrm{Var}X = \sigma^2$, 则

$$E\overline{X} = \mu, \qquad \mathrm{Var}\overline{X} = \frac{\sigma^2}{n}, \qquad ES^2 = \sigma^2.$$

证明 因为 $X_1, X_2, \cdots, X_n$ 是来自总体 X 的一个简单随机样本, 所以 X_1,

$X_2,\cdots,X_n$ 独立同分布, 且有相同的期望 μ 和方差 σ^2. 于是,

$$E\overline{X}=E\left(\frac{1}{n}\sum_{k=1}^{n}X_k\right)=\frac{1}{n}\sum_{k=1}^{n}EX_k=\frac{1}{n}\sum_{k=1}^{n}\mu=\mu,$$

$$\mathrm{Var}\overline{X}=\mathrm{Var}\left(\frac{1}{n}\sum_{k=1}^{n}X_k\right)=\frac{1}{n^2}\sum_{k=1}^{n}\mathrm{Var}X_k=\frac{1}{n^2}\sum_{k=1}^{n}\sigma^2=\frac{\sigma^2}{n},$$

$$\begin{aligned}E((n-1)S^2)&=E\left(\sum_{k=1}^{n}(X_k-\overline{X})^2\right)=E\left(\sum_{k=1}^{n}X_k^2-n\overline{X}^2\right)\\&=\sum_{k=1}^{n}EX_k^2-nE\overline{X}^2=n(\mu^2+\sigma^2)-n\left(\mu^2+\frac{\sigma^2}{n}\right)=(n-1)\sigma^2,\end{aligned}$$

故 $ES^2=\sigma^2$. □

✍习题 5.2

1. 设 $X_1,\cdots,X_5$ 是取自两点分布 $b(1,p)$ 的一个样本, 其中 $0<p<1$ 未知, 指出下列样本函数中哪些是统计量, 哪些不是统计量.

$$T_1=\frac{X_1+\cdots+X_5}{5},\quad T_2=X_5-EX_1,$$
$$T_3=X_1+p,\qquad T_4=\max\{X_1,\cdots,X_5\}.$$

2. 对下列两组样本观测值, 分别求出 $\overline{X}$ 和 S^2.

(1) $5,2,3,5,8$;

(2) $105,102,103,105,108$.

3. 设 $X_1,\cdots,X_n$ 是取自两点分布 $b(1,p)$ 的一个样本, 其中 $0<p<1$ 未知, 求:

(1) $(X_1,\cdots,X_n)$ 的联合分布列;

(2) $\sum\limits_{k=1}^{n}X_k$ 的分布列;

(3) $E\overline{X}$, $\mathrm{Var}\overline{X}$, ES^2.

4. 设 $X_1,\cdots,X_n$ 是来自泊松分布 $P(\lambda)$ 总体的一个样本, 其中 $\lambda>0$ 未知, 求 $E\overline{X}$, $\mathrm{Var}\overline{X}$, ES^2.

5. 证明 $\sum\limits_{k=1}^{n}(X_k-\overline{X})^2=\sum\limits_{k=1}^{n}X_k^2-n\overline{X}^2$.

6. 设样本 $X_1,\cdots,X_n$ 的样本均值和样本方差分别为

$$\overline{X}=\frac{1}{n}\sum_{k=1}^{n}X_k,\qquad S^2=\frac{1}{n-1}\sum_{k=1}^{n}(X_k-\overline{X})^2.$$

试用 $\overline{X}$, S^2 和 X_{n+1} 表示样本 $X_1, \cdots, X_n, X_{n+1}$ 的样本均值和样本方差.

5.3 抽样分布

在使用统计量进行统计推断时常需要知道它的分布. 我们通常将统计量的分布称为抽样分布. 在数理统计研究中, 经常需要使用到三个抽样分布: χ^2(卡方) 分布、t 分布和 F 分布. 这三个分布都与正态总体密切相关. 本节我们先来介绍这三个常用分布, 最后给出正态总体下的抽样分布.

5.3.1 χ^2 分布

定义 5.3.1 设随机变量 $X_1, X_2, \cdots, X_n$ 独立同分布且都服从标准正态分布 $N(0,1)$, 则称随机变量 $\chi^2 = \sum\limits_{i=1}^{n} X_i^2$ 服从自由度为 n 的 χ^2 (卡方) 分布, 记为 $\chi^2 \sim \chi^2(n)$.

由例 3.4.2, 我们已知若 $X \sim N(0,1)$, 则 $X^2 \sim \mathrm{Ga}\left(\dfrac{1}{2}, \dfrac{1}{2}\right)$. 因而由 Gamma 分布的可加性知, $\chi^2 \sim \mathrm{Ga}\left(\dfrac{n}{2}, \dfrac{1}{2}\right)$, 是一个特殊的 Gamma 分布. 即

注记 5.3.1 若随机变量 χ^2 服从卡方分布 $\chi^2(n)$, 则其概率密度函数为

$$p(y) = \begin{cases} \dfrac{1}{2^{\frac{n}{2}}\Gamma\left(\dfrac{n}{2}\right)} y^{\frac{n}{2}-1} \mathrm{e}^{-\frac{y}{2}}, & y > 0, \\ 0, & y \leqslant 0. \end{cases}$$

图像见图 5.2. 易知:

(1) 数学期望为 $E\chi^2 = n$, 方差为 $\mathrm{Var}\chi^2 = 2n$;

(2) 卡方分布具有可加性.

注记 5.3.2 设 $0 < \alpha < 1$, 通常将分布 $\chi^2(n)$ 的 α-分位数记为 $\chi^2_\alpha(n)$, 即若 $\chi^2 \sim \chi^2(n)$, 则 $P(\chi^2 \leqslant \chi^2_\alpha(n)) = \alpha$.

例 5.3.1 图 5.2 画出了自由度为 2, 4, 8, 12 的 χ^2 分布的密度函数图. 由 χ^2 分布函数表或 Python 的 scipy.stats 包中 chi2.ppf 函数, 容易得到 $\chi^2_{0.05}(8) = 2.73$, $\chi^2_{0.95}(8) = 15.51$. 相关的 Python 代码如下.

```
1 #卡方分布密度函数和分位数
2 import numpy as np
3 import scipy.stats as stats
4 import matplotlib.pyplot as plt
```

```
5  plt.figure(figsize=(6, 4), dpi=150) #设置图形大小
6  x=np.arange(0, 25, 0.001)
7  for n in [2, 4, 8, 12]:
8      plt.plot(x, stats.chi2.pdf(x, df=n)) #画出不同自由度卡方分布的密度函数图
9  plt.xlim(0, 25)
10 plt.ylim(0, 0.52)
11 plt.xlabel('$x$')
12 plt.ylabel('密度')
13 plt.text(x=1.2,y=0.35,s="$n=2$",alpha=0.75,weight="bold") #标记不同自由度图例
14 plt.text(x=4,y=0.16,s="$n=4$",alpha=0.75,weight="bold")
15 plt.text(x=6,y=0.12,s="$n=8$",alpha=0.75,weight="bold")
16 plt.text(x=12,y=0.09,s="$n=12$",alpha=0.75,weight="bold")
17 stats.chi2.ppf(q=0.05, df=8) #计算自由度为8的卡方分布分位数
18 stats.chi2.ppf(q=0.95, df=8)
```

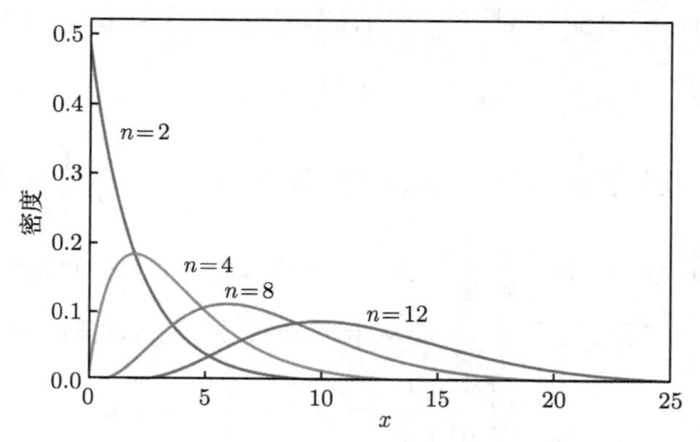

图 5.2 卡方分布 $\chi^2(n), n=2,4,8,12$ 的概率密度函数

下面这个定理在参数估计和假设检验中都需要用到, 其证明由定义即得.

定理 5.3.1 设 $X_1, X_2, \cdots, X_n$ 是来自正态总体 $N(\mu, \sigma^2)$ 的一个样本, 则

$$\sum_{i=1}^{n}\left(\frac{X_i-\mu}{\sigma}\right)^2 \sim \chi^2(n).$$

5.3.2 t 分布

定义 5.3.2 设随机变量 $X \sim N(0,1)$, $Y \sim \chi^2(n)$, 且 X 与 Y 相互独立, 则随机变量 $T = \dfrac{X}{\sqrt{Y/n}}$ 的分布称为自由度为 n 的 t 分布, 记为 $T \sim t(n)$.

注记 5.3.3 由随机变量函数的分布, 可以求出 $t(n)$ 分布的概率密度函数为

$$p(t)=\frac{\Gamma\left(\frac{n+1}{2}\right)}{\sqrt{n\pi}\Gamma\left(\frac{n}{2}\right)}\left(1+\frac{t^2}{n}\right)^{-\frac{n+1}{2}},$$

其图像如图 5.3 所示.

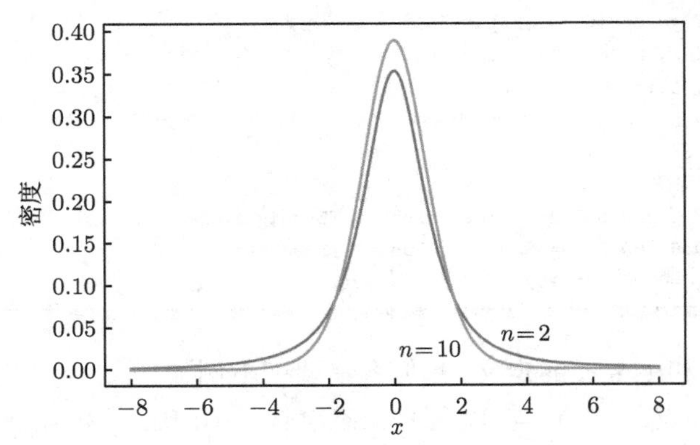

图 5.3　t 分布 $t(2)$ 和 $t(10)$ 的概率密度函数

注记 5.3.4 由 $t(n)$ 分布的概率密度函数可知如下结论.

(1) 设 $T\sim t(n)$, 若 $n\leqslant 1$, 则 T 的数学期望 ET 不存在; 若 $n>1$, 则 $ET=0$.

(2) 设 $T\sim t(n)$, $n>1$, 则

$$E|T|^k\begin{cases}<+\infty, & k<n,\\ =+\infty, & k\geqslant n.\end{cases}$$

(3) 设 $T\sim t(n)$, $n>2$, 则 $\mathrm{Var}T=\dfrac{n}{n-2}$.

(4) $t(1)$ 即为柯西分布, 其任意阶矩都不存在.

(5) t 分布密度函数与 $N(0,1)$ 分布类似, 但峰低一些, 两侧尾部厚一些.

(6) 当 n 充分大时, 可以用 $N(0,1)$ 分布来近似.

证明留作习题. □

注记 5.3.5 设 $0<\alpha<1$, 通常将分布 $t(n)$ 的 α-分位数记为 $t_\alpha(n)$, 即若 $T\sim t(n)$, 则 $P(T\leqslant t_\alpha(n))=\alpha$. 由于 $t(n)$ 分布为对称分布, 故 $t_\alpha(n)+t_{1-\alpha}(n)=0$.

例 5.3.2 图 5.3 画出了自由度为 2 和 10 的 t 分布的密度函数图. 由 $t(n)$ 分布函数表或 Python 的 scipy.stats 包中 t.ppf 函数, 容易得到 $t_{0.05}(10) = -1.8125$, $t_{0.95}(10) = -t_{0.05}(10) = 1.8125$. 相关的 Python 代码如下.

```
1  # t 分布密度函数和分位数
2  import numpy as np
3  import scipy.stats as stats
4  import matplotlib.pyplot as plt
5  plt.rcParams['axes.unicode_minus']=False #使画图正常显示负号
6  plt.figure(figsize=(6, 4), dpi=150) #设置图形大小
7  x=np.arange(-8, 8, 0.001)
8  for n in [2, 10]:
9      plt.plot(x, stats.t.pdf(x, df=n)) #画出不同自由度 t 分布的密度函数图
10 plt.xlabel('$x$')
11 plt.ylabel('密度')
12 plt.text(x=3.2,y=0.035,s="$n=2$",alpha=0.75,weight="bold") #标记不同自由度图例
13 plt.text(x=0.5,y=0.02,s="$n=10$",alpha=0.75,weight="bold")
14 stats.t.ppf(q=0.05, df=10) #计算自由度为10的 t 分布分位数
```

由 χ^2 分布和 t 分布的定义, 我们容易验证下例.

例 5.3.3 设总体 X 与 Y 都是正态总体 $N(0,9)$, 且相互独立. $X_1,\cdots,X_9$ 和 $Y_1,\cdots,Y_9$ 分别是来自总体 X 与 Y 的样本, 则统计量

$$Z = \frac{X_1+\cdots+X_9}{\sqrt{Y_1^2+\cdots+Y_9^2}} \sim t(9).$$

5.3.3 F 分布

定义 5.3.3 设随机变量 $X \sim \chi^2(n)$, $Y \sim \chi^2(m)$, 且相互独立, 则 $F = \dfrac{X/n}{Y/m}$ 的分布称为自由度为 (n,m) 的 F 分布, 记为 $F \sim F(n,m)$.

注记 5.3.6 $F(n,m)$ 分布的概率密度函数为

$$p(t) = \begin{cases} \dfrac{\Gamma\left(\dfrac{n+m}{2}\right)}{\Gamma\left(\dfrac{n}{2}\right)\Gamma\left(\dfrac{m}{2}\right)} n^{n/2} m^{m/2} t^{n/2-1}(nt+m)^{-\frac{n+m}{2}}, & t>0, \\ 0, & t \leqslant 0. \end{cases}$$

其图像如图 5.4 所示.

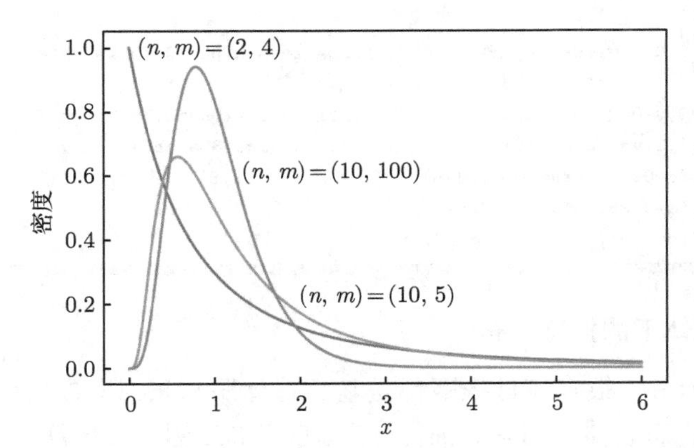

图 5.4　F 分布 $F(n,m),(n,m)=(2,4),(10,5),(10,100)$ 的概率密度函数

注记 5.3.7　设 $0<\alpha<1$, 通常将分布 $F(n,m)$ 的 α-分位数记为 $F_\alpha(n,m)$, 即若 $F\sim F(n,m)$, 则

$$P(F\leqslant F_\alpha(n,m))=\alpha.$$

注记 5.3.8　显然,

(1) 若 X 服从自由度为 n 的 t 分布, 即 $X\sim t(n)$, 则 X^2 服从自由度为 $(1,n)$ 的 F 分布, 即 $X^2\sim F(1,n)$.

(2) 若 $F\sim F(n,m)$, 则 $1/F\sim F(m,n)$.

(3) $F_\alpha(n,m)F_{1-\alpha}(m,n)=1$.

例 5.3.4　图 5.4 画出了自由度为 $(2,4)$, $(10,5)$, $(10,100)$ 的 F 分布的密度函数图. 由 F 分布的分布函数表或 Python 的 scipy.stats 包中 f.ppf 函数, 容易得到

$$F_{0.95}(10,5)=4.74,\qquad F_{0.05}(10,5)=\frac{1}{F_{0.95}(5,10)}=\frac{1}{3.33}=0.3.$$

相关的 Python 代码如下.

```
1 #卡方分布密度函数和分位数
2 import numpy as np
3 import scipy.stats as stats
4 import matplotlib.pyplot as plt
5 plt.figure(figsize=(6, 4), dpi=150) #设置图形大小
6 x=np.arange(0, 6, 0.001)
7 for n in [[2,3], [4,8], [10,5], [10,100]]:
8     plt.plot(x, stats.f.pdf(x, dfn=n[0], dfd=n[1])) #画出不同自由度 F 分布的密度函数图
9 plt.xlabel('$x$')
10 plt.ylabel('密度')
```

```
11 plt.text(x=0.05,y=1,s="$(n,m)=(2,4)$",fontsize=8,alpha=0.75,weight="bold")
                  #标记不同自由度图例
12 plt.text(x=2,y=0.2,s="$(n,m)=(10,5)$",fontsize=8,alpha=0.75,weight="bold")
13 plt.text(x=1.3,y=0.6,s="$(n,m)=(10,100)$",fontsize=8,alpha=0.75,weight="bold")
14 stats.f.ppf(q=0.95, dfn=10, dfd=5) #计算自由度为(10,5)的 F 分布分位数
15 stats.f.ppf(q=0.05, dfn=10, dfd=5)
16 stats.f.ppf(q=0.95, dfn=5, dfd=10) #与上行代码计算结果相同
```

5.3.4 正态总体下的抽样分布

在数理统计中, 很多统计推断都是基于总体服从正态分布的假设的, 下面的两个定理就是正态总体下的有关抽样分布, 它们的应用十分广泛.

定理 5.3.2(费希尔 (Fisher) 定理) 设 $X_1,\cdots,X_n$ 是来自正态总体 $N(\mu,\sigma^2)$ 的样本, $\overline{X}$ 和 S^2 分别是其样本均值和样本方差, 则 $\overline{X}$ 与 S^2 独立, 且

(1) $\overline{X}\sim N\left(\mu,\dfrac{\sigma^2}{n}\right)$;

(2) $\dfrac{(n-1)S^2}{\sigma^2}\sim\chi^2(n-1)$;

(3) $\dfrac{\overline{X}-\mu}{S}\sqrt{n}\sim t(n-1)$.

证明 见定理 5.4.2. □

定理 5.3.3 设有两个相互独立的正态总体 $X\sim N(\mu_1,\sigma_1^2)$ 和 $Y\sim N(\mu_2,\sigma_2^2)$, $X_1,\cdots,X_m$ 是来自总体 X 的样本, $Y_1,\cdots,Y_n$ 是来自总体 Y 的样本, 它们对应的样本均值和样本方差分别为

$$\overline{X}=\frac{1}{m}\sum_{i=1}^{m}X_i,\quad \overline{Y}=\frac{1}{n}\sum_{j=1}^{n}Y_j;$$

$$S_X^2=\frac{1}{m-1}\sum_{i=1}^{m}(X_i-\overline{X})^2,\quad S_Y^2=\frac{1}{n-1}\sum_{j=1}^{n}(Y_j-\overline{Y})^2.$$

则

(1) $\overline{X}-\overline{Y}\sim N\left(\mu_1-\mu_2,\dfrac{\sigma_1^2}{m}+\dfrac{\sigma_2^2}{n}\right)$.

(2) 当 $\sigma_1=\sigma_2=\sigma$ 时,

$$\frac{\overline{X}-\overline{Y}-(\mu_1-\mu_2)}{S_W\sqrt{\dfrac{1}{m}+\dfrac{1}{n}}}\sim t(m+n-2),$$

其中

$$S_W^2=\frac{(m-1)S_X^2+(n-1)S_Y^2}{m+n-2},\qquad S_W=\sqrt{S_W^2}.$$

(3) $F=\dfrac{S_X^2/\sigma_1^2}{S_Y^2/\sigma_2^2}\sim F(m-1,n-1)$.

证明 (1) 由 Fisher 定理 (1), $\overline{X}\sim N\left(\mu_1,\dfrac{\sigma_1^2}{m}\right)$, $\overline{Y}\sim N\left(\mu_2,\dfrac{\sigma_2^2}{n}\right)$. 又因为 $\overline{X}$ 与 $\overline{Y}$ 独立, 由正态分布的可加性立得.

(2) 由 Fisher 定理 (2) 知, $\dfrac{(m-1)S_X^2}{\sigma^2}\sim\chi^2(m-1)$, $\dfrac{(n-1)S_Y^2}{\sigma^2}\sim\chi^2(n-1)$. 于是由卡方分布的可加性知, $\dfrac{(m-1)S_X^2+(n-1)S_Y^2}{\sigma^2}\sim\chi^2(m+n-2)$. 再由 (1) 及 Fisher 定理 (3) 知,

$$\frac{\overline{X}-\overline{Y}-(\mu_1-\mu_2)}{S_W\sqrt{\dfrac{1}{m}+\dfrac{1}{n}}}\sim t(m+n-2).$$

(3) 由 Fisher 定理 (2) 知, $\dfrac{(m-1)S_X^2}{\sigma_1^2}\sim\chi^2(m-1)$, $\dfrac{(n-1)S_Y^2}{\sigma_2^2}\sim\chi^2(n-1)$. 再由 F 分布的构造知, $\dfrac{S_X^2/\sigma_1^2}{S_Y^2/\sigma_2^2}\sim F(m-1,n-1)$. □

✍习题 5.3

1. 设 X_1,X_2,X_3,X_4 是来自总体 $N(0,4)$ 的样本, 已知 $a(X_1-2X_2)^2+b(3X_3-4X_4)^2\sim\chi^2(2)$, 求 a,b.

2. 设 $X_1,\cdots,X_{10}$ 是来自正态总体 $N(0,0.3^2)$ 的样本, 求概率

$$P\left(\sum_{i=1}^{10}X_i^2\geqslant 1.44\right).$$

3. 设随机变量 X 与 Y 都服从正态分布 $N(0,\sigma^2)$, 且相互独立, 求概率

$$P\left(\frac{(X+Y)^2}{(X-Y)^2}\leqslant 4\right).$$

4. 设 $X_1, \cdots, X_5$ 是来自正态总体 $N(0,1)$ 的样本, 求常数 C, 使得

$$\frac{C(X_2+X_4)}{\sqrt{X_1^2+X_3^2+X_5^2}}$$

服从 t 分布.

5. 查分位数表求出 $t_{0.10}(18)$ 和 $t_{0.90}(18)$.

6. 设 $X \sim F(n,n)$, 求概率 $P(X<1)$.

7. 证明: 若 X 服从自由度为 n 的 t 分布, 即 $X \sim t(n)$, 则 X^2 服从自由度为 $(1,n)$ 的 F 分布, 即 $X^2 \sim F(1,n)$.

8. 证明注记 5.3.8.

9. 设有来自正态总体 $N(\mu,\sigma^2)$ 的样本 $X_1, \cdots, X_n, X_{n+1}$, 样本均值和样本方差分别为

$$\overline{X}=\frac{1}{n}\sum_{k=1}^{n}X_k, \qquad S^2=\frac{1}{n-1}\sum_{k=1}^{n}(X_k-\overline{X})^2.$$

求统计量 $T=\dfrac{X_{n+1}-\overline{X}}{S}\sqrt{\dfrac{n}{n+1}}$ 的分布.

10. 设 $X_1, \cdots, X_n$ 是来自正态总体 $N(0,1)$ 的样本, 样本均值和样本方差分别为

$$\overline{X}=\frac{1}{n}\sum_{k=1}^{n}X_k, \qquad S^2=\frac{1}{n-1}\sum_{k=1}^{n}(X_k-\overline{X})^2.$$

记 $Y=\overline{X}^2-\dfrac{1}{n}S^2$, 求 Y 的数学期望和方差.

*5.4 补充

本节中, 首先给出 Fisher 定理的证明, 接着简要介绍次序统计量, 最后给出充分统计量的定义.

5.4.1 Fisher 定理的证明

在给出 Fisher 定理的证明之前, 我们需要做点准备工作, 参见文献 (Degroot and Schervish, 2012).

定理 5.4.1 设 $\boldsymbol{X}=(X_1,\cdots,X_n)^{\mathrm{T}}$ 为 n 维随机向量, 联合概率密度函数为

$$p(\boldsymbol{x})=(2\pi)^{-n/2}\exp\left(-\frac{1}{2}\sum_{i=1}^{n}x_i^2\right),$$

其中 $\boldsymbol{x}=(x_1,\cdots,x_n)^{\mathrm{T}}$. 即 $\boldsymbol{X}\sim N(\boldsymbol{0},\boldsymbol{I})$. 设 $\boldsymbol{A}=(a_{ij})$ 为 n 阶正交矩阵, $\boldsymbol{Y}=\boldsymbol{AX}$, 其中 $\boldsymbol{Y}=(Y_1,\cdots,Y_n)^{\mathrm{T}}$, 则 $\boldsymbol{Y}\sim N(\boldsymbol{0},\boldsymbol{I})$, 且 $\sum\limits_{i=1}^{n}Y_i^2=\sum\limits_{i=1}^{n}X_i^2$.

证明 由于 $\boldsymbol{Y}=\boldsymbol{AX}$ 是一个线性变换, 由定理 3.4.1 的高维情形, 易知随机向量 $\boldsymbol{Y}=(Y_1,\cdots,Y_n)^{\mathrm{T}}$ 的联合概率密度函数为

$$f(\boldsymbol{y})=|\boldsymbol{A}|^{-1}p(\boldsymbol{A}^{-1}\boldsymbol{y}).$$

由于 $\boldsymbol{A}$ 为正交矩阵, 故 $\boldsymbol{A}^{-1}=\boldsymbol{A}^{\mathrm{T}}$, $\boldsymbol{AA}^{\mathrm{T}}=\boldsymbol{A}^{\mathrm{T}}\boldsymbol{A}=\boldsymbol{I}$, $|\boldsymbol{A}|=1$.

于是, 随机向量 $\boldsymbol{Y}=(Y_1,\cdots,Y_n)^{\mathrm{T}}$ 的联合概率密度函数为

$$f(\boldsymbol{y})=(2\pi)^{-n/2}\exp\left(-\frac{1}{2}\sum_{i=1}^{n}y_i^2\right),$$

其中 $\boldsymbol{y}=(y_1,\cdots,y_n)^{\mathrm{T}}$, 即 $\boldsymbol{Y}\sim N(\boldsymbol{0},\boldsymbol{I})$, 且

$$\sum_{i=1}^{n}Y_i^2=\boldsymbol{Y}^{\mathrm{T}}\boldsymbol{Y}=(\boldsymbol{AX})^{\mathrm{T}}\boldsymbol{AX}=\boldsymbol{X}^{\mathrm{T}}\boldsymbol{A}^{\mathrm{T}}\boldsymbol{AX}=\boldsymbol{X}^{\mathrm{T}}\boldsymbol{X}=\sum_{i=1}^{n}X_i^2. \qquad \square$$

定理 5.4.2 设 $Z_1,\cdots,Z_n$ 相互独立且都服从标准正态分布 $N(0,1)$, 则 $\overline{Z}=\frac{1}{n}\sum\limits_{i=1}^{n}Z_i$ 与 $\sum\limits_{i=1}^{n}(Z_i-\overline{Z})^2$ 相互独立, 且

(1) $\sqrt{n}\,\overline{Z}\sim N(0,1)$;

(2) $\sum\limits_{i=1}^{n}(Z_i-\overline{Z})^2\sim\chi^2(n-1)$;

(3) $\dfrac{\sqrt{n}\,\overline{Z}}{\sqrt{\sum\limits_{i=1}^{n}(Z_i-\overline{Z})^2/(n-1)}}\sim t(n-1)$.

证明 对 $i,j=1,2,\cdots,n$, 记 $a_{ij}=\begin{cases}\dfrac{1}{\sqrt{n}}, & i=1,\\ \dfrac{1}{\sqrt{i(i-1)}}, & i>1,j<i,\\ -\dfrac{i-1}{\sqrt{i(i-1)}}, & i>1,j=i,\\ 0, & i>1,j>i,\end{cases}$

则容易验证矩阵 $\boldsymbol{A}=(a_{ij})_{n\times n}$ 是正交矩阵. 记 $\boldsymbol{Z}=(Z_1,\cdots,Z_n)^{\mathrm{T}}$, $\boldsymbol{Y}=(Y_1,\cdots,Y_n)^{\mathrm{T}}$. 若 $\boldsymbol{Y}=\boldsymbol{A}\boldsymbol{Z}$, 则由定理 5.4.1 知, $\boldsymbol{Y}\sim N(\boldsymbol{0},\boldsymbol{I})$, 且 $\sum\limits_{i=1}^{n}Y_i^2=\sum\limits_{i=1}^{n}Z_i^2$.

因此, $Y_1,\cdots,Y_n$ 相互独立且都服从标准正态分布 $N(0,1)$, 而

$$Y_1=\sum_{j=1}^{n}a_{1j}Z_j=\sqrt{n}\,\overline{Z},$$

$$\sum_{i=2}^{n}Y_i^2=\sum_{i=1}^{n}Y_i^2-Y_1^2=\sum_{i=1}^{n}Z_i^2-n\overline{Z}^2=\sum_{i=1}^{n}(Z_i-\overline{Z})^2,$$

故 $\overline{Z}$ 与 $\sum\limits_{i=1}^{n}(Z_i-\overline{Z})^2$ 相互独立, 且 $\sqrt{n}\,\overline{Z}\sim N(0,1)$. 由卡方分布的构造知, $\sum\limits_{i=1}^{n}(Z_i-\overline{Z})^2\sim\chi^2(n-1)$. 由 t 分布的构造知,

$$\frac{\sqrt{n}\,\overline{Z}}{\sqrt{\sum\limits_{i=1}^{n}(Z_i-\overline{Z})^2/(n-1)}}\sim t(n-1). \qquad \square$$

Fisher 定理的证明

令 $Z_i=\dfrac{X_i-\mu}{\sigma}$, 则 $Z_1,\cdots,Z_n$ 相互独立且都服从标准正态分布 $N(0,1)$. 注意到

$$X_i=\sigma Z_i+\mu,\quad \overline{X}=\sigma\overline{Z}+\mu=\frac{\sigma}{\sqrt{n}}\sqrt{n}\,\overline{Z}+\mu,$$

$$\sum_{i=1}^{n}(X_i-\overline{X})^2=\sigma^2\sum_{i=1}^{n}(Z_i-\overline{Z})^2,$$

$$S=\sqrt{S^2}=\sqrt{\frac{\sum\limits_{i=1}^{n}(X_i-\overline{X})^2}{n-1}},$$

由定理 5.4.2 知, Fisher 定理结论成立. $\square$

5.4.2 次序统计量

常见的统计量除了样本矩以外, 次序统计量也是一类常见的统计量, 在统计推断中经常需要用到.

定义 5.4.1 设 $X_1, X_2, \cdots, X_n$ 是定义在 $(\Omega, \mathcal{F}, P)$ 中的 n 个随机变量, 注意到对每个固定的 ω, $X_1(\omega)$, $X_2(\omega)$, $\cdots$, $X_n(\omega)$ 都是实数, 因而可以比较它们的大小. 于是, 可以把它们按照从小到大的次序排成一列 (倘若有 $i<j$, 使得 $X_i(\omega)=X_j(\omega)$, 就将 $X_i(\omega)$ 排在 $X_j(\omega)$ 之前). 对每个 ω 都可以这样对 $X_1(\omega)$, $X_2(\omega)$, $\cdots, X_n(\omega)$ 进行排序. 将排在第 k 个位置的数记作 $X_{(k)}(\omega)$, 这样就定义了一列新的随机变量 $X_{(1)}, X_{(2)}, \cdots, X_{(n)}$, 且对任意的 $\omega \in \Omega$, 都有

$$X_{(1)}(\omega) \leqslant X_{(2)}(\omega) \leqslant \cdots \leqslant X_{(n)}(\omega).$$

我们称 $X_{(1)}, X_{(2)}, \cdots, X_{(n)}$ 为 $X_1, X_2, \cdots, X_n$ 的**次序统计量**.

注记 5.4.1 由定义,

(1) 特别地, $X_{(1)}=\min\{X_1, \cdots, X_n\}$, $X_{(n)}=\max\{X_1, \cdots, X_n\}$.

(2) 当 $X_1, \cdots, X_n$ 独立同分布时, 次序统计量 $X_{(1)}, \cdots, X_{(n)}$ 一般不再独立也不再同分布.

在第 3 章中已经求出 $X_{(1)}$ 和 $X_{(n)}$ 的分布. 下面来求在已知 $X_1, \cdots, X_n$ 独立同分布时, $X_{(k)}$ 的分布, $k=1, \cdots, n$.

设 $X_1, \cdots, X_n$ 的共同分布为 $F(x)$, $X_{(k)}$ 的分布函数为 $G_k(x)$. 注意到对任意的 $x \in \mathbb{R}$,

$$\begin{aligned}\{X_{(k)} \leqslant x\} &= \{X_1, \cdots, X_n \text{中至少有 } k \text{ 个不超过 } x\} \\ &= \sum_{j=k}^{n} \{X_1, \cdots, X_n \text{中恰好有 } j \text{ 个不超过 } x\},\end{aligned}$$

以及 $P(X_1, \cdots, X_n$ 中恰好有 j 个不超过 $x) = \mathrm{C}_n^j F^j(x)(1-F(x))^{n-j}, j=1, \cdots, n$. 于是

$$\begin{aligned}G_k(x) &= \sum_{j=k}^{n} P(X_1, \cdots, X_n \text{ 中恰好有 } j \text{ 个不超过 } x) = \sum_{j=k}^{n} \mathrm{C}_n^j F^j(x)(1-F(x))^{n-j} \\ &= k\mathrm{C}_n^k \int_0^{F(x)} t^{k-1}(1-t)^{n-k}\mathrm{d}t, \quad k=1, \cdots, n.\end{aligned}$$

特别地, 我们可以通过上式给出 $X_{(1)}$, $X_{(n)}$, $X_{(2)}$ 和 $X_{(n-1)}$ 的分布:

$$G_1(x) = 1-(1-F(x))^n, \quad G_n(x) = F^n(x),$$

$$G_2(x) = G_1(x) - nF(x)(1-F(x))^{n-1} = 1-(1-F(x))^{n-1}(1+(n-1)F(x)),$$

$$G_{n-1}(x)=nF^{n-1}(x)(1-F(x))+F^n(x)=F^{n-1}(x)(n-(n-1)F(x)).$$

对于其他情形, 请读者自行推出.

例 5.4.1 设总体 X 服从均匀分布 $U(0,1)$, $X_1,\cdots,X_n$ 是来自该总体的样本, 求第 k 个次序统计量 $X_{(k)}$ 的概率密度函数.

解 易知总体 X 的分布函数为

$$F(x)=\begin{cases}0, & x\leqslant 0,\\ x, & 0<x<1,\\ 1, & x\geqslant 1.\end{cases}$$

于是, 对 $X_{(k)}$ 的分布函数

$$G_k(x)=k\mathrm{C}_n^k\int_0^{F(x)}t^{k-1}(1-t)^{n-k}\mathrm{d}t$$

求导, 可得 $X_{(k)}$ 的概率密度函数为

$$\begin{aligned}g_k(x)&=\frac{\mathrm{d}G_k(x)}{\mathrm{d}x}=\frac{\mathrm{d}}{\mathrm{d}x}\left(k\mathrm{C}_n^k\int_0^{F(x)}t^{k-1}(1-t)^{n-k}\mathrm{d}t\right)\\&=\begin{cases}k\mathrm{C}_n^k x^{k-1}(1-x)^{n-k}, & 0<x<1,\\ 0, & \text{其他情形}.\end{cases}\end{aligned}$$

□

5.4.3 充分统计量

1. 充分统计量

统计量是样本的函数, 也就是把样本中的信息进行加工处理的结果, 这种加工就是把原来为数众多且杂乱无章的样本观测值用少数几个经过加工后的统计量的值来代替. 这就意味着, 经过加工后只需保留统计量的值, 而可以丢弃样本观测值. 人们自然希望这种加工处理不会损失样本中有关总体 (或有关参数) 的信息, 这种不损失总体信息的统计量就是充分统计量. 为进一步说明充分性的概念, 我们来看一个例子.

例 5.4.2 现有一枚不均匀的硬币, 为了解其正面朝上的概率 p, 将其连抛 10 次, 发现除了第一、二次正面朝上之外, 其余都是反面朝上 (记为 $X_1=1,X_2=1,X_i=0,i=3,4,\cdots,10$), 这时样本 $X_1,\cdots,X_{10}$ 提供了两种信息:

(1) 连抛 10 次, 有 2 次正面朝上;

(2) 2 次正面朝上分别出现在第一次和第二次.

第 (2) 种信息对了解正面朝上的概率 p 并没有什么帮助. 例如, 在一次试验中, 第 3 次和第 8 次正面朝上, 其余都是反面朝上. 这两个样本观测值不同, 但它们所提供的有关 p 的信息是相同的. 由此看来, 由样本提供的第 (2) 种信息对 p 来说是无关紧要的.

统计量 $T = X_1 + \cdots + X_{10}$ 为正面朝上的次数, 它综合了样本中有关 p 的全部信息. 统计上将这种 "样本加工不损失信息" 称为 "充分性".

一般地, 样本 $\boldsymbol{X} = (X_1, \cdots, X_n)$ 有一个样本分布 $F_\theta(\boldsymbol{x})$, 统计量 $T = T(X_1, \cdots, X_n)$ 也有一个抽样分布 $F_\theta^{\mathrm{T}}(t)$. 当我们期望用统计量 T 去代替原始样本 $\boldsymbol{X}$ 并且不损失任何有关 θ 的信息时, 当然也希望用抽样分布 $F_\theta^{\mathrm{T}}(t)$ 去代替样本分布 $F_\theta(\boldsymbol{x})$, 并能概括有关 θ 的一切信息. 也就是说, 当给定 $T = t$ 后, 样本的条件分布 $F_\theta(\boldsymbol{x}|T = t)$ 不再依赖参数 θ, 此条件分布已经不再含有 θ 的信息.

例 5.4.3 设 $X_1, \cdots, X_n$ 是来自两点分布 $b(1, p)$ 总体的一个样本, 其中 $0 < p < 1, n > 2$. 考察两个统计量: $T_1 = \sum\limits_{i=1}^{n} X_i, \quad T_2 = X_1 + X_2$.

设 $x_1, \cdots, x_n$ 非 0 即 1, 且 $\sum\limits_{i=1}^{n} x_i = t$, 则在给定 $T_1 = t$ 下有

$$
\begin{aligned}
&P(X_1 = x_1, \cdots, X_n = x_n | T_1 = t) \\
=& \frac{P\left(X_1 = x_1, \cdots, X_{n-1} = x_{n-1}, X_n = t - \sum\limits_{i=1}^{n-1} x_i\right)}{P(T_1 = t)} \\
=& \frac{\prod\limits_{i=1}^{n-1} p^{x_i}(1-p)^{1-x_i} \cdot p^{t-\sum\limits_{i=1}^{n-1} x_i}(1-p)^{1-t+\sum\limits_{i=1}^{n-1} x_i}}{\mathrm{C}_n^t p^t (1-p)^{n-t}} \\
=& \frac{1}{\mathrm{C}_n^t}.
\end{aligned}
$$

该条件分布与参数 p 无关, 它已经不含有 p 的相关信息了.

类似地, 设 $x_1, \cdots, x_n$ 非 0 即 1, 且 $x_1 + x_2 = t$, 则在给定 $T_2 = t$ 下有

$$
\begin{aligned}
&P(X_1 = x_1, \cdots, X_n = x_n | T_2 = t) \\
=& \frac{P(X_1 = x_1, X_2 = t - x_1, X_3 = x_3 \cdots, X_n = x_n)}{P(T_2 = t)} \\
=& \frac{p^{t+\sum\limits_{i=3}^{n} x_i}(1-p)^{n-t-\sum\limits_{i=3}^{n} x_i}}{\mathrm{C}_2^t p^t (1-p)^{2-t}}
\end{aligned}
$$

$$=\frac{p^{\sum\limits_{i=3}^{n}x_i}(1-p)^{n-2-\sum\limits_{i=3}^{n}x_i}}{\mathrm{C}_2^t}.$$

由此可见, 该条件分布与参数 p 有关, 说明样本中有关 p 的信息没有完全包含在统计量 T_2 中.

下面可以给出充分统计量的定义了.

定义 5.4.2 设 $X_1,\cdots,X_n$ 是来自某总体 X 的样本, 总体分布函数为 $F(x,\theta)$, 统计量 $T=T(X_1,\cdots,X_n)$ 称为 θ 的 **充分统计量**, 若给定 T 的取值后, $X_1,\cdots,X_n$ 的条件分布与 θ 无关.

2. 因子分解定理

在充分统计量存在的场合, 任何统计推断都可以基于充分统计量进行. 但是从定义 5.4.2 出发来论证一个统计量的充分性, 因涉及条件分布的计算, 所以常常是繁琐或困难的. 但奈曼 (Neyman) 和哈尔莫斯 (Halmos) 提出并严格证明了一个判定充分统计量的法则——因子分解定理, 该定理可以比较方便地判断一个统计量是否充分. 定理的证明这里略去.

定理 5.4.3 设总体分布为 $p(x;\theta)$(在离散情形为分布列, 连续情形为概率密度函数), 则统计量 $T=T(X_1,\cdots,X_n)$ 为充分统计量的充要条件为: 存在两个函数 $g(t,\theta)$ 和 $h(x_1,\cdots,x_n)$ 使得对任意的 θ 和任意一组观测值 $x_1,\cdots,x_n$ 有

$$p(x_1,\cdots,x_n;\theta)=g(T(x_1,\cdots,x_n),\theta)h(x_1,\cdots,x_n),$$

其中 $g(t,\theta)$ 是通过统计量 T 的取值而依赖于样本的.

例 5.4.4 设 $X_1,\cdots,X_n$ 是来自泊松分布 $P(\lambda)$ 的一个样本, 则样本的联合分布列为

$$P(X_1=x_1,\cdots,X_n=x_n)=\frac{\lambda^{\sum\limits_{i=1}^{n}x_i}\mathrm{e}^{-n\lambda}}{\prod\limits_{i=1}^{n}(x_i!)}.$$

记 $T(x_1,\cdots,x_n)=\sum\limits_{i=1}^{n}x_i$, $h(x_1,\cdots,x_n)=\dfrac{1}{\prod\limits_{i=1}^{n}(x_i!)}$, 则有

$$P(X_1=x_1,\cdots,X_n=x_n)=\left(\lambda^{T(x_1,\cdots,x_n)}\mathrm{e}^{-n\lambda}\right)h(x_1,\cdots,x_n).$$

由因子分解定理知, $T=\sum\limits_{i=1}^{n}X_i$ 是 λ 的充分统计量.

例 5.4.5 设 $X_1,\cdots,X_n$ 是来自正态分布 $N(\mu,\sigma^2)$ 的一个样本, 记 $\theta=(\mu,\sigma^2)$, 则样本的联合概率密度函数为

$$\begin{aligned}
p(x_1,\cdots,x_n;\theta)&=(2\pi\sigma^2)^{-n/2}\exp\left\{-\frac{1}{2\sigma^2}\sum_{i=1}^{n}(x_i-\mu)^2\right\}\\
&=(2\pi\sigma^2)^{-n/2}\exp\left\{-\frac{1}{2\sigma^2}\left[\sum_{i=1}^{n}x_i^2-2\mu\sum_{i=1}^{n}x_i+n\mu^2\right]\right\}\\
&=(2\pi\sigma^2)^{-n/2}\exp\left\{-\frac{Q}{2\sigma^2}-\frac{n(\bar{x}-\mu)^2}{2\sigma^2}\right\},
\end{aligned}$$

其中 $\bar{x}=\dfrac{1}{n}\sum\limits_{i=1}^{n}x_i$, $Q=\sum\limits_{i=1}^{n}(x_i-\bar{x})^2$.

由因子分解定理知, $\left(\sum\limits_{i=1}^{n}X_i,\sum\limits_{i=1}^{n}X_i^2\right)$ 是参数 $\theta=(\mu,\sigma^2)$ 的充分统计量, 且 $(\overline{X},Q)$ 也是参数 $\theta=(\mu,\sigma^2)$ 的充分统计量.

代码解析 1

代码解析 2

第 5 章测试题

第 6 章 参数估计

数理统计的主要任务之一是依据样本信息对总体做出统计推断, 从而更好地认识总体. 统计推断主要包括两方面的内容: 总体分布未知时关于总体分布的推断, 称为非参数统计推断; 总体分布形式已知时关于总体参数的推断, 称为参数统计推断. 本书主要讨论后者, 包括总体参数的估计问题和假设检验问题. 本章主要讨论总体参数的估计问题, 包括点估计和区间估计.

6.1 点估计

设总体 X 服从分布 $F(x;\theta)$, 其中 θ 是未知参数, 它的所有可能取值组成的集合称为参数空间, 记为 Θ.

定义 6.1.1 设 $X_1,\cdots,X_n$ 是来自总体 X 的一个样本, 用于估计未知参数 θ 的统计量 $\hat{\theta}=\hat{\theta}(X_1,\cdots,X_n)$ 称为估计量, 或称为点估计, 简称估计. 当把样本观测值 $x_1,\cdots,x_n$ 代入估计量 $\hat{\theta}(X_1,\cdots,X_n)$ 时, 得到的数值 $\hat{\theta}(x_1,\cdots,x_n)$ 称为 θ 的估计值.

由定义知, θ 的估计量 $\hat{\theta}$ 是一个统计量, 而且任何一个统计量都可以作为 θ 的估计. 当两个统计量 $\hat{\theta}_1$ 和 $\hat{\theta}_2$ 都作为 θ 的估计量时, 它们没有对错之分, 只有优劣之别. 这就引出以下两个问题:

(1) 如何对不同的估计进行评价?

(2) 如何构造出好的估计量?

前者是评价准则, 后者是构造方法. 我们先讨论后者, 主要包括两种方法: 矩估计和最大似然估计.

6.1.1 矩估计

早在 1900 年, 英国统计学家卡尔 • 皮尔逊 (Karl Pearson) 就提出了一个替换原理, 后来被人们称为矩法. 其基本思想是用样本矩估计总体矩, 用样本矩的函数估计总体矩的函数. 这种估计方法称为**矩法估计**. 采用此方法, 人们很容易就能得到总体参数以及其函数的点估计. 例如, 用样本均值 $\overline{X}$ 估计总体均值 $E(X)$, 用样本方差 S^2 或者 S_n^2 估计总体方差 $\mathrm{Var}(X)$, 用事件出现的频率估计其概率, 用样本分位数估计总体分位数等. 事实上, 矩估计方法的实质是用经验分布函数估计总体分布函数, 其理论基础是格利文科定理和大数定律.

定义 6.1.2 设总体 X 的分布为 $F(x;\theta)$, 其中 $\theta=(\theta_1,\theta_2,\cdots,\theta_m)$ 是未知参数. 若 $\mu_m=E(X^m)$ 存在, 记 $\mu_k=E(X^k)=g_k(\theta)$, $k=1,2,\cdots,m$. 设 $X_1,X_2,\cdots,X_n$ 来自该总体的样本, A_k 表示 k 阶样本原点矩, 即 $A_k=\frac{1}{n}\sum\limits_{i=1}^{n}X_i^k$. 称方程组 $\begin{cases}A_1=g_1(\theta),\\ A_2=g_2(\theta),\\ \cdots\cdots\\ A_m=g_m(\theta)\end{cases}$ 的解 $\hat{\theta}=(\hat{\theta}_1,\hat{\theta}_2,\cdots,\hat{\theta}_m)$ 为 θ 的**矩估计**, 称 $\hat{\theta}_k$ 为 θ_k 的矩估计.

注记 6.1.1 (1) 使用矩估计方法的前提是总体矩存在.

(2) θ 可以是一维的也可以是多维的, 所需方程的个数取决于 θ 的维数.

(3) 矩法估计也可以用样本中心矩 $B_k=\frac{1}{n}\sum\limits_{i=1}^{n}(X_i-\overline{X})^k$ 估计总体中心矩 $b_k=E(X-EX)^k$, 即从 $B_k=b_k$ 中解出 $\hat{\theta}$.

例 6.1.1 设总体 X 服从泊松分布 $P(\lambda)$, $X_1,\cdots,X_n$ 是来自该总体的简单随机样本, 求 λ 的矩估计.

解 由总体 $X\sim P(\lambda)$, 易求 $E(X)=\lambda$. 则 λ 的矩估计为

$$\hat{\lambda}=\overline{X}.$$

□

例 6.1.2 设总体 X 服从指数分布 $\mathrm{Exp}(\lambda)$, $X_1,\cdots,X_n$ 是来自该总体的简单随机样本, 求 λ 的矩估计.

解 由总体 $X\sim\mathrm{Exp}(\lambda)$, 易求 $E(X)=1/\lambda$. 令 $\overline{X}=1/\lambda$, 解得

$$\hat{\lambda}=\frac{1}{\overline{X}}=\frac{n}{\sum\limits_{i=1}^{n}X_i},$$

它为 λ 的矩估计. □

例 6.1.3 设总体 X 服从正态分布 $N(\mu,\sigma^2)$, $X_1,\cdots,X_n$ 是来自该总体的简单随机样本, 求 μ 和 σ^2 的矩估计.

解 由于总体 $X \sim N(\mu, \sigma^2)$, 则 $EX = \mu$, $E(X - EX)^2 = \sigma^2$. 根据矩法估计, 可得 μ 和 σ^2 的矩估计分别为

$$\begin{cases} \hat{\mu} = \overline{X}, \\ \hat{\sigma}^2 = \dfrac{1}{n}\sum\limits_{i=1}^{n}(X_i - \overline{X})^2 = S_n^2. \end{cases}$$

□

在例 6.1.1 中, 由于泊松分布的均值和方差皆是 λ, 从而样本均值 $\overline{X}$ 和样本方差 S_n^2 都是 λ 的矩估计. 因此, 矩估计不唯一. 人们常用"低阶矩原则", 即用低阶样本矩构造总体参数的矩估计. 在 6.2 节, 我们会讨论点估计优劣的准则.

6.1.2 最大似然估计

矩估计方法简单易用, 缺点是仅用到总体的局部特征信息. 另一种常用的估计方法——最大似然估计 (又称极大似然估计, maximum likelihood estimation, MLE) 明确地使用总体的概率分布构建参数的点估计. 该方法最早是由德国数学家高斯在 1821 年针对正态分布提出的, 遗传学家以及统计学家费希尔在 1922 年再次提出了这种想法, 并证明了它的一些性质, 从而使得最大似然法得到了广泛的应用.

最大似然估计是建立在最大似然原理的基础之上. 首先, 考虑一个简单的例子帮助我们直观地理解此原理. 设一个盒子中有若干白球和黑球, 若随机地抽取一球, 结果白球出现, 则一般认为白球的个数比较多, 即白球出现的概率最大. 这里用到了"概率最大的事件最可能出现"的直观想法. 下面的例子可以说明最大似然估计的基本思想.

例 6.1.4 一批帽子的次品率为 θ, 现从中抽检 10 顶帽子, 发现第 1 顶、第 4 顶和第 10 顶是次品. 若第 i 顶是次品, 令 $X_i = 1$; 若第 i 顶是正品, 则令 $X_i = 0$. 于是, 有观测值

$$(x_1, \cdots, x_{10}) = (1, 0, 0, 1, 0, 0, 0, 0, 0, 1).$$

那么 θ 的取值如何估计比较合理?

显然, 上述观测值的概率为

$$P(X_1 = 1, X_2 = 0, X_3 = 0, X_4 = 1, X_5 = 0, \cdots, X_9 = 0, X_{10} = 1) = \theta^3(1-\theta)^7. \tag{6.1.1}$$

根据最大似然原理, 我们的目标是寻求 θ 使得概率 (6.1.1) 取得最大值. 记

$$L(\theta) = P(X_1 = 1, X_2 = 0, X_3 = 0, X_4 = 1, X_5 = 0, \cdots, X_9 = 0, X_{10} = 1),$$

称为**联合似然函数**, 简称为**似然函数**. 由图 6.1, 可知似然函数 $L(\theta)$ 在 $\theta = 3/10$ 处取最大值. 于是, 3/10 就是 θ 的最大似然估计值.

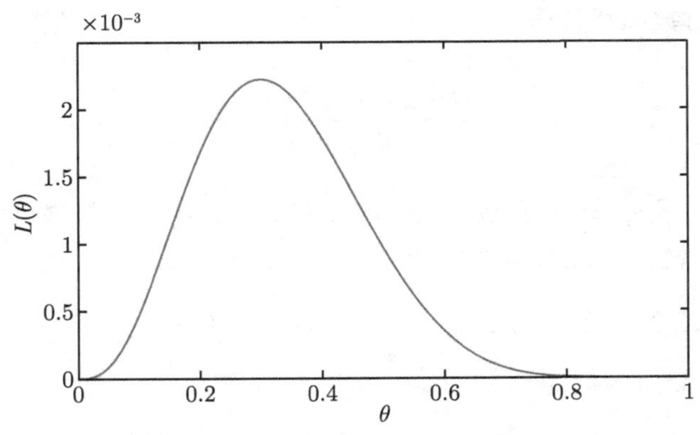

图 6.1　例 6.1.4 中似然函数 $L(\theta)=\theta^3(1-\theta)^7$ 图

例 6.1.4 中给出参数 θ 的估计值的方法称为**最大似然估计**, 其基本思想是**寻求未知参数恰当的估计值, 使得所观测到的样本值出现的可能性达到最大**. 它的直观想法就是现在已经取到样本观测值 $x_1,x_2,\cdots,x_n$, 且表明取到这一组样本观测值的概率比较大. 若 $\theta=\theta_0\in\Theta$ 使得 $L(\theta)$ 取得较大的值, 而 Θ 中的其他 θ 使得 $L(\theta)$ 取得较小的值, 自然认为 θ_0 作为未知参数 θ 的估计值较为合理.

定义 6.1.3　设 $p(x,\theta)$ 为总体 X 的分布列 (若为离散型) 或概率密度函数 (若为连续型), $X_1,\cdots,X_n$ 为来自总体 X 的样本, 相应的样本观测值为 $x_1,\cdots,x_n$. 称

$$L(\theta)=\prod_{i=1}^{n}p(x_i,\theta)$$

为**似然函数**, 称 $L(\theta)$ 的极大值点 $\hat{\theta}_{\mathrm{MLE}}(x_1,\cdots,x_n)$ 为参数 θ 的**最大似然估计值**, 即

$$\hat{\theta}_{\mathrm{MLE}}(x_1,\cdots,x_n)=\arg\max_{\theta\in\Theta}L(\theta).$$

$\hat{\theta}_{\mathrm{MLE}}(X_1,\cdots,X_n)$ 为参数 θ 的**最大似然估计量**.

多数情形下, $p(x,\theta)$ 关于 θ 是可导的. 根据微积分学, 可以寻找参数 θ 的最大似然估计量. 定义**对数似然函数**

$$\ln L(\theta)=\sum_{i=1}^{n}\ln p(x_i,\theta).$$

由于 $\ln(\cdot)$ 是单调递增函数, 则 $\ln L(\theta)$ 和 $L(\theta)$ 具有同样的最大值点. 相比于 $L(\theta)$, 显然 $\ln L(\theta)$ 的求导更简单. 因此, 人们更习惯基于 $\ln L(\theta)$ 寻找最大似然估计, 方

法是求解如下**对数似然方程**:

$$\frac{\partial \ln L(\hat{\theta}_{\mathrm{MLE}})}{\partial \theta} = 0. \tag{6.1.2}$$

例 6.1.5 设总体 X 服从泊松分布 $P(\lambda)$, $x_1, \cdots, x_n$ 是来自总体 X 的简单随机样本, 求参数 λ 的最大似然估计.

解 总体 X 的分布列为 $P(X=k) = \dfrac{\lambda^k}{k!}\mathrm{e}^{-\lambda}, k = 0, 1, \cdots$.

由定义知, 似然函数为

$$L(\lambda) = \prod_{i=1}^{n} P(X = x_i) = \prod_{i=1}^{n} \frac{\lambda^{x_i}}{x_i!}\mathrm{e}^{-\lambda} = \frac{\lambda^{\sum\limits_{i=1}^{n} x_i}}{\prod\limits_{i=1}^{n} x_i!}\mathrm{e}^{-n\lambda}.$$

为方便求出 $L(\lambda)$ 的最大值点, 考虑对数似然函数

$$\ln L(\lambda) = \left(\sum_{i=1}^{n} x_i\right)\ln\lambda - \ln\left(\prod_{i=1}^{n} x_i!\right) - n\lambda.$$

令 $\dfrac{\mathrm{d}\ln L(\lambda)}{\mathrm{d}\lambda} = 0$, 即 $\dfrac{\sum\limits_{i=1}^{n} x_i}{\lambda} - n = 0$. 解得 $\hat{\lambda}_{\mathrm{MLE}} = \dfrac{\sum\limits_{i=1}^{n} x_i}{n} = \bar{x}$. 易得二阶导函数 $\dfrac{\mathrm{d}^2 \ln L(\lambda)}{\mathrm{d}\lambda^2} \leqslant 0$, 从而 $\lambda = \bar{x}$ 为 λ 的最大似然估计, 即 $\hat{\lambda}_{\mathrm{MLE}} = \bar{x}$. □

注记 6.1.2 注意到分布列或概率密度函数 $p(x,\theta)$ 总是非负的, 似然函数 $L(\theta) = \prod\limits_{i=1}^{n} p(x_i, \theta)$ 的极大值点 $\hat{\theta}_{\mathrm{MLE}}$ 必定使得 $L(\hat{\theta}_{\mathrm{MLE}}) > 0$. 因此, 今后为了方便, 我们通常在书写似然函数 $L(\theta)$ 时, 只写出其非零部分. 例如, 在上例中, 严格地来说, 似然函数应为

$$L(\lambda) = \prod_{i=1}^{n} P(X = x_i) = \begin{cases} \prod\limits_{i=1}^{n} \dfrac{\lambda^{x_i}}{x_i!}\mathrm{e}^{-\lambda}, & \text{若} x_i \text{皆为非负整数}, \\ 0, & \text{其他}. \end{cases}$$

例 6.1.6 设总体 X 服从正态分布 $N(\mu, \sigma^2)$, $x_1, \cdots, x_n$ 是来自总体 X 的简单随机样本, 求参数 μ 和 σ^2 的最大似然估计.

解 总体 X 的概率密度函数为 $p(x)=\dfrac{1}{\sqrt{2\pi}\sigma}\exp\left\{-\dfrac{1}{2\sigma^2}(x-\mu)^2\right\}$. 于是, 似然函数为

$$\begin{aligned}L(\mu,\sigma^2)&=\prod_{i=1}^n p(x_i)=\prod_{i=1}^n\frac{1}{\sqrt{2\pi}\sigma}\exp\left\{-\frac{1}{2\sigma^2}(x_i-\mu)^2\right\}\\&=(2\pi)^{-n/2}(\sigma^2)^{-n/2}\exp\left\{-\frac{1}{2\sigma^2}\sum_{i=1}^n(x_i-\mu)^2\right\},\end{aligned}$$

对数似然函数为

$$\ln L(\mu,\sigma^2)=-\frac{n}{2}\ln(2\pi)-\frac{n}{2}\ln(\sigma^2)-\frac{1}{2\sigma^2}\sum_{i=1}^n(x_i-\mu)^2.$$

解似然方程组 $\begin{cases}\dfrac{\partial\ln L(\mu,\sigma^2)}{\partial\mu}=0,\\\dfrac{\partial\ln L(\mu,\sigma^2)}{\partial\sigma^2}=0,\end{cases}$ 即

$$\begin{cases}\dfrac{1}{\sigma^2}\displaystyle\sum_{i=1}^n(x_i-\mu)=0,\\-\dfrac{n}{2\sigma^2}+\dfrac{1}{2(\sigma^2)^2}\displaystyle\sum_{i=1}^n(x_i-\mu)^2=0,\end{cases}$$

可得

$$\begin{cases}\hat{\mu}_{\mathrm{MLE}}=\dfrac{1}{n}\displaystyle\sum_{i=1}^n x_i=\bar{x},\\\widehat{\sigma^2_{\mathrm{MLE}}}=\dfrac{1}{n}\displaystyle\sum_{i=1}^n(x_i-\bar{x})^2=s_n^2.\end{cases}$$

由二阶导函数矩阵 (黑塞矩阵) 的非正定性知, 似然函数 $L(\mu,\sigma^2)$ 在 $(\bar{x},s_n^2)$ 处取得最大值, 即参数 μ 和 σ^2 的最大似然估计分别为

$$\hat{\mu}_{\mathrm{MLE}}=\bar{x},\qquad\widehat{\sigma^2_{\mathrm{MLE}}}=s_n^2.$$

□

注记 6.1.3 微积分知识告诉我们, 导数为 0 的点未必是极值点, 因而通过求导方式求解似然函数 $L(\theta)$ 的极大值点时, 在求得似然方程或似然方程组解后, 必须进行验证.

当似然函数关于参数可导时, 通常采用求导的方法来寻找最大似然估计. 不过, 有些场合似然函数 $L(\theta)$ 关于参数是不可导的, 下面的例子说明了这个问题.

例 6.1.7 设总体 X 服从均匀分布 $U(a,b)$, $x_1,\cdots,x_n$ 是来自总体 X 的简单随机样本, 求参数 a 和 b 的最大似然估计.

解 易知似然函数

$$L(a,b)=\begin{cases}\dfrac{1}{(b-a)^n}, & a\leqslant x_1,\cdots,x_n\leqslant b,\\ 0, & \text{其他情形}.\end{cases}$$

要使得 $L(a,b)$ 达到最大, 分母 $b-a$ 必须尽可能小, 于是得到 a 和 b 的最大似然估计分别为

$$\hat{a}_{\mathrm{MLE}}=x_{(1)},\qquad \hat{b}_{\mathrm{MLE}}=x_{(n)},$$

其中 $x_{(1)}=\min\{x_1,\cdots,x_n\}$, $x_{(n)}=\max\{x_1,\cdots,x_n\}$. □

有时候可能需要求出参数 θ 的函数的最大似然估计, 比如求标准差 $\sigma=\sqrt{\sigma^2}$ 的最大似然估计.

定义 6.1.4 设 $g(\theta)$ 是 θ 的函数, $T=\{g(\theta):\theta\in\Theta\}$ 为 g 的值域, 对任意的 $t\in T$, 记 $G_t=\{\theta\in\Theta:g(\theta)=t\}$, $L^*(t)=\max\limits_{\theta\in G_t}L(\theta)$, 其中 $L(\theta)$ 是 θ 的似然函数, 称使得 $L^*(t)$ 取到最大值的 $\hat{t}$ 为参数 $g(\theta)$ 的最大似然估计, 即 $\hat{t}$ 满足 $L^*(\hat{t})=\max\limits_{t\in T}L^*(t)$.

下面的定理为我们在求解 θ 的函数的最大似然估计时提供了一条捷径.

定理 6.1.1 设 $\hat{\theta}_{\mathrm{MLE}}$ 是 θ 的最大似然估计, $g(\theta)$ 是 θ 的函数, 则 $g(\theta)$ 的最大似然估计为 $\widehat{g}=g(\hat{\theta}_{\mathrm{MLE}})$. 这一性质称为最大似然估计的**不变性**.

证明 * 设 $\hat{t}=g(\hat{\theta}_{\mathrm{MLE}})$, 要证 $\hat{t}$ 满足 $L^*(\hat{t})=\max\limits_{t\in T}L^*(t)$.

先证 $L^*(\hat{t})=L(\hat{\theta}_{\mathrm{MLE}})$. 注意到对任意的 $\theta\in\Theta$, 有 $L(\theta)\leqslant L(\hat{\theta}_{\mathrm{MLE}})$. 由于 $G_{\hat{t}}\subset\Theta$, 因而对任意的 $\theta\in G_{\hat{t}}$, 也有 $L(\theta)\leqslant L(\hat{\theta}_{\mathrm{MLE}})$. 又因为 $\hat{\theta}_{\mathrm{MLE}}\in G_{\hat{t}}$, 故由 L^* 的定义知 $L^*(\hat{t})=\max\limits_{\theta\in G_{\hat{t}}}L(\theta)\leqslant L(\hat{\theta}_{\mathrm{MLE}})$.

再证对任意的 $t\in T$, $L^*(t)\leqslant L(\hat{\theta}_{\mathrm{MLE}})$. 同样因为对任意的 $\theta\in\Theta$, 有 $L(\theta)\leqslant L(\hat{\theta}_{\mathrm{MLE}})$. 由 L^* 的定义知, 对任意的 $t\in T$, $G_t\subset\Theta$, $L^*(t)=\max\limits_{\theta\in G_t}L(\theta)\leqslant L(\hat{\theta}_{\mathrm{MLE}})$.

综上, $\hat{t}$ 满足 $L^*(\hat{t})=\max\limits_{t\in T}L^*(t)$, 即 $g(\hat{\theta}_{\mathrm{MLE}})$ 是 $g(\theta)$ 的最大似然估计. □

例 6.1.8 设总体 X 服从正态分布 $N(\mu,\sigma^2)$, $x_1,\cdots,x_n$ 是来自总体 X 的简单随机样本, 求标准差 σ 和概率 $P(X<3)$ 的最大似然估计.

解 在例 6.1.6 中, 我们已经求得参数 μ 和 σ^2 的最大似然估计分别为

$$\hat{\mu}_{\text{MLE}}=\bar{x}, \quad \widehat{\sigma^2}_{\text{MLE}}=s_n^2.$$

而 $\sigma=\sqrt{\sigma^2}$ 和 $P(X<3)=\Phi\left(\dfrac{3-\mu}{\sigma}\right)$ 都是参数 μ 和 σ^2 的函数, 由最大似然估计的不变性, 参数 σ 和概率 $P(X<3)$ 的最大似然估计分别为

$$\hat{\sigma}_{\text{MLE}}=s_n, \qquad \hat{P}(X<3)_{\text{MLE}}=\Phi\left(\frac{3-\bar{x}}{s_n}\right).$$ □

最后用一个例子指出有些情形下参数的最大似然估计可能不唯一.

例 6.1.9 设 $x_1,\cdots,x_n$ 是来自均匀分布总体 $U[\theta,\theta+1]$ 的简单随机样本, 求未知参数 θ 的最大似然估计.

解 易知似然函数为

$$L(\theta)=\begin{cases}1, & \theta\leqslant x_1,\cdots,x_n\leqslant\theta+1,\\ 0, & \text{其他}.\end{cases}$$

记 $x_{(1)}=\min\{x_1,\cdots,x_n\}$, $x_{(n)}=\max\{x_1,\cdots,x_n\}$. 于是, 似然函数可重写为

$$L(\theta)=\begin{cases}1, & x_{(n)}-1\leqslant\theta\leqslant x_{(1)},\\ 0, & \text{其他}.\end{cases}$$

对任意的 $\theta\in[x_{(n)}-1,x_{(1)}]$, $L(\theta)$ 都取得最大值 1. 故区间 $[x_{(n)}-1,x_{(1)}]$ 中的任一个数都是参数 θ 的最大似然估计值. □

注记 6.1.4 矩估计和最大似然估计是两种常用的点估计方法, 有些场合下矩估计可能不如最大似然估计合理. 例如, 设总体 X 服从均匀分布 $U(0,\theta)$, 则 θ 的矩估计是 $2\overline{X}$, 其最大似然估计为 $x_{(n)}$. 假设 $1,3,5,10$ 是来自该总体的一组样本观测值, 计算可得 θ 的矩估计值是 9.5, 这显然是不合理的, 因为还有一个观测值是 10, 其大于 9.5. 因此, θ 的最大似然估计值 $x_{(4)}=10$ 比矩估计值 9.5 更合理.

6.1.3 小结

在这一节, 我们讨论了构造参数点估计的两种常用方法, 分别是基于替换思想的矩估计和基于最大似然原则的最大似然估计. 关于矩估计, 用样本矩估计总

体矩, 用样本矩的函数估计总体矩的函数, 仅需用到局部特征数信息, 特别简单易用. 关于最大似然估计的构造, 如果似然函数可导, 可求解对数似然方程, 否则, 就要根据似然函数的自身特点来寻找. 该估计方法的不变性为求解参数函数的最大似然估计带来很大的便利性. 由于最大似然估计用到总体的分布信息, 得到的估计更合理, 在随后的章节里, 我们会利用参数的最大似然估计构造置信区间和假设检验.

关于常见分布的未知参数的矩估计和最大似然估计, 请见表 6.1.

表 6.1 常见分布的未知参数的矩估计和最大似然估计

分布	待估参数	矩估计	MLE
$b(n,p)$	p	$\overline{X}/n$	$\overline{X}/n$
$P(\lambda)$	λ	$\overline{X}$	$\overline{X}$
$\text{Exp}(\lambda)$	λ	$1/\overline{X}$	$1/\overline{X}$
$N(\mu,\sigma^2)$	μ	$\overline{X}$	$\overline{X}$
$N(\mu,\sigma^2)$	σ^2	S_n^2	S_n^2
$U(0,\theta)$	θ	$2\overline{X}$	$X_{(n)}$

✍习题 6.1

1. 设 $X_1,\cdots,X_n$ 是来自几何分布 $\text{Ge}(p)$ 总体的一个样本, 求未知参数 p 的矩估计和最大似然估计.

2. 已知总体 X 的概率密度函数为 $p(x)=\begin{cases}\sqrt{\theta}x^{\sqrt{\theta}-1}, & 0<x<1,\\ 0, & \text{其他},\end{cases}$ 其中 $\theta>0$, 设 $X_1,\cdots,X_n$ 是来自 X 的样本, 求 θ 的矩估计和最大似然估计.

3. 设 $X_1,\cdots,X_n$ 是来自二项分布 $b(m,p)$ 总体的一个样本, 参数 p 未知, 求参数 p 的矩估计和最大似然估计.

4. 设 $X_1,\cdots,X_n$ 是来自二项分布 $b(m,p)$ 总体的一个样本, 参数 p 和正整数 m 都未知, 求未知参数 p 和 m 的矩估计.

5. 已知总体 X 的概率密度函数为

$$p(x)=\begin{cases}\dfrac{2(a-x)}{a^2}, & 0<x<a,\\ 0, & \text{其他},\end{cases}$$

其中 $a>0$, 设 $X_1,\cdots,X_n$ 是来自 X 的样本, 求 a 的矩估计和最大似然估计.

6. 设 $X_1, \cdots, X_n$ 是来自均匀分布 $U(-\theta, \theta)$ 总体的一个样本, 求 θ 的矩估计和最大似然估计.

7. 随机地取 8 只活塞环, 测得它们的直径 (单位: 毫米) 为

$$74.001,\quad 74.005,\quad 74.003,\quad 74.001,\quad 74.000,\quad 73.998,\quad 74.006,\quad 74.002.$$

已知直径服从正态分布 $N(\mu, \sigma^2)$, 求 μ 和 σ^2 的矩估计值和最大似然估计值.

8. 已知总体 X 的概率密度函数为 $p(x) = \begin{cases} \sqrt{\theta}x^{\sqrt{\theta}-1}, & 0 < x < 1, \\ 0, & \text{其他}, \end{cases}$ 其中 $\theta > 0$. 设 $X_1, \cdots, X_n$ 是来自 X 的样本, 求 θ 的矩估计和最大似然估计.

9. 设总体 X 的概率密度函数为

$$p(x) = \begin{cases} \dfrac{x}{\theta}\exp\left\{-\dfrac{x^2}{2\theta}\right\}, & x > 0, \\ 0, & x \leqslant 0, \end{cases}$$

其中参数 θ 未知, $X_1, \cdots, X_n$ 是来自总体 X 的一个样本, 求未知参数 θ 的矩估计和最大似然估计.

10. 设 $X_1, \cdots, X_n$ 是来自正态总体 $N(\theta, \theta)$ 的样本, 求未知参数 θ 的最大似然估计.

11. 设 $X_1, \cdots, X_n$ 是来自指数分布 $\mathrm{Exp}(\lambda)$ 总体的一个样本, 参数 $\lambda > 0$ 未知, 求未知参数 λ^{-1} 的最大似然估计.

6.2 点估计的评价准则

根据点估计的定义, 任何一个统计量都可以作为未知参数的点估计. 对于同一个参数, 不同的点估计方法可以构造不同的点估计, 甚至同样的点估计方法也可能得出不同的点估计. 实际中, 人们选用哪个点估计好呢? 这就要求点估计具有一定的合理性, 本节介绍四个常用的评价标准: 无偏性、有效性、均方误差和相合性.

6.2.1 无偏性

定义 6.2.1 设 $\hat{\theta} = \hat{\theta}(X_1, \cdots, X_n)$ 是 θ 的一个点估计, 若对于任意的 $\theta \in \Theta$, 有 $E(\hat{\theta}) = \theta$ 成立, 则称 $\hat{\theta}$ 是 θ 的**无偏估计**, 否则称为**有偏估计**.

无偏性是最常见的合理性要求. 当用某个估计量估计参数时, 由于样本的随

机性, 不同的样本得到估计量的值是不同的, 有些估计值比参数 θ 的真值大, 有些却偏小. 对于无偏估计, 这些偏差的平均值等于零, 即

$$E(\hat{\theta}-\theta)=0.$$

定义 $E(\hat{\theta}-\theta)$ 为用 $\hat{\theta}$ 估计 θ 引起的**系统误差**, 也称为**系统偏差**, 简称为**偏差** (bias). 因此, 无偏估计的实质是没有系统误差.

例 6.2.1 对于任意的总体, 由定理 5.2.1 和无偏估计的定义, 有如下结论:

(1) 样本均值 $\overline{X}$ 是总体均值 μ 的无偏估计, 即 $E(\overline{X})=\mu$.

(2) 若总体 k 阶矩存在, 样本 k 阶原点矩 $A_k=\dfrac{1}{n}\sum\limits_{i=1}^{n}X_i$ 是总体 k 阶矩 $a_k=E(X^k)$ 的无偏估计, 即 $E(A_k)=a_k$, 然而样本 k 阶中心矩 $B_k=\dfrac{1}{n}\sum\limits_{i=1}^{n}(X_i-\overline{X})^k$ 不是总体 k 阶中心矩 $b_k=E\left[X-E(X)\right]^k$ 的无偏估计, 即 $E(B_k)\neq b_k$. 例如 S_n^2 不是 σ^2 的无偏估计, 但是样本方差 S^2 是总体方差 σ^2 的无偏估计.

例 6.2.2 设 $X\sim \mathrm{Exp}(\theta)$, $X_1,\cdots,X_n$ 是来自总体 X 的一组样本, 则 $\dfrac{n+1}{n}X_{(n)}$ 是 θ 的无偏估计.

证明 易知 $X_{(n)}$ 的密度函数为 $f(x)=\begin{cases}\dfrac{n}{\theta^n}x^{n-1}, & 0<x<\theta,\\ 0, & \text{其他}.\end{cases}$ 从而,

$$E[X_{(n)}]=\int_0^\theta \frac{n}{\theta^n}x^n\mathrm{d}x=\frac{n}{n+1}\theta.$$

因此, $E\left[\dfrac{n+1}{n}X_{(n)}\right]=\theta$, 即 $\dfrac{n+1}{n}X_{(n)}$ 是 θ 的无偏估计. □

在上例中, 可以很容易地证明 θ 的另一个无偏估计为 $2\overline{X}$. 事实上, $2X_1,2X_2,\cdots,2X_n$ 都是参数 θ 的无偏估计, 可见同一个参数可以有不同的无偏估计. 如果一个参数有两个无偏估计, 则必有无穷多个无偏估计. 这是因为, 若 $\hat{\theta}_1$ 和 $\hat{\theta}_2$ 都是参数 θ 的无偏估计, 则

$$a\hat{\theta}_1+(1-a)\hat{\theta}_2$$

都是 θ 的无偏估计, 这里的 $0\leqslant a\leqslant 1$. 但是, 无偏性并不具有不变性. 即若 $\hat{\theta}$ 是 θ 的无偏估计, 其函数 $g(\hat{\theta})$ 一般不是 $g(\theta)$ 的无偏估计, 除非 $g(\cdot)$ 是线性函数. 例如, 尽管样本方差 S^2 是总体方差 σ^2 的无偏估计, 可以证明样本标准差 S 却不是总体标准差 σ 的无偏的估计.

6.2.2 有效性

参数的无偏估计可能不唯一, 那么该如何评判同一个参数的两个无偏估计的优劣呢? 直观的想法是希望该估计围绕参数真值的波动越小越好, 波动大小可以用方差来衡量, 方差小表明 $\hat{\theta}$ 观测值密集在 θ 的附近, 与 θ 有较大偏差的可能性就小. 这就是度量不同的无偏估计的**有效性**准则.

定义 6.2.2 设 $\hat{\theta}_1$ 和 $\hat{\theta}_2$ 是 θ 的两个无偏估计, 如果对任意的 $\theta \in \Theta$, 有 $\mathrm{Var}(\hat{\theta}_1) \leqslant \mathrm{Var}(\hat{\theta})$ 成立, 且至少有一个 $\theta \in \Theta$ 使得 $\mathrm{Var}(\hat{\theta}_1) < \mathrm{Var}(\hat{\theta})$ 成立, 则称 $\hat{\theta}_1$ 比 $\hat{\theta}_2$ **有效**.

例 6.2.3 设某总体的期望和方差分别为 μ 和 σ^2, X_1, X_2, X_3 是来自该总体的样本. 下列哪个统计量作为 μ 的估计更有效,

$$\hat{\theta}_1 = \frac{1}{4}X_1 + \frac{1}{2}X_2 + \frac{1}{4}X_3, \quad \hat{\theta}_2 = \frac{1}{3}X_1 + \frac{1}{3}X_2 + \frac{1}{3}X_3, \quad \hat{\theta}_3 = \frac{1}{5}X_1 + \frac{3}{5}X_2 + \frac{1}{5}X_3.$$

解 显然 $\hat{\theta}_1, \hat{\theta}_2$ 和 $\hat{\theta}_3$ 都是 μ 的无偏估计, 但是经计算得

$$\mathrm{Var}(\hat{\theta}_1) = \frac{3}{8}\sigma^2, \quad \mathrm{Var}(\hat{\theta}) = \frac{1}{3}\sigma^2, \quad \mathrm{Var}(\hat{\theta}_3) = \frac{11}{25}\sigma^2.$$

故相比之下, $\hat{\theta}_2$ 更有效. □

例 6.2.4 设某总体的期望和方差分别为 μ 和 σ^2, $X_1, \cdots, X_n$ 是来自该总体的样本. 显见 $\hat{\mu}_1 = X_1$ 和 $\hat{\mu}_2 = \overline{X}$ 都是参数 μ 的无偏估计, 但 $\mathrm{Var}(\hat{\mu}_1) = \sigma^2$, $\mathrm{Var}(\hat{\mu}_2) = \dfrac{\sigma^2}{n}$, 只要 $n > 1$, $\hat{\mu}_2$ 就比 $\hat{\mu}_1$ 有效. 因此, 用全部数据的平均估计总体均值要比只使用部分数据更有效.

6.2.3 均方误差

根据有效性定义 6.2.2, 该准则仅适用于判断同一个参数的不同无偏估计量之间的优劣. 事实上, 对有些总体分布的参数或者参数的函数, 无偏估计并不存在. 例如, 可以证明两点分布 $b(1,p)$ 中概率 p 的倒数 $\dfrac{1}{p}$ 没有无偏估计. 另外, 如果一个参数的无偏估计的方差很大, 其有偏估计可能比无偏估计更好. 因此, 对于任意一个点估计的好坏, 常使用的度量指标总是评价点估计 $\hat{\theta}$ 与参数 θ 的真值之间的平方距离 $(\hat{\theta} - \theta)^2$. 又因为样本的随机性, 我们的评价准则是该距离的平均表现, 也就是下面定义的**均方误差** (mean squared error, MSE).

定义 6.2.3 设 $\hat{\theta}$ 是参数 θ 的点估计, 称 $\mathrm{MSE}(\hat{\theta}) = E(\hat{\theta}-\theta)^2$ 为估计 $\hat{\theta}$ 的**均方误差**.

显然, 我们希望点估计的均方误差越小越好.

定义 6.2.4 设 $\hat{\theta}_1$ 和 $\hat{\theta}_2$ 是 θ 的两个点估计, 如果对任意的 $\theta \in \Theta$, 有 $\mathrm{MSE}(\hat{\theta}_1) \leqslant \mathrm{MSE}(\hat{\theta})$ 成立, 且至少有一个 $\theta \in \Theta$ 使得 $\mathrm{MSE}(\hat{\theta}_1) < \mathrm{MSE}(\hat{\theta})$ 成立, 则称**在均方误差意义下 $\hat{\theta}_1$ 比 $\hat{\theta}_2$ 更优**.

根据均方误差的定义 6.2.3, 我们有

$$\begin{aligned}\mathrm{MSE}(\hat{\theta}) &= E(\hat{\theta}-\theta)^2 \\ &= E[\hat{\theta}-E(\hat{\theta})+E(\hat{\theta})-\theta]^2 \\ &= E[\hat{\theta}-E(\hat{\theta})]^2+[E(\hat{\theta})-\theta]^2.\end{aligned}$$

因此, 均方误差由点估计的方差与偏差的平方两部分组成. 如果 $\hat{\theta}$ 是 θ 的无偏估计, 则 $\mathrm{MSE}(\hat{\theta}) = \mathrm{Var}(\hat{\theta})$. 此时用均方误差评价点估计与用方差评价点估计是完全一样的. 当 $\hat{\theta}$ 不是 θ 的无偏估计时, 就要看其均方误差, 不仅要看其方差大小, 还要看其偏差大小. 因此, 均方误差是评价点估计的更一般的准则.

例 6.2.5 设总体 X 服从正态分布 $N(\mu,\sigma^2)$, $X_1,\cdots,X_n(n\geqslant 2)$ 是来自总体 X 的简单随机样本, 比较下列三个关于 σ^2 的点估计的均方误差, 哪个最优?

$$S^2=\frac{1}{n-1}\sum_{i=1}^{n}(X_i-\overline{X})^2,\quad S_n^2=\frac{1}{n}\sum_{i=1}^{n}(X_i-\overline{X})^2 \quad \text{和} \quad S_{n+1}^2=\frac{1}{n+1}\sum_{i=1}^{n}(X_i-\overline{X})^2.$$

解 由于 $\dfrac{\sum\limits_{i=1}^{n}(X_i-\overline{X})^2}{\sigma^2}$ 服从卡方分布 $\chi^2(n-1)$, 故

$$E\left[\frac{\sum\limits_{i=1}^{n}(X_i-\overline{X})^2}{\sigma^2}\right]=n-1,\qquad \mathrm{Var}\left[\frac{\sum\limits_{i=1}^{n}(X_i-\overline{X})^2}{\sigma^2}\right]=2(n-1).$$

于是, $E\left(S^2\right)=\sigma^2, \mathrm{MSE}(S^2)=\mathrm{Var}\left(S^2\right)=\dfrac{2}{n-1}\sigma^4$.

另一方面, 根据 $S_n^2=\dfrac{n-1}{n}S^2$ 和 $S_{n+1}^2=\dfrac{n-1}{n+1}S^2$, 我们有

$$\mathrm{MSE}(S_n^2)=\mathrm{Var}(S_n^2)+\left[E(S_n^2)-\sigma^2\right]^2$$

$$= \frac{2(n-1)}{n^2}\sigma^4 + \left(\frac{n-1}{n}\sigma^2 - \sigma^2\right)^2 = \frac{2n-1}{n^2}\sigma^4,$$

$$\text{MSE}(S_{n+1}^2) = \text{Var}(S_{n+1}^2) + \left[E(S_{n+1}^2) - \sigma^2\right]^2$$

$$= \frac{2(n-1)}{(n+1)^2}\sigma^4 + \left(\frac{n-1}{n+1}\sigma^2 - \sigma^2\right)^2 = \frac{2}{n+1}\sigma^4.$$

显然, 当 $n \geqslant 2$ 时, $\text{MSE}(S_{n+1}^2)$ 最小, 即 S_{n+1}^2 在均方误差意义下最优. □

在上述例子中, 显然 S_{n+1}^2 是有偏估计, 但是比无偏估计 S^2 具有更小的均方误差.

6.2.4 相合性

前面介绍了三个点估计的评价准则: 无偏性、有效性和均方误差原则, 它们都是在样本量 n 固定时 (或者小样本下) 提出的. 点估计是一个统计量, 因此它是一个随机变量, 我们不可能要求它完全等同于参数的真实取值, 但是我们希望随着样本量的不断增大, 一个估计量的值稳定于参数真值附近, 这就是相合性. 严格的定义如下.

定义 6.2.5 设 $\hat{\theta}_n = \hat{\theta}_n(X_1, \cdots, X_n)$ 是参数 θ 的一个估计量, $\theta \in \Theta$, n 是样本容量. 若对任意的 $\epsilon > 0$, 有

$$\lim_{n\to+\infty} P\left(|\hat{\theta}_n - \theta| \geqslant \epsilon\right) = 0$$

成立, 则称 $\hat{\theta}_n$ 是参数 θ 的**相合估计**.

相合估计是对估计的一个**最基本的要求**. 该性质意味着在样本量不断增大时, 相合估计能把被估参数估计到任意指定的精度. 通常, 不满足相合性的估计是不可取的. 因为不论样本容量 n 多大, 都不能将 θ 估计得足够准确.

如果把依赖于样本量 n 的估计量 $\hat{\theta}_n$ 看作一个随机变量序列, 相合性就是 $\hat{\theta}_n$ 依概率收敛于 θ_n. 因此, 关于点估计相合性的判断, 可应用依概率收敛的性质和各种大数定律. 例如, 根据辛钦大数定律, 样本均值 $\overline{X}$ 以概率收敛到总体均值 μ, 从而样本均值 $\overline{X}$ 是总体均值 μ 的相合估计. 这里介绍两个有用的定理, 用于判断估计量的相合性.

定理 6.2.1 设 $\hat{\theta}_n = \hat{\theta}_n(X_1, \cdots, X_n)$ 是参数 θ 的一个估计量, 若当 $n \to +\infty$ 时,

$$E(\hat{\theta}_n) \to \theta, \qquad \text{Var}(\hat{\theta}_n) \to 0,$$

则 $\hat{\theta}_n$ 是参数 θ 的相合估计.

证明 * 由已知条件, 对任意的 $\epsilon>0$ 和 $\delta>0$, 存在 N, 当 $n\geqslant N$ 时,

$$|E(\hat{\theta}_n)-\theta|<\frac{\epsilon}{2},\quad \mathrm{Var}(\hat{\theta}_n)<\frac{\delta\epsilon^2}{8}.$$

于是, 当 $n\geqslant N$ 时,

$$P\left\{|E(\hat{\theta}_n)-\theta|\geqslant\frac{\epsilon}{2}\right\}=0<\frac{\delta}{2}.$$

由 Chebyshev 不等式, 对上述 $\epsilon>0$, 当 $n\geqslant N$ 时,

$$P\left\{|\hat{\theta}_n-E(\hat{\theta}_n)|\geqslant\frac{\epsilon}{2}\right\}\leqslant\frac{\mathrm{Var}(\hat{\theta}_n)}{(\epsilon/2)^2}<\frac{\delta}{2}.$$

注意到

$$\{|\hat{\theta}_n-\theta|\geqslant\epsilon\}\subset\left\{|\hat{\theta}_n-E(\hat{\theta}_n)|\geqslant\frac{\epsilon}{2}\right\}\cup\left\{|E(\hat{\theta}_n)-\theta|\geqslant\frac{\epsilon}{2}\right\},$$

于是当 $n\geqslant N$ 时,

$$P\{|\hat{\theta}_n-\theta|\geqslant\epsilon\}\leqslant P\left\{|E(\hat{\theta}_n)-\theta|\geqslant\frac{\epsilon}{2}\right\}+P\left\{|\hat{\theta}_n-E(\hat{\theta}_n)|\geqslant\frac{\epsilon}{2}\right\}<\frac{\delta}{2}+\frac{\delta}{2}=\delta.$$

由 ϵ 和 δ 的任意性知,

$$\lim_{n\to+\infty}P(|\hat{\theta}_n-\theta|\geqslant\epsilon)=0$$

成立, 即 $\hat{\theta}_n$ 是参数 θ 的相合估计. □

例 6.2.6 设 $X\sim U(0,\theta)$, $X_1,\cdots,X_n$ 是来自总体 X 的一组样本, 则 $X_{(n)}$ 是 θ 的相合估计.

证明 易知 $X_{(n)}$ 的密度函数为 $f(x)=\begin{cases}\dfrac{n}{\theta^n}x^{n-1}, & 0<x<\theta,\\ 0, & \text{其他}.\end{cases}$ 于是, 有

$$E[X_{(n)}]=\int_0^\theta\frac{n}{\theta^n}x^n\mathrm{d}x=\frac{n}{n+1}\theta,\quad E[X_{(n)}^2]=\int_0^\theta\frac{n}{\theta^n}x^{n+1}\mathrm{d}x=\frac{n}{n+2}\theta^2.$$

从而,

$$\mathrm{Var}[X_{(n)}]=\frac{n}{(n+1)^2(n+2)}\theta^2\to0,\quad \text{当}\, n\to+\infty\,\text{时}.$$

由定理 6.2.1, $X_{(n)}$ 是 θ 的相合估计. □

定理 6.2.2 设估计量 $\hat{\theta}_{n1},\hat{\theta}_{n2},\cdots,\hat{\theta}_{nm}$ 分别是参数 $\theta_1,\theta_2,\cdots,\theta_m$ 的相合估计, 又设 $g(\theta_1,\theta_2,\cdots,\theta_m)$ 是 $\theta_1,\theta_2,\cdots,\theta_m$ 的连续函数, 则 $g(\hat{\theta}_{n1},\hat{\theta}_{n2},\cdots,\hat{\theta}_{nm})$ 是 $\theta_1,\theta_2,\cdots,\theta_m$ 的相合估计.

此定理的证明略, 请参考文献 (茆诗松等, 2011, 第 311—312 页).

根据上述两个定理, 若总体 k 阶矩 $a_k=E(X^k)$ 存在, 我们有如下结论.

(1) 样本 k 阶原点矩 A_k 是总体 k 阶原点矩 a_k 的相合估计.

(2) 根据依概率收敛的性质, 样本 k 阶中心矩 B_k 是总体 k 阶中心矩 b_k 的相合估计. 特别地, 样本方差 S^2 和 S_n^2 都是总体方差 σ^2 的相合估计, 样本标准差 S 和 S_n 都是总体标准差 σ 的相合估计.

(3) 一般地, 矩估计和最大似然估计都具有相合性.

✍习题 6.2

1. 设 $X_1,X_2,\cdots,X_n$ 是来自两点分布 $b(1,p)$ 总体的一个样本, 参数 p 未知, 证明: (1) X_1 是 p 的无偏估计; (2) X_1^2 不是 p^2 的无偏估计; (3) X_1X_2 是 p^2 的无偏估计.

2. 设 $\hat{\theta}$ 是均匀分布 $U(\theta,1)$ 总体中位置参数 θ 的最大似然估计, 试问 $\hat{\theta}$ 是 θ 的无偏估计和相合估计吗?

3. 设 $X_1,\cdots,X_n$ 是来自泊松分布 $P(\lambda)$ 总体的一个样本, 参数 $\lambda>0$ 未知, 求参数 λ^2 的无偏估计.

4. 设 $\hat{\theta}$ 是参数 θ 的无偏估计, 且有 $\mathrm{Var}(\hat{\theta})>0$, 试证 $\hat{\theta}^2$ 不是 θ^2 的无偏估计.

5. 假设新生儿体重服从正态分布 $N(\mu,\sigma^2)$, 现测得 10 名新生儿的体重, 得数据如下:

$$3100,\ 3480,\ 2520,\ 3700,\ 2520,\ 3200,\ 2800,\ 3800,\ 3020,\ 3260.$$

求参数 μ 和 σ^2 的无偏估计值.

6. 设 $X_1,\cdots,X_n$ 是来自均匀分布 $U(\theta,\theta+1)$ 总体的一个样本, 下列 θ 的估计哪个更有效?

$$\hat{\theta}_1=\overline{X}-\frac{1}{2},\qquad \hat{\theta}_2=X_{(1)}-\frac{1}{n+1},\qquad \hat{\theta}_3=X_{(n)}-\frac{n}{n+1}.$$

7. 设 $\hat{\theta}_1$ 和 $\hat{\theta}_2$ 是参数 θ 两个独立的无偏估计, 且 $\mathrm{Var}\hat{\theta}_1=2\mathrm{Var}\hat{\theta}_2$. 找出 k_1,k_2, 使得 $k_1\hat{\theta}_1+k_2\hat{\theta}_2$ 也是 θ 的无偏估计, 并且使它在所有这种形式的估计

中的方差最小.

8. 设未知参数 θ 有两个估计 $\hat{\theta}_1$ 和 $\hat{\theta}_2$, 其中

$$E(\hat{\theta}_1)=\theta,\qquad E(\hat{\theta})=\theta+1;$$

$$\mathrm{Var}(\hat{\theta}_1)=6,\qquad \mathrm{Var}(\hat{\theta})=2.$$

试在均方误差原则下判断哪个估计较好.

6.3 区间估计

对于总体的未知参数, 点估计有使用方便、直观等优点, 但是仅给出未知参数的一个近似值, 没有提供关于估计精度的任何信息. 因此, 需要给出待估参数的取值范围, 常以区间形式给出. 此外, 还要考虑该区间包含参数真值的可信度.

例 6.3.1 已知某厂生产的水泥构件的抗压强度 X 服从正态分布 $N(\mu,400)$, μ 未知, 现抽取了 25 件样品进行测试, 得到 25 个数据 $x_1,\cdots,x_{25}$, 由此算得 $\bar{x}=\dfrac{1}{25}\sum\limits_{i=1}^{25}x_i=415$. 既然样本均值 $\bar{x}=415$ 是 μ 的一个点估计值, 我们可以说 "该厂生产的水泥构件的平均抗压强度为 415". 但是 $\overline{X}$ 是统计量并且服从 $N(\mu,16)$, μ 的真值不可能精确等于点估计值 415, 只能预计这个点估计值与 μ 非常接近. 例如, 约有 68% 的样本均值位于 $[\mu-4,\ \mu+4]$(或者 $P(4<\overline{X}\leqslant 4)=0.68$), 约有 95% 的样本均值位于 $[\mu-8,\ \mu+8]$ (或者 $P(8<\overline{X}\leqslant 8)=0.95$), 以及约有 99% 的样本均值位于 $[\mu-12,\ \mu+12]$ (或者 $P(12<\overline{X}\leqslant 12)=0.99$) 等. 那么, 总体均值 μ 的一个合理的区间估计应该是 $[\bar{x}-d,\bar{x}+d]$. 但是, 有两个问题需要解决:

(1) d 取多大才比较合理?

(2) 这样给出的区间估计的可信程度如何?

为解决这两个问题, 本节给出区间估计的定义和构造置信区间的方法, 下一节再着重考虑正态总体的未知参数的区间估计问题.

6.3.1 置信区间的定义

定义 6.3.1 设 θ 是总体 X 的分布中的一个未知参数, 其参数空间为 Θ, $X_1,\cdots,X_n$ 是来自该总体的样本, 对给定的 α $(0<\alpha<1)$, 若有两个统计量 $\hat{\theta}_L=\hat{\theta}_L(X_1,\cdots,X_n)$ 和 $\hat{\theta}_U=\hat{\theta}_U(X_1,\cdots,X_n)$, 使得对任意的 $\theta\in\Theta$, $P(\hat{\theta}_L\leqslant\theta\leqslant\hat{\theta}_U)\geqslant 1-\alpha$ 成立, 则称随机区间 $[\hat{\theta}_L,\ \hat{\theta}_U]$ 为 θ 的**置信水平为 $1-\alpha$ 的置信区间**, $\hat{\theta}_L$ 和 $\hat{\theta}_U$ 分别称为 θ 的**置信下限**和**置信上限**.

可见区间估计给出的是未知参数的一个近似范围, 并且这个范围包含未知参数真值的置信度为 $1-\alpha$. 构造区间估计 $[\hat{\theta}_L,\ \hat{\theta}_U]$ 并不难, 而且不唯一. 比如总体均值 μ 的区间估计可以为

$$[\overline{X}-S,\ \overline{X}+S] \quad 或者 \quad [\overline{X}-2S,\ \overline{X}+2S].$$

对于同一个参数的不同区间估计, 人们自然希望置信度 $P_\theta(\hat{\theta}_L\leqslant\theta\leqslant\hat{\theta}_U)$(对于所有 θ) 越大越好, 这就导致区间越长越好. 区间估计可直接取为参数空间 Θ, 因而失去意义. 因此, 人们希望随机区间 $[\hat{\theta}_L,\ \hat{\theta}_U]$ 的平均长度 $E_\theta(\hat{\theta}_U-\hat{\theta}_L)$ 越短越好, 因为这意味着区间估计的精度越高. 然而, 当样本量给定时, 置信度越大, 区间长度就越大, 估计的精度就越低. 为了解决这个矛盾, 英国统计学家奈曼采取妥协方案: 事先确定好区间 $[\hat{\theta}_L,\ \hat{\theta}_U]$ 盖住未知参数 θ 真值的置信度 $1-\alpha$, 尽可能提高估计的精度.

基于上述妥协方案, 对于给定的 α, 当 X 是连续型随机变量时, 为了提高估计的精度, 总是用 $P(\hat{\theta}_L\leqslant\theta\leqslant\hat{\theta}_U)=1-\alpha$ 求出置信区间; 当 X 是离散随机变量时, 满足条件 $P(\hat{\theta}_L\leqslant\theta\leqslant\hat{\theta}_U)=1-\alpha$ 的置信上下限 $\hat{\theta}_U$ 和 $\hat{\theta}_L$ 可能不存在, 此时构造置信区间 $[\hat{\theta}_L,\ \hat{\theta}_U]$, 使得 $P(\hat{\theta}_L\leqslant\theta\leqslant\hat{\theta}_U)$ 至少为 $1-\alpha$, 但是要尽可能接近 $1-\alpha$.

关于置信水平 $1-\alpha$, 它有一个频率解释: 样本容量 n 不变, 每抽样一次, 就得到一个区间 $[\hat{\theta}_L,\ \hat{\theta}_U]$, 反复抽样, 就得到多个区间 $[\hat{\theta}_L,\hat{\theta}_U]$. 由于 $[\hat{\theta}_L,\ \hat{\theta}_U]$ 的随机性, 每个这样的区间要么包含 θ 的真值, 要么不包含. 当抽样的次数足够多时, 平均而言包含 θ 的真值的区间个数约占 $100(1-\alpha)\%$. 例如, 取 $\alpha=0.05$, 进行 100 次抽样, 就可以构造 100 个这样的置信区间, 其中平均至少有 95 个区间覆盖参数的真值.

例 6.3.2 设 $X_1,\cdots,X_{25}$ 是来自总体 $\sim N(\mu,4)$ 的样本, 求均值 μ 的 $1-\alpha$ 置信区间.

解 因为 μ 的最大似然估计为 $\overline{X}$, 并且 $\overline{X}\sim N\left(\mu,\dfrac{4}{25}\right)$. 从而, $\overline{X}$ 的不同抽样值位于 μ 的真值附近. 根据正态分布的对称性, 假设常数 c 使得 $P(|\overline{X}-\mu|\leqslant c)=1-\alpha$. 为了寻找 c, 自然地标准化 $\overline{X}$:

$$U=\frac{\overline{X}-\mu}{2/5}\sim N(0,1). \tag{6.3.1}$$

从而, 我们有

$$1-\alpha=P\left(\frac{|\overline{X}-\mu|}{2/5}\leqslant\frac{c}{2/5}\right).$$

再由 $\dfrac{|\overline{X}-\mu|}{2/5}\sim N(0,1)$, 可得 $c=\dfrac{2}{5}u_{1-\alpha/2}$, 其中 $u_{1-\alpha/2}$ 为标准正态分布的 $1-\alpha/2$ 分位数点. 因此, 均值 μ 的 $1-\alpha$ 置信区间为

$$\left[\overline{X}-\frac{2}{5}u_{1-\alpha/2},\ \overline{X}+\frac{2}{5}u_{1-\alpha/2}\right].$$ □

在上例中, 若取 $\alpha=0.05$, 则 $1-\alpha=0.95$ 以及 $1-\alpha/2=0.975$. 经查表可得 $u_{0.975}=1.96$, 从而均值 μ 的 0.95 置信区间为 $[\overline{X}-0.784,\ \overline{X}+0.784]$. 如果设 $\mu=10$, 可以从总体 $N(10,4)$ 产生一组容量为 16 的样本, 算得样本均值 $\overline{x}=9.838$, 则相应的 μ 的置信水平为 0.95 的置信区间为 [9.054, 10.622]. 易见, 此区间确实包含了 μ 的真值 10. 类似地, 可以生成另外 15 组样本, 每组样本容量为 25.

表 6.2 给出了 16 组样本的样本均值及其置信度为 95%的置信区间, 图 6.2 画出了表 6.2 的 16 个置信区间. 从中可以看到 93.75% (16 个中有 15 个) 的区间包含 $\mu=10$, 一个区间 (样本 14) 不包含 $\mu=10$. 如此重复抽样并计算 μ 的 95% 置信区间, 预计大约有 $1-\alpha=95\%$ 的样本产生的区间包含 $\mu=10$, 有 5% 不包含 $\mu=10$.

表 6.2　样本容量为 25 的 16 组样本的样本均值及其置信度为 95%的置信区间

样本编号	样本均值 $\overline{x}$	μ 的 95% 的置信区间	样本编号	样本均值 $\overline{x}$	μ 的 95% 的置信区间
1	9.837	[9.053, 10.621]	9	10.012	[9.228, 10.796]
2	10.290	[9.506, 11.074]	10	9.564	[8.780, 10.348]
3	9.247	[8.463, 10.031]	11	9.617	[8.833, 10.401]
4	9.466	[8.682, 10.250]	12	10.360	[9.576, 11.144]
5	10.298	[9.514, 11.082]	13	10.139	[9.355, 10.923]
6	9.893	[9.109, 10.677]	14	8.767	[7.983, 9.551]
7	9.761	[8.977, 10.545]	15	9.792	[9.008, 10.576]
8	10.511	[9.727, 11.295]	16	10.221	[9.437, 11.005]

注记 6.3.1　上述定义中的区间估计用闭区间给出, 也可以用开区间或半开区间给出, 由实际需要而定.

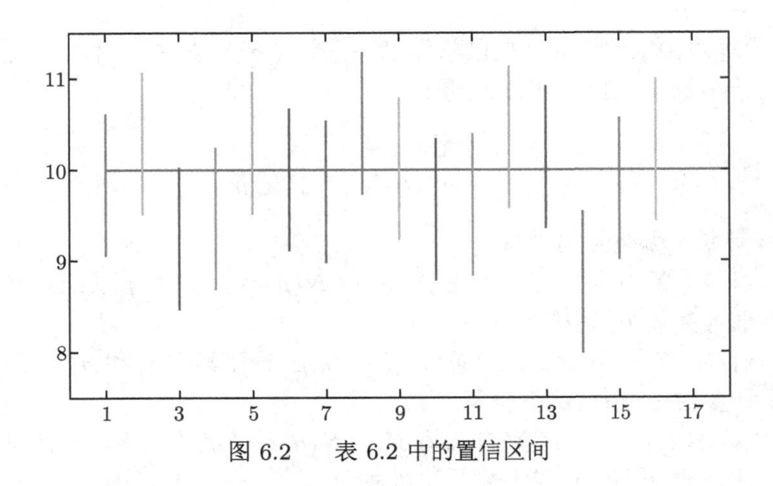

图 6.2　表 6.2 中的置信区间

6.3.2 构造置信区间的方法

例 6.3.2 表明, 为了构造总体未知参数 θ 的置信区间, 要依据该参数一个好的点估计和其分布的特征, 构造一个类似于定义在 (6.3.1) 的函数——样本和未知参数的函数, 其分布不依赖任何未知参数. 这样的函数被称为**枢轴量**, 相应的构造置信区间的方法被称为**枢轴量法**. 具体步骤如下:

(1) 构造一个样本 $X_1,\cdots,X_n$ 与 θ 的函数 $G=G(X_1,\cdots,X_n;\theta)$, 使得 G 的分布已知且不依赖于任何未知参数. 我们称 G 为**枢轴量**.

(2) 适当地选择两个常数 c 和 d, 使得对给定的 $\alpha(0<\alpha<1)$, 有 $P(c\leqslant G\leqslant d)\geqslant 1-\alpha$ 成立.

(3) 将不等式 $c\leqslant G\leqslant d$ 进行等价变形, 得到 $\hat{\theta}_L\leqslant\theta\leqslant\hat{\theta}_U$, 则有 $P(\hat{\theta}_L\leqslant\theta\leqslant\hat{\theta}_U)\geqslant 1-\alpha$ 成立. 于是, $[\hat{\theta}_L,\ \hat{\theta}_U]$ 为 θ 的置信水平为 $1-\alpha$ 的置信区间.

若枢轴量 G 的分布是连续的, 通常取 c 为该分布的下侧 $\alpha/2$ 分位数, d 为该分布的下侧 $1-\alpha/2$ 分位数, 这样得到的置信区间称为等尾置信区间. 若枢轴量的分布是对称的以及样本量 n 是固定的, 可以证明在所有满足条件 $P(c\leqslant G\leqslant d)=1-\alpha$ 的置信区间中, 等尾置信区间的长度最短, 从而精度最高.

注记 6.3.2　(1) 为了构造枢轴量, 往往用到参数的最大似然估计.

(2) 除了待估参数外, 枢轴量不包含其他的未知参数; 枢轴量的分布是已知的; 枢轴量不是统计量.

✍习题 6.3

1. 比较枢轴量与统计量的异同.
2. 如何恰当地选择枢轴量.

3. 设样本 $X_1,\cdots,X_n$ 来自总体 $X\sim N(\mu,\sigma^2)$, 其中 μ 和 σ^2 是未知参数. 要估计参数 μ, 请问下面三个量:

$$\overline{X},\qquad \frac{\overline{X}-\mu}{\sigma/\sqrt{n}},\qquad \frac{\overline{X}-\mu}{S/\sqrt{n}},$$

哪些是统计量? 哪些是枢轴量?

4. 设样本 $X_1,\cdots,X_n$ 来自总体 $X\sim N(\mu,\sigma^2)$, 其中 μ 是未知参数, σ^2 已知. 要估计参数 μ, 请构造枢轴量.

5. 设样本 $X_1,\cdots,X_n$ 来自总体 $X\sim N(\mu,\sigma^2)$, 其中 μ 和 σ^2 都是未知参数. 要估计参数 μ, 请构造枢轴量.

6. 设样本 $X_1,\cdots,X_n$ 来自总体 $X\sim N(\mu,\sigma^2)$, 其中 μ 和 σ^2 都是未知参数. 要估计参数 σ^2 和 σ, 请分别构造枢轴量.

7. 设样本 $X_1,\cdots,X_n$ 来自总体 $X\sim b(1,p)$, 其中 p 是未知参数. 要估计参数 p, 请构造枢轴量.

8. 设样本 $X_1,\cdots,X_n$ 来自总体 $X\sim \mathrm{Exp}(p)$, 其中 p 是未知参数. 要估计参数 p, 请构造枢轴量.

6.4 正态总体未知参数的区间估计

与其他总体相比, 正态总体参数的置信区间已经得到完善的解决, 得到了广泛的应用. 因此, 本书着重讨论正态分布参数的置信区间, 主要包括下列内容.

(1) 单个正态分布总体参数的置信区间, 共四种情形:

(i) 方差已知, 求均值的置信区间;

(ii) 方差未知, 求均值的置信区间;

(iii) 均值已知, 求方差的置信区间;

(iv) 均值未知, 求方差的置信区间.

(2) 双正态总体参数的置信区间, 共六种情形:

(i) 两个总体的方差已知, 求均值差的置信区间;

(ii) 两个总体的方差未知但相等, 求均值差的置信区间;

(iii) 两个总体样本量相同时, 求均值差的置信区间;

(iv) 两个总体样本方差未知且不相等, 样本量较大时, 求均值差的大样本置信区间;

(v) 两个总体样本方差未知且不相等, 样本量又较小时, 求均值差的近似置信区间;

(vi) 两个总体方差比的置信区间.

在构造正态总体置信区间的过程中, 经常会用到标准正态分布、t 分布、卡方分布和 F 分布.

6.4.1 单个正态总体未知参数的区间估计

首先, 讨论单个正态总体的未知参数的区间估计问题. 设总体 X 服从正态分布 $N(\mu,\sigma^2)$, 我们将分情形给出均值 μ 和方差 σ^2 的置信区间.

1. 方差 σ^2 已知时均值 μ 的置信区间

正态总体的均值 μ 的点估计为样本均值 $\overline{X}$, 其服从正态分布 $N\left(\mu,\dfrac{\sigma^2}{n}\right)$. 当 σ 已知时, 可以构造枢轴量

$$U=\frac{\overline{X}-\mu}{\sigma/\sqrt{n}}. \tag{6.4.1}$$

易见 U 服从标准正态分布, 即 $U\sim N(0,1)$. 由图 6.3 可知

$$P\left(-u_{1-\alpha/2}\leqslant\frac{\overline{X}-\mu}{\sigma/\sqrt{n}}\leqslant u_{1-\alpha/2}\right)=1-\alpha.$$

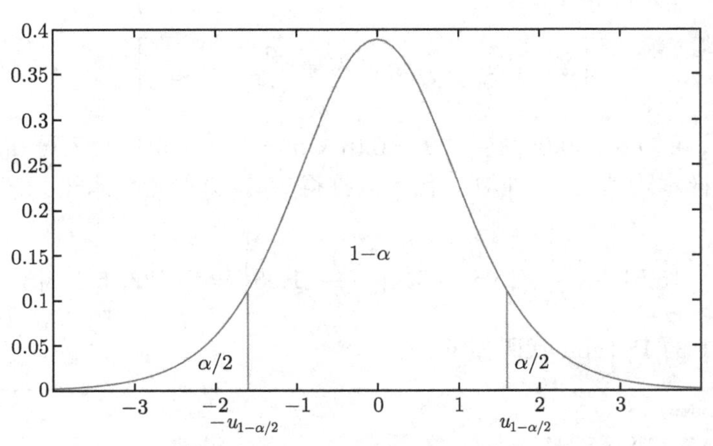

图 6.3 标准正态分布置信区间示意图

于是,

$$P\left(\overline{X}-\frac{\sigma}{\sqrt{n}}\cdot u_{1-\alpha/2}\leqslant\mu\leqslant\overline{X}+\frac{\sigma}{\sqrt{n}}\cdot u_{1-\alpha/2}\right)=1-\alpha.$$

故参数 μ 的置信水平为 $1-\alpha$ 的置信区间为

$$\left[\overline{X}-\frac{\sigma}{\sqrt{n}}\cdot u_{1-\alpha/2}, \overline{X}+\frac{\sigma}{\sqrt{n}}\cdot u_{1-\alpha/2}\right].$$

上述结果总结如下.

定理 6.4.1 设总体 X 服从正态分布 $N(\mu,\sigma^2)$, 其中 σ^2 已知. 若 $X_1,\cdots,X_n$ 是来自 X 的简单随机样本, 则均值 μ 的置信水平为 $1-\alpha$ 的置信区间为

$$\left[\overline{X}-\frac{\sigma}{\sqrt{n}}\cdot u_{1-\alpha/2},\ \overline{X}+\frac{\sigma}{\sqrt{n}}\cdot u_{1-\alpha/2}\right],$$

其中 $u_{1-\alpha/2}$ 是标准正态分布的下侧 $1-\alpha/2$ 分位数.

例 6.4.1 设一个物体的称量结果服从正态分布 $N(\mu,0.1^2)$, 其中 μ 未知. 现对该物体称量了 5 次, 结果 (单位: 克) 如下:

$$5.52,\ 5.48,\ 5.59,\ 5.51,\ 5.45.$$

试求 μ 的置信水平为 0.95 的置信区间.

解 因为总体 X 服从正态分布 $N(\mu,\sigma^2)$, 方差 $\sigma^2=0.1^2$ 已知, 故 μ 的置信水平为 $1-\alpha$ 的置信区间为

$$\left[\overline{X}-\frac{\sigma}{\sqrt{n}}\cdot u_{1-\alpha/2},\ \overline{X}+\frac{\sigma}{\sqrt{n}}\cdot u_{1-\alpha/2}\right].$$

由题意, 可知 $\alpha=0.05$, $1-\alpha/2=0.975$, $n=5$, $\sigma=0.1$; 查表得 $u_{0.975}=1.96$. 经计算得, 样本均值 $\bar{x}=5.51$. 代入数据得参数 μ 的置信水平为 0.95 的置信区间为

$$\left[5.51-\frac{0.1}{\sqrt{5}}\cdot 1.96,\ 5.51+\frac{0.1}{\sqrt{5}}\cdot 1.96\right]=[5.422,\ 5.598].$$ □

例 6.4.1 的 Python 代码如下.

```
1 import numpy as np
2 from scipy import stats
3 x=[5.52, 5.48, 5.59, 5.51, 5.45]
4 mean=np.mean(x)
5 print("样本均值为:", mean)
6 std=0.1
7 CI=stats.norm.interval(0.95, loc=mean, scale=std)
8 print(CI)
```

2. 方差 σ^2 未知时均值 μ 的置信区间

当 σ 未知时, $\overline{X}$ 依然是 μ 的一个好的点估计, 但是定义在 (6.4.1) 的 $U = \dfrac{\overline{X}-\mu}{\sigma/\sqrt{n}}$ 还包含未知参数 σ. 自然地, 用样本标准差 S 替代 σ, 从而得到

$$T = \frac{\overline{X}-\mu}{S/\sqrt{n}}. \tag{6.4.2}$$

由定理 5.3.2, 可得 $T \sim t(n-1)$. 因此, 定义在 (6.4.2) 的 T 是枢轴量.

根据 t 分布的对称性, 如图 6.4, 可得

$$P\left(-t_{1-\alpha/2}(n-1) \leqslant \frac{\overline{X}-\mu}{S}\sqrt{n} \leqslant t_{1-\alpha/2}(n-1)\right) = 1-\alpha,$$

变形可得

$$P\left(\overline{X} - \frac{S}{\sqrt{n}}\cdot t_{1-\alpha/2}(n-1) \leqslant \mu \leqslant \overline{X} + \frac{S}{\sqrt{n}}\cdot t_{1-\alpha/2}(n-1)\right) = 1-\alpha.$$

故参数 μ 的置信水平为 $1-\alpha$ 的置信区间为

$$\left[\overline{X} - \frac{S}{\sqrt{n}}\cdot t_{1-\alpha/2}(n-1),\ \overline{X} + \frac{S}{\sqrt{n}}\cdot t_{1-\alpha/2}(n-1)\right].$$

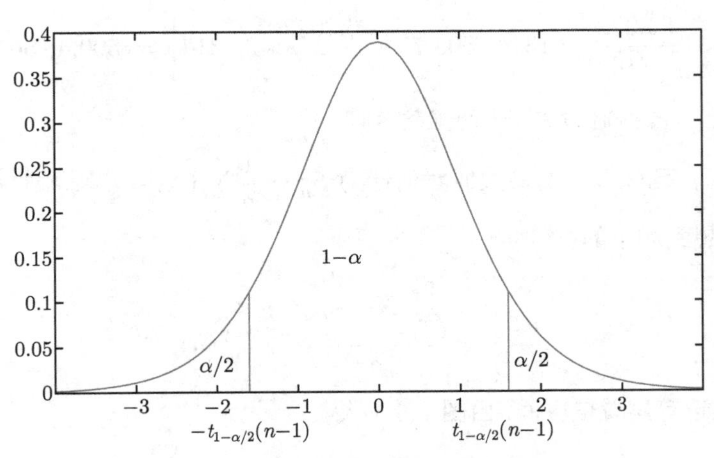

图 6.4 t 分布置信区间示意图

同样地, 上述结果总结如下.

定理 6.4.2 设总体 X 服从正态分布 $N(\mu,\sigma^2)$, 其中 σ^2 未知. 若 $X_1,\cdots,X_n$ 是来自 X 的简单随机样本, 则参数 μ 的置信水平为 $1-\alpha$ 的置信区间为

$$\left[\overline{X}-\frac{S}{\sqrt{n}}\cdot t_{1-\alpha/2}(n-1),\ \overline{X}+\frac{S}{\sqrt{n}}\cdot t_{1-\alpha/2}(n-1)\right],$$

其中 $t_{1-\alpha/2}(n-1)$ 是自由度为 $n-1$ 的 t 分布的下侧 $1-\alpha/2$ 分位数.

例 6.4.2 现从一批糖果中随机地抽取 16 袋, 称量结果 (单位: 克) 如下:

506, 508, 499, 503, 504, 510, 497, 512,

514, 505, 493, 496, 506, 502, 509, 496.

设称量结果近似服从正态分布 $N(\mu,\sigma^2)$, 试求均值 μ 的置信水平为 0.95 的置信区间.

解 因为总体 X 服从正态分布 $N(\mu,\sigma^2)$, 参数 σ^2 未知, 故参数 μ 的置信水平为 $1-\alpha$ 的置信区间为

$$\left[\overline{X}-\frac{S}{\sqrt{n}}\cdot t_{1-\alpha/2}(n-1),\ \overline{X}+\frac{S}{\sqrt{n}}\cdot t_{1-\alpha/2}(n-1)\right].$$

由已知, $\alpha=0.05$, $1-\alpha/2=0.975$, $n=16$, 查表得 $t_{0.975}(15)=2.1314$. 经计算得, 样本均值 $\bar{x}=503.75$, 样本标准差 $s=6.2022$. 代入数据得参数 μ 的置信水平为 0.95 的置信区间为

$$\left[503.75-\frac{6.2022}{\sqrt{16}}\cdot 2.1314,\ 503.75+\frac{6.2022}{\sqrt{16}}\cdot 2.1314\right]=[500.4,\ 507.1]. \qquad \square$$

3. 均值 μ 已知时方差 σ^2 的置信区间

若均值 μ 已知, σ^2 的最大似然估计为 $S_\mu^2=\frac{1}{n}\sum\limits_{i=1}^{n}(X_i-\mu)^2$. 根据枢轴量的特点, 很容易想到如下的枢轴量:

$$\frac{nS_\mu^2}{\sigma^2}=\frac{\sum\limits_{k=1}^{n}(X_k-\mu)^2}{\sigma^2}\sim\chi^2(n). \tag{6.4.3}$$

为了构造等尾置信区间, 由图 6.5 可得

$$P\left(\chi^2_{\alpha/2}(n)\leqslant\frac{\sum\limits_{k=1}^{n}(X_k-\mu)^2}{\sigma^2}\leqslant\chi^2_{1-\alpha/2}(n)\right)=1-\alpha,$$

即

$$P\left(\frac{\sum_{k=1}^{n}(X_k-\mu)^2}{\chi^2_{1-\alpha/2}(n)}\leqslant\sigma^2\leqslant\frac{\sum_{k=1}^{n}(X_k-\mu)^2}{\chi^2_{\alpha/2}(n)}\right)=1-\alpha.$$

故 σ^2 的置信水平为 $1-\alpha$ 的置信区间为

$$\left[\frac{\sum_{k=1}^{n}(X_k-\mu)^2}{\chi^2_{1-\alpha/2}(n)},\ \frac{\sum_{k=1}^{n}(X_k-\mu)^2}{\chi^2_{\alpha/2}(n)}\right].$$

通过变形, 可以得到 σ 的置信区间为

$$\left[\sqrt{\frac{\sum_{k=1}^{n}(X_k-\mu)^2}{\chi^2_{1-\alpha/2}(n)}},\ \sqrt{\frac{\sum_{k=1}^{n}(X_k-\mu)^2}{\chi^2_{\alpha/2}(n)}}\right].$$

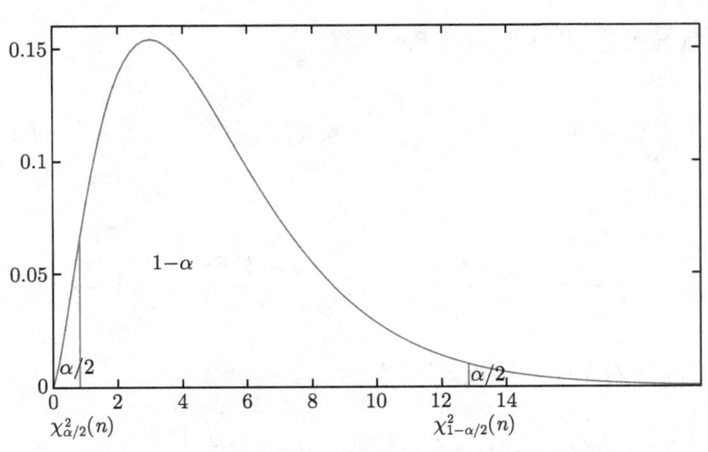

图 6.5 自由度为 n 的卡方分布置信区间示意图

因此, 我们可得到下述定理.

定理 6.4.3 设 $X_1,\cdots,X_n$ 是来自正态总体 $N(\mu,\sigma^2)$ 的一个简单随机样本, 其中均值 μ 已知, 则方差 σ^2 和标准差 σ 的置信水平为 $1-\alpha$ 的置信区间分

别为

$$\left[\frac{\sum_{k=1}^{n}(X_k-\mu)^2}{\chi^2_{1-\alpha/2}(n)}, \frac{\sum_{k=1}^{n}(X_k-\mu)^2}{\chi^2_{\alpha/2}(n)}\right]$$

和

$$\left[\sqrt{\frac{\sum_{k=1}^{n}(X_k-\mu)^2}{\chi^2_{1-\alpha/2}(n)}}, \sqrt{\frac{\sum_{k=1}^{n}(X_k-\mu)^2}{\chi^2_{\alpha/2}(n)}}\right].$$

实际中, μ 已知但 σ^2 未知的情形非常罕见.

4. 均值 μ 未知时方差 σ^2 的置信区间

若均值 μ 未知, σ^2 的常用估计量为 $S^2=\frac{1}{n-1}\sum_{i=1}^{n}(X_i-\overline{X})^2$. 由定理 5.3.2, 定义枢轴量

$$\frac{(n-1)S^2}{\sigma^2}=\frac{\sum_{k=1}^{n}(X_k-\overline{X})^2}{\sigma^2}\sim\chi^2(n-1). \tag{6.4.4}$$

为了构造等尾置信区间, 由图 6.6 可得

$$P\left(\chi^2_{\alpha/2}(n-1)\leqslant\frac{(n-1)S^2}{\sigma^2}\leqslant\chi^2_{1-\alpha/2}(n-1)\right)=1-\alpha,$$

即

$$P\left(\frac{(n-1)S^2}{\chi^2_{1-\alpha/2}(n-1)}\leqslant\sigma^2\leqslant\frac{(n-1)S^2}{\chi^2_{\alpha/2}(n-1)}\right)=1-\alpha.$$

故 σ^2 的置信水平为 $1-\alpha$ 的置信区间为

$$\left[\frac{(n-1)S^2}{\chi^2_{1-\alpha/2}(n-1)}, \frac{(n-1)S^2}{\chi^2_{\alpha/2}(n-1)}\right], \qquad \square$$

而 σ 的置信水平为 $1-\alpha$ 的置信区间为

$$\left[\sqrt{\frac{(n-1)S^2}{\chi^2_{1-\alpha/2}(n-1)}}, \sqrt{\frac{(n-1)S^2}{\chi^2_{\alpha/2}(n-1)}}\right].$$

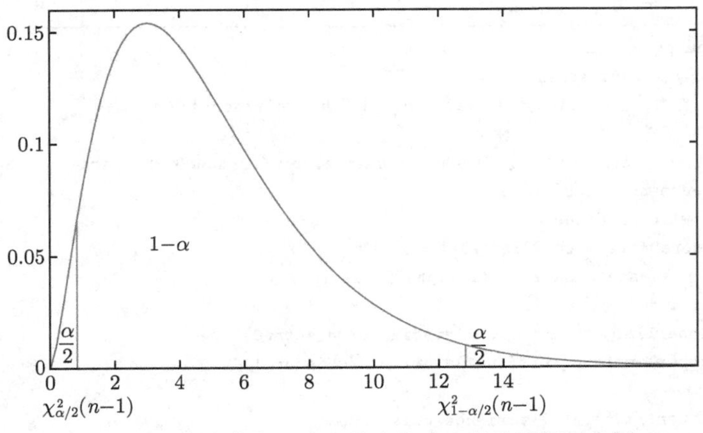

图 6.6 自由度为 $n-1$ 的卡方分布置信区间示意图

于是, 我们可以得到如下定理.

定理 6.4.4 设 $X_1,\cdots,X_n$ 是来自正态总体 $N(\mu,\sigma^2)$ 的一个样本, 则方差 σ^2 和标准差 σ 的置信水平为 $1-\alpha$ 的置信区间分别为

$$\left[\frac{(n-1)S^2}{\chi^2_{1-\alpha/2}(n-1)},\ \frac{(n-1)S^2}{\chi^2_{\alpha/2}(n-1)}\right]$$

和

$$\left[\sqrt{\frac{(n-1)S^2}{\chi^2_{1-\alpha/2}(n-1)}},\ \sqrt{\frac{(n-1)S^2}{\chi^2_{\alpha/2}(n-1)}}\right].$$

例 6.4.3 设岩石密度的测量误差 X 服从正态分布 $N(\mu,\sigma^2)$, 现随机抽测 12 个样品, 算得标准差为 0.2, 求 σ^2 的置信水平为 0.9 的置信区间.

解 因为总体 X 服从正态分布 $N(\mu,\sigma^2)$, 参数 σ^2 的置信水平为 $1-\alpha$ 的置信区间为

$$\left[\frac{(n-1)S^2}{\chi^2_{1-\alpha/2}(n-1)},\ \frac{(n-1)S^2}{\chi^2_{\alpha/2}(n-1)}\right].$$

查表得 $\chi^2_{0.05}(11)=4.575, \chi^2_{0.95}(11)=19.675$, 将之与 $s=0.2$ 代入, 得到 σ^2 的置信水平为 0.9 的置信区间为

$$\left[\frac{(12-1)\times 0.2^2}{19.675},\ \frac{(12-1)\times 0.2^2}{4.575}\right]=[0.02,\ 0.10].$$ □

例 6.4.3 的 Python 代码如下所示.

```
1 import numpy as np
2 from scipy import stats
3 # mean: 样本均值; std: 样本标准差; n: 样本量; confidence: 置信水平
4 # 总体估计参数. 功能: 构建总体方差或总体标准差的置信区间
5 def stdinterval(mean=None, std=None, n=None, confidence=0.95, para="总体标准差"):
6     variance=np.power(std,2)
7     alpha=1-confidence
8     chiscore0=stats.chi2.isf(alpha/2, df=(n-1))
9     chiscore1=stats.chi2.isf(1-alpha/2, df=(n-1))
10    if para=="总体标准差":
11        lowerlimit=np.sqrt((n-1)*variance/chiscore0)
12        upperlimit=np.sqrt((n-1)*variance/chiscore1)
13    if para=="总体方差":
14        lowerlimit=(n-1)*variance/chiscore0
15        upperlimit=(n-1)*variance/chiscore1
16
17    return (round(lowerlimit, 2), round(upperlimit, 2))
18 stdinterval(mean=None, std=0.2, n=12, confidence=0.95, para="总体方差")
```

6.4.2 双正态总体未知参数的区间估计

在实际问题中, 有时要知道两个正态总体均值之间或方差之间是否有差异, 从而要研究两个正态总体的均值差或者方差比的置信区间. 设总体 $X \sim N(\mu_1, \sigma_1^2)$, 总体 $Y \sim N(\mu_2, \sigma_2^2)$, 且 X 与 Y 相互独立. 又设 $X_1, \cdots, X_m$ 和 $Y_1, \cdots, Y_n$ 分别是来自总体 X 与 Y 的两组相互独立的简单随机样本, 相应的样本均值和样本方差分别记为

$$\overline{X} = \frac{1}{m}\sum_{i=1}^{m} X_i, \quad S_X^2 = \frac{1}{m-1}\sum_{i=1}^{m}(X_i - \overline{X})^2;$$
$$\overline{Y} = \frac{1}{n}\sum_{j=1}^{n} Y_j, \quad S_Y^2 = \frac{1}{n-1}\sum_{j=1}^{n}(Y_j - \overline{Y})^2.$$

我们将要考虑均值差 $\mu_1 - \mu_2$ 和方差比 σ_1^2/σ_2^2 的置信区间.

1. 两个总体均值差 $\mu_1 - \mu_2$ 的置信区间

1) σ_1 和 σ_2 已知

易见 $\mu_1 - \mu_2$ 的点估计为 $\overline{X} - \overline{Y}$, 并且注意到 $\overline{X} - \overline{Y} \sim N\left(\mu_1 - \mu_2, \frac{\sigma_1^2}{m} + \frac{\sigma_2^2}{n}\right)$. 若 σ_1 和 σ_2 已知, 类似于单个正态总体的情形, 可以构建枢轴量

$$U = \frac{\overline{X} - \overline{Y} - (\mu_1 - \mu_2)}{\sqrt{\frac{\sigma_1^2}{m} + \frac{\sigma_2^2}{n}}} \sim N(0, 1).$$

于是, $\mu_1-\mu_2$ 的置信水平 $1-\alpha$ 的置信区间为

$$\left[\overline{X}-\overline{Y}-u_{1-\alpha/2}\sqrt{\frac{\sigma_1^2}{m}+\frac{\sigma_2^2}{n}},\ \overline{X}-\overline{Y}+u_{1-\alpha/2}\sqrt{\frac{\sigma_1^2}{m}+\frac{\sigma_2^2}{n}}\right].$$

2) $\sigma_1=\sigma_2=\sigma$ 但未知

与单个正态总体一样, 在 σ_1^2 和 σ_2^2 未知时, 自然考虑用它们各自的样本方差来替代. 由于样本方差

$$S_X^2=\frac{1}{m-1}\sum_{i=1}^{m}(X_i-\overline{X})^2,\quad S_Y^2=\frac{1}{n-1}\sum_{j=1}^{n}(Y_j-\overline{Y})^2$$

都是 σ^2 的无偏估计, 因而 $S_W^2=\dfrac{(m-1)S_X^2+(n-1)S_Y^2}{m+n-2}$ 也是 σ^2 的无偏估计. 于是, 构造枢轴量

$$T=\frac{\overline{X}-\overline{Y}-(\mu_1-\mu_2)}{S_W\sqrt{\dfrac{1}{m}+\dfrac{1}{n}}}.$$

则由 t 分布的构造知, T 服从自由度为 $m+n-2$ 的 t 分布, 即 $T\sim t(m+n-2)$. 于是, 容易得到 $\mu_1-\mu_2$ 的置信水平 $1-\alpha$ 的置信区间为

$$\left[\overline{X}-\overline{Y}-t_{1-\alpha/2}(m+n-2)S_W\sqrt{\frac{1}{m}+\frac{1}{n}},\overline{X}-\overline{Y}+t_{1-\alpha/2}(m+n-2)S_W\sqrt{\frac{1}{m}+\frac{1}{n}}\right].$$

例 6.4.4 已知甲、乙两厂生产的灯泡寿命分别服从正态分布 $N(\mu_1,\sigma^2)$ 和 $N(\mu_2,\sigma^2)$. 现从甲、乙两厂分别抽取 50 个与 60 个样品, 分别测了每个样品的寿命, 并计算得到样本均值和样本标准差的观测值分别如下:

甲厂: $m=50$ 个, $\bar{x}=1282$ 小时, $s_X=80$ 小时;

乙厂: $n=60$ 个, $\bar{y}=1208$ 小时, $s_Y=94$ 小时.

试求均值差 $\mu_1-\mu_2$ 的置信水平为 $1-\alpha=0.95$ 的置信区间.

解 设甲、乙两厂生产的灯泡寿命分别为 X 和 Y, 则 X 和 Y 依次服从正态分布 $N(\mu_1,\sigma_1^2)$ 和 $N(\mu_2,\sigma_2^2)$. 总体方差相等, 即 $\sigma_1=\sigma_2=\sigma$. 于是, $\mu_1-\mu_2$ 的置信水平 $1-\alpha$ 的置信区间为

$$\left[\overline{X}-\overline{Y}-t_{1-\alpha/2}(m+n-2)S_W\sqrt{\frac{1}{m}+\frac{1}{n}},\overline{X}-\overline{Y}+t_{1-\alpha/2}(m+n-2)S_W\sqrt{\frac{1}{m}+\frac{1}{n}}\right].$$

当 $\alpha = 0.05$, $m = 50$, $n = 60$ 时, 临界值 $t_{0.975}(108) \approx u_{1.975} = 1.96$. 代入样本数据计算可得

$$s_W = \sqrt{\frac{49 \times 80^2 + 59 \times 94^2}{50 + 60 - 2}} = 87.92.$$

故 $\mu_1 - \mu_2$ 的置信水平 0.95 的置信区间为

$$\left[1282 - 1208 - 1.96 \times 87.92\sqrt{\frac{1}{50} + \frac{1}{60}}, 1282 - 1208 + 1.96 \times 87.92\sqrt{\frac{1}{50} + \frac{1}{60}}\right]$$

$= [41.00, 107.00]$. □

例 6.4.4 的 Python 代码如下.

```
1  import numpy as np
2  from scipy import stats
3  alpha=0.05
4  mean1=1282
5  std1=80
6  mean2=1208
7  std1=94
8  m=50;
9  n=60;
10 mean=mean1-mean2
11 std=np.sqrt(((m-1)*np.power(std1,2)+(n-1)*np.power(std2,2))/(m+n-2))
12 tscore=stats.t.isf(alpha/2, df=(m+n-2))
13 me=tscore*std*np.sqrt(1/m+1/n)
14 CI=[mean-me, mean+me]
15 print(CI)
```

3) σ_1 和 σ_2 未知但 $m = n$

当 $m = n$ 时, 令 $Z_i = X_i - Y_i$, 则 $Z_1, \cdots, Z_n$ 可以视为是来自总体 $Z = X - Y$ 的简单随机样本. 注意到 $Z = X - Y \sim N(\mu_1 - \mu_2, \sigma_1^2 + \sigma_2^2)$, 因此求参数 $\mu_1 - \mu_2$ 的区间估计归结为单个正态总体方差未知情形下的总体均值的区间估计问题.

记 $\overline{Z}$ 和 S_Z^2 分别为由样本 $Z_1, \cdots, Z_n$ 计算所得的样本均值和样本方差, 即

$$\overline{Z} = \frac{1}{n}\sum_{i=1}^{n} Z_i = \overline{X} - \overline{Y}, \quad S_Z^2 = \frac{1}{n-1}\sum_{i=1}^{n}(Z_i - \overline{Z})^2.$$

选择枢轴量为

$$T = \frac{\overline{Z} - (\mu_1 - \mu_2)}{S_Z}\sqrt{n},$$

则 $T \sim t(n-1)$. 于是, 容易得到 $\mu_1-\mu_2$ 的置信水平 $1-\alpha$ 的置信区间为

$$\left[\overline{Z}-t_{1-\alpha/2}(n-1)\frac{S_Z}{\sqrt{n}},\ \overline{Z}+t_{1-\alpha/2}(n-1)\frac{S_Z}{\sqrt{n}}\right].$$

4) σ_1 和 σ_2 未知, m 和 n 充分大

当 m 和 n 充分大时, 选择枢轴量 $T=\dfrac{\overline{X}-\overline{Y}-(\mu_1-\mu_2)}{\sqrt{S_X^2/m+S_Y^2/n}}$. 注意到此时 T 的分布并不明确, 但由中心极限定理, 可以近似认为 T 服从标准正态分布, 即 $T \dot{\sim} N(0,1)$. 于是, 容易得到 $\mu_1-\mu_2$ 的置信水平 $1-\alpha$ 的置信区间为

$$\left[\overline{X}-\overline{Y}-u_{1-\alpha/2}\sqrt{S_X^2/m+S_Y^2/n},\ \overline{X}-\overline{Y}+u_{1-\alpha/2}\sqrt{S_X^2/m+S_Y^2/n}\right].$$

5) σ_1 和 σ_2 未知, m 和 n 较小

当 m 和 n 不大时, 采用的枢轴量还是

$$T=\frac{(\overline{X}-\overline{Y})-(\mu_1-\mu_2)}{\sqrt{S_X^2/m+S_Y^2/n}}.$$

此时 T 不服从正态分布, 但近似服从自由度为 l 的 t 分布, 其中

$$l=\left(\frac{S_X^2}{m}+\frac{S_Y^2}{n}\right)^2\bigg/\left\{\frac{S_X^4}{m^2(m-1)}+\frac{S_Y^4}{n^2(n-1)}\right\}.$$

于是, 容易得到 $\mu_1-\mu_2$ 的置信水平 $1-\alpha$ 的置信区间为

$$\left[\overline{X}-\overline{Y}-t_{1-\alpha/2}(l)\sqrt{S_X^2/m+S_Y^2/n},\ \overline{X}-\overline{Y}+t_{1-\alpha/2}(l)\sqrt{S_X^2/m+S_Y^2/n}\right].$$

2. 双正态总体方差比的置信区间

下面考虑方差比 σ_1^2/σ_2^2 的区间估计, 这里仅考虑 μ_1 和 μ_2 皆未知的情形. 注意到 S_X^2 和 S_Y^2 分别是 σ_1^2 和 σ_2^2 的无偏估计, $(m-1)S_X^2/\sigma_1^2$ 服从卡方分布 $\chi^2(m-1)$, $(n-1)S_Y^2/\sigma_2^2$ 服从卡方分布 $\chi^2(n-1)$. 记

$$F=\frac{S_X^2/\sigma_1^2}{S_Y^2/\sigma_2^2}.$$

由 F 分布的构造知, F 服从自由度为 $(m-1,n-1)$ 的 F 分布, 即 $F\sim F(m-1,n-1)$. 因此, 选择 F 为枢轴量.

由图 6.7, 容易得到 $\dfrac{\sigma_1^2}{\sigma_2^2}$ 的置信水平 $1-\alpha$ 的置信区间为

$$\left[\frac{S_X^2/S_Y^2}{F_{1-\alpha/2}(m-1,n-1)}, \frac{S_X^2/S_Y^2}{F_{\alpha/2}(m-1,n-1)}\right].$$

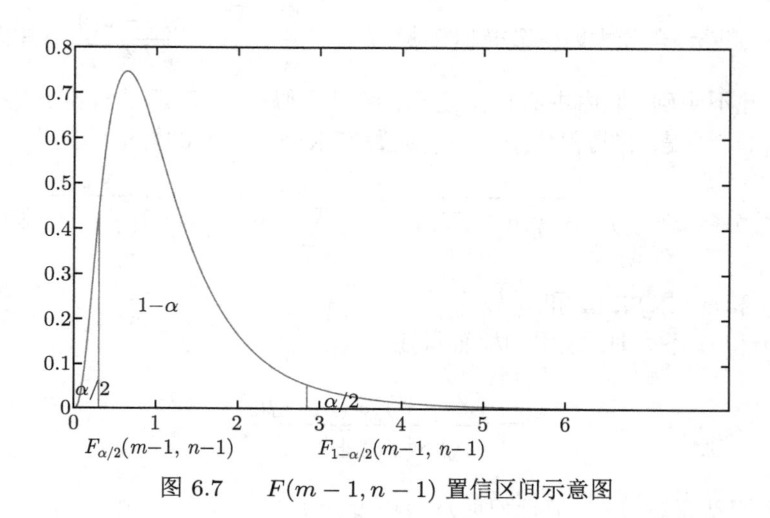

图 6.7 $F(m-1,n-1)$ 置信区间示意图

注记 6.4.1 读者可以自行考虑: 对 μ_1 和 μ_2 已知或有一个已知时的情形, 相应的枢轴量和置信区间.

例 6.4.5 甲、乙两台机床加工某种零件, 零件的直径服从正态分布, 其中方差反映了加工精度. 现从各自加工的零件中分别抽取了 8 件和 7 件样品, 测得直径 (单位: 毫米) 分别为

机床甲: 20.5, 19.8, 19.7, 20.4, 20.1, 20.0, 19.0, 19.9;

机床乙: 20.7, 19.8, 19.5, 20.8, 20.4, 20.2, 19.6.

试求置信水平 $1-\alpha=0.95$ 下这两台机床加工的零件方差比的置信区间.

解 设甲、乙两机床生产的零件直径分别为 X 和 Y, 则 X 和 Y 依次服从正态分布 $N(\mu_1,\sigma_1^2)$ 和 $N(\mu_2,\sigma_2^2)$. 总体均值 μ_1 和 μ_2 皆未知, 则 $\dfrac{\sigma_1^2}{\sigma_2^2}$ 的置信水平 $1-\alpha$ 的置信区间为

$$\left[\frac{S_X^2/S_Y^2}{F_{1-\alpha/2}(m-1,n-1)}, \frac{S_X^2/S_Y^2}{F_{\alpha/2}(m-1,n-1)}\right].$$

经计算得 $s_X^2=0.2164$, $s_Y^2=0.2729$. 于是, $F=\dfrac{0.2164}{0.2729}=0.793$. 当 $\alpha=0.05$ 时,

查表得 $F_{0.975}(7,6)=5.70$, 而 $F_{0.025}(7,6)=\dfrac{1}{F_{0.975}(6,7)}=\dfrac{1}{5.12}=0.195$. 故 $\dfrac{\sigma_1^2}{\sigma_2^2}$ 的置信水平 0.95 的置信区间为 $\left[\dfrac{0.793}{5.70},\dfrac{0.793}{0.195}\right]=[0.139, 4.067]$. □

例 6.4.5 的 Python 代码如下.

```
1 import numpy as np
2 from scipy import stats
3 data1=[20.5, 19.8, 19.7, 20.4, 20.1, 20.0, 19.0, 19.9]
4 data2=[20.7, 19.8, 19.5, 20.8, 20.4, 20.2, 19.6]
5 def twostdinterval(d1, d2, confidence=0.95, para="两个总体方差比"):
6 n1=len(d1)
7 n2=len(d2)
8 var1=np.var(d1, ddof=1) #ddof=1 样本方差
9 var2=np.var(d2, ddof=1) #ddof=1 样本方差
10 alpha=1-confidence
11 fscore0=stats.f.isf(alpha/2, dfn=n1-1, dfd=n2-1) #F分布临界值
12 fscore1=stats.f.isf(1-alpha/2, dfn=n1-1, dfd=n2-1) #F分布临界值
13 if para=="两个总体标准差比":
14 lowerlimit=np.sqrt((var1/var2)/fscore0)
15 upperlimit=np.sqrt((var1/var2)/fscore01)
16 if para=="两个总体方差比":
17 lowerlimit=(var1/var2)/fscore0
18 upperlimit=(var1/var2)/fscore1
19 return (round(lowerlimit, 2), round(upperlimit, 2))
20 twostdinterval(data1, data2, confidence=0.95, para="两个总体方差比")
```

✍习题 6.4

1. 设某种清漆的 9 个样品, 其干燥时间 (以小时计) 分别为

$$6.0,\quad 5.7,\quad 5.8,\quad 6.5,\quad 7.0,\quad 6.3,\quad 5.6,\quad 6.1,\quad 5.0;$$

设干燥时间总体服从 $N(\mu,\sigma^2)$, 由以往经验知 $\sigma=6$, 求 μ 的置信度为 0.95 的置信区间.

2. 铅的比重服从正态分布 $N(\mu,\sigma^2)$, 现测量 16 次, 计算得 $\bar{x}=2.705$, $s=0.029$. 试求铅的比重的 95% 的置信区间.

3. 对方差 σ^2 为已知的正态总体来说, 问需抽取容量 n 为多大的样本, 才能使总体平均值置信水平为 α 的置信区间的长度不大于 L.

4. 为了估计一批钢索所能承受的平均拉应力, 从中随机地选取了 10 个样品作试验, 由试验所得数据计算得 $\bar{x}=6720$, $s=220$. 假定钢索所能承受的拉

应力服从正态分布, 试在置信水平 95% 下估计这批钢索能承受的平均拉应力的范围.

5. 假定新生儿体重服从 $N(\mu,\sigma^2)$, 从某医院随机抽取 4 个新生儿, 他们出生时的平均体重为 3.3 千克, 体重的标准差为 0.42 千克, 试求 σ^2 的置信水平为 0.95 的置信区间.

6. 随机地抽取某种炮弹 9 发作试验, 得炮口速度的样本标准差为 11 (单位: 米/秒), 设这种炮弹的炮口速度服从 $N(\mu,\sigma^2)$, 求这种炮弹的炮口速度的标准差 σ 的置信水平为 0.95 的置信区间.

7. 某电子产品的某一参数服从正态分布, 从某天生产的产品中抽取 15 只, 测得该参数为

$$3.0,\quad 2.7,\quad 2.9,\quad 2.8,\quad 3.1,\quad 2.6,\quad 2.5,\quad 2.8,$$
$$2.4,\quad 2.9,\quad 2.7,\quad 2.6,\quad 3.2,\quad 3.0,\quad 2.8.$$

试对该参数的期望值和方差作置信水平为 95% 的区间估计.

8. 设 $0.50, 1.25, 0.80, 2.00$ 是取自总体 X 的样本, 已知 $Y=\ln X$ 服从正态分布 $N(\mu,1)$.

(1) 求 μ 的置信水平为 95% 的置信区间;

(2) 求 X 的数学期望的置信水平为 95% 的置信区间.

9. 求来自正态总体 $N(20,3)$ 的容量分别为 10 和 15 的两个独立样本的均值差的绝对值大于 0.3 的概率.

10. 研究两种固体燃料火箭推进器的燃烧率 (单位: 厘米/秒), 设两者都服从正态分布, 并且已知燃烧率的标准差的近似值为 0.05. 取样本容量分别为 $m=n=20$ 的两个独立的燃烧率样本, 样本均值分别为 18 和 24. 求两燃烧率总体均值差 $\mu_1-\mu_2$ 的置信水平为 0.99 的置信区间.

11. 某电子产品只有两种型号, 为比较它们的某项参数值, 分别从这两种型号的电子产品中随机抽取若干个, 分别测量其该项参数值, 数据如下:

型号 A: 10.1, 10.3, 10.4, 9.7, 9.8;

型号 B: 12.5, 12.2, 12.1, 12.0, 11.9, 11.8, 12.3.

假设这两种型号的电子产品的该项参数值皆服从正态分布, 并且它们的方差相等. 试求它们的平均参数之差的置信水平为 95% 的置信区间.

12. 甲、乙两台机床加工同一种零件, 在两台机床加工的零件中分别抽取 6 个样品, 并分别测量它们的长度 (单位: 毫米), 假定测量值都服从正态分布, 方差分别为 σ_1^2 和 σ_2^2. 由所得数据算得样本标准差分别为 $s_1=0.245$ 和

$s_2 = 0.357$. 试在置信水平 0.95 下求这两台机床加工精度之比 σ_1/σ_2 的置信区间.

13. 假设人体身高服从正态分布, 今抽测甲、乙两地区 18 岁至 25 岁女青年身高的数据如下: 甲地区抽取 10 名, 样本均值 1.64 米, 样本标准差 0.2 米; 乙地区抽取 10 名, 样本均值 1.62 米, 样本标准差 0.4 米, 求两正态总体方差比的 95% 的置信区间.

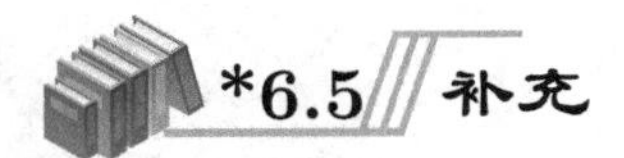

*6.5 补充

本节主要补充介绍单侧置信区间估计和贝叶斯估计.

6.5.1 单侧置信区间

在一些实际问题中, 我们往往只关心某些未知参数的上限或下限. 例如对于设备或元件的寿命来说, 平均寿命自是越长越好, 因而只需估计平均寿命的下限; 而对某厂生产的零件的次品率来说, 则是越小越好, 这时次品率的上限才是我们所关心的. 关于这类估计问题, 我们就需要构造单侧置信区间.

定义 6.5.1 设 θ 是总体 X 的某一未知参数, 对给定的 α $(0<\alpha<1)$, 由来自该总体的简单随机样本 $X_1,\cdots,X_n$ 确定的统计量 $\hat{\theta}_L=\hat{\theta}_L(X_1,\cdots,X_n)$ 满足

$$P(\theta \geqslant \hat{\theta}_L) \geqslant 1-\alpha,$$

则称随机区间 $[\hat{\theta}_L,+\infty)$ 是 θ 的置信水平为 $1-\alpha$ 的**单侧置信区间**, $\hat{\theta}_L$ 是 θ 的置信水平为 $1-\alpha$ 的**单侧置信下限**.

若统计量 $\hat{\theta}_U=\hat{\theta}_U(X_1,\cdots,X_n)$ 满足

$$P(\theta \leqslant \hat{\theta}_U) \geqslant 1-\alpha,$$

则称随机区间 $(-\infty,\hat{\theta}_U]$ 是 θ 的置信水平为 $1-\alpha$ 的**单侧置信区间**, $\hat{\theta}_U$ 是 θ 的置信水平为 $1-\alpha$ 的**单侧置信上限**.

例 6.5.1 从一批灯泡中随机地取 5 只, 测得其寿命 (以小时计) 分别为 1050, 1100, 1120, 1250, 1280. 设灯泡寿命服从正态分布, 求灯泡寿命均值的置信水平为 95% 的单侧置信下限.

解 设灯泡寿命 X 服从正态分布 $N(\mu,\sigma^2)$, 由于 σ^2 未知, 选择 $T=\dfrac{\overline{X}-\mu}{S/\sqrt{n}}$ 作为枢轴量. 由于 $T\sim t(n-1)$, 于是

$$P(T \leqslant t_{1-\alpha}(n-1)) = P\left(\frac{\overline{X}-\mu}{S/\sqrt{n}} \leqslant t_{1-\alpha}(n-1)\right) = 1-\alpha,$$

即

$$P\left(\mu \geqslant \overline{X} - t_{1-\alpha}(n-1)S/\sqrt{n}\right) = 1-\alpha.$$

故 μ 的置信水平为 $1-\alpha$ 的置信下限为

$$\mu_L = \overline{X} - t_{1-\alpha}(n-1)S/\sqrt{n}.$$

本例中, $n=5$, $1-\alpha=95\%$, 查表得 $t_{0.95}(4)=2.1318$. 由样本数据计算得 $\bar{x}=1160$, $s^2=9950$, 代入求得 μ 的置信水平为 95% 的置信下限为

$$\mu_L = 1160 - \sqrt{\frac{9950}{5}} \times 2.1318 = 1065. \qquad \square$$

注记 6.5.1 在求正态总体的单侧置信上限或下限时, 只要将由枢轴量法得到的双侧置信区间中的 $\alpha/2$ 分位数或 $1-\alpha/2$ 分位数分别替换为 α 分位数或 $1-\alpha$ 分位数, 便可由双侧置信区间得到未知参数的单侧置信上下限.

6.5.2 贝叶斯估计

统计学中有两大学派: 频率学派 (又称经典学派) 和贝叶斯学派, 本节以贝叶斯估计为例对贝叶斯统计作一些介绍.

1. 统计推断的三种信息

经典学派是基于总体信息和样本信息进行统计推断的, 而贝叶斯学派认为, 除上述两种信息外, 统计推断还应该使用第三种信息——总体参数的先验信息.

下面分别介绍这三种信息.

(1) **总体信息**, 即总体或总体所属分布提供的信息. 例如, “总体是正态分布” 或 “总体是均匀分布” 在统计推断中都发挥重要作用.

(2) **样本信息**, 即抽取样本所得观测值提供的信息. 例如有了样本观测值后可以大概知道总体均值、总体方差等一些特征数, 所以样本信息是对统计推断很重要的一种信息.

(3) **先验信息**, 是抽样之前有关统计推断问题的一些信息, 它来源于经验和历史资料. 例如某工程师根据自己多年积累的经验对正在设计的某种彩色电视机的平均寿命给出的估计就是一种先验信息.

贝叶斯学派的基本观点是: 任一未知量 θ 都可看作随机变量, 可用一个概率分布去描述, 这个分布称为先验分布; 在获得样本后, 总体分布、样本与先验分布

通过贝叶斯公式结合起来得到 θ 的后验分布. 任何关于 θ 的统计推断都是基于 θ 的后验分布. 下面将介绍贝叶斯公式的密度函数形式.

2. 贝叶斯公式的密度函数形式

我们将结合贝叶斯统计学的基本观点来给出贝叶斯公式的密度函数形式.

(1) 随机变量 X 有一个概率密度函数 $p(x;\theta)$, 其中 θ 是一个参数, 不同的 θ 对应着不同的密度函数. 在贝叶斯统计中记为 $p(x|\theta)$, 表示给定 θ 后的一个条件密度函数, 它提供的信息就是总体信息.

(2) 给定 θ 后, 从总体 X 中随机抽取一个样本 $X_1,\cdots,X_n$, 它提供的就是样本信息.

将总体信息和样本信息综合起来, 得到给定 θ 后样本的条件概率密度函数为

$$p(x_1,\cdots,x_n|\theta)=\prod_{i=1}^{n}p(x_i|\theta).$$

(3) 根据参数 θ 的先验信息确定先验分布 $\pi(\theta)$.

贝叶斯统计不仅使用总体信息和样本信息, 而且也使用先验信息, 把这三种信息综合起来, 可得到样本和 θ 的联合概率密度函数为

$$p(x_1,\cdots,x_n,\theta)=p(x_1,\cdots,x_n|\theta)\pi(\theta).$$

我们的目标是对 θ 作统计推断, 故需要在样本给定后, 给出 θ 的条件概率密度函数, 即 $\pi(\theta|x_1,\cdots,x_n)$. 容易得到

$$\pi(\theta|x_1,\cdots,x_n)=\frac{p(x_1,\cdots,x_n,\theta)}{p(x_1,\cdots,x_n)}$$

或

$$\pi(\theta|x_1,\cdots,x_n)=\frac{p(x_1,\cdots,x_n|\theta)\pi(\theta)}{\int_{\Theta}p(x_1,\cdots,x_n|\theta)\pi(\theta)\mathrm{d}\theta}.$$

这是贝叶斯公式的密度函数形式, 称 $\pi(\theta|x_1,\cdots,x_n)$ 为 θ 的**后验概率密度函数**或**后验分布**.

注记 6.5.2 对 θ 的统计推断应建立在后验分布基础上.

3. 贝叶斯估计

由后验分布 $\pi(\theta|x_1,\cdots,x_n)$ 估计 θ, 用得最多的是后验期望估计, 即使用后验分布的均值作为 θ 的点估计, 简称为**贝叶斯估计**.

例 6.5.2 设 $x_1, \cdots, x_n$ 是来自正态总体 $N(\mu, \sigma^2)$ 的一个样本, 其中 σ^2 已知, μ 未知. 设 μ 的先验分布为 $N(\theta, \tau^2)$, θ 和 τ^2 均已知, 求 μ 的贝叶斯估计.

解 样本 $x_1, \cdots, x_n$ 的分布和 μ 的先验分布分别为

$$p(x_1, \cdots, x_n|\mu) = (2\pi\sigma^2)^{-n/2} \exp\left\{-\frac{1}{2\sigma^2}\sum_{i=1}^{n}(x_i - \mu)^2\right\},$$

$$\pi(\mu) = (2\pi\tau^2)^{-1/2} \exp\left\{-\frac{1}{2\tau^2}(\mu - \theta)^2\right\}.$$

由此可得到样本 $x_1, \cdots, x_n$ 和 μ 的联合概率密度函数为

$$p(x_1, \cdots, x_n, \mu) = L \exp\left\{-\frac{1}{2}\left[\frac{n\mu^2 - 2n\mu\bar{x} + \sum\limits_{i=1}^{n} x_i^2}{\sigma^2} + \frac{\mu^2 - 2\theta\mu + \theta^2}{\tau^2}\right]\right\},$$

其中 $\bar{x} = \frac{1}{n}\sum\limits_{i=1}^{n} x_i$, $L = (2\pi)^{-(n+1)/2}\tau^{-1}\sigma^{-n}$, 又记

$$A = \frac{n}{\sigma^2} + \frac{1}{\tau^2}, \quad B = \frac{n\bar{x}}{\sigma^2} + \frac{\theta}{\tau^2}, \quad C = \frac{\sum\limits_{i=1}^{n} x_i^2}{\sigma^2} + \frac{\theta^2}{\tau^2},$$

则有

$$\begin{aligned} p(x_1, \cdots, x_n, \mu) &= L \exp\left\{-\frac{1}{2}(A\mu^2 - 2B\mu + C)\right\} \\ &= L \exp\left\{-\frac{(\mu - B/A)^2}{2/A} - \frac{C - B^2/A}{2}\right\}, \end{aligned}$$

从而得到样本的边际密度函数为

$$p(x_1, \cdots, x_n) = \int_{-\infty}^{+\infty} p(x_1, \cdots, x_n, \mu)\mathrm{d}\mu = L \exp\left\{-\frac{C - B^2/A}{2}\right\}(2\pi/A)^{1/2}.$$

所以 μ 的后验分布为

$$\pi(\mu|x_1, \cdots, x_n) = \frac{p(x_1, \cdots, x_n, \mu)}{p(x_1, \cdots, x_n)} = (2\pi/A)^{-1/2} \exp\left\{-\frac{(\mu - B/A)^2}{2/A}\right\}.$$

即 $\mu|(x_1,\cdots,x_n)\sim N(B/A,1/A)$, 于是后验均值即为 μ 的贝叶斯估计, 亦即

$$\hat{\mu}=\frac{B}{A}=\frac{n/\sigma^2}{n/\sigma^2+1/\tau^2}\bar{x}+\frac{1/\tau^2}{n/\sigma^2+1/\tau^2}\theta,$$

它是样本均值 $\bar{x}$ 与先验均值 θ 的加权平均. □

代码解析 3

第 6 章测试题

第 7 章 假设检验

统计推断的另一个重要问题是假设检验. 在 20 世纪初, Karl Pearson 提出了该问题之后, Fisher 对之进行了细化, 最终由奈曼和伊根·皮尔逊 (Egon Pearson) 提出了较完整的假设检验理论.

在总体的分布函数未知或形式已知但参数未知的情况下, 为了推断总体的某些未知特性, 提出关于总体某些命题或假设. **假设**就是对某种情况的陈述. 例如, 假设人们的身高或者体重服从正态分布, 假设某城市一定时间内发生交通事故的次数服从泊松分布, 假设对某生产线生产的某批罐头的重量符合要求, 假设某品牌灯泡的寿命不小于两万小时等. 关于这些问题, 统计推断的任务是根据样本对所提出的假设做出是接受还是拒绝的决策. 这一决策的过程就是**假设检验**.

假设检验主要包括两个方面: 一是依据样本对总体未知参数的某种假设做出真伪判断, 这是参数检验; 二是依据样本对总体的分布的某种假设做出真伪判断, 这是分布检验或非参数检验. 本书主要考虑参数检验问题.

7.1 假设检验的基本原理和步骤

7.1.1 假设检验的原理和思想

下面先通过一个例子来介绍假设检验的几个概念和基本思想.

例 7.1.1 某车间用一台包装机包装洗衣粉, 每袋洗衣粉的净重是一个随机变量, 并且服从正态分布 $N(\mu, \sigma^2)$. 根据长期的生产经验知其标准差 $\sigma = 15$ 克, 而洗衣粉额定标准为每袋净重 $\mu_0 = 500$ 克. 为判断包装机工作是否正常, 每天都需要进行抽样检验. 设某天随机抽取它所包装的 $n = 9$ 袋洗衣粉, 称得净重 (单位: 克) 为

$$497,\ 506,\ 518,\ 524,\ 498,\ 511,\ 520,\ 515,\ 512.$$

问当天包装机工作是否正常?

这里所关心的问题是这天生产的洗衣粉平均净重是否仍为 500 克. 这显然不是估计问题. 关于此问题, 可以提出两个假设: 一个假设是“当天包装机工作正常”, 即“$\mu = \mu_0$”; 另一个假设就是“当天包装机工作不正常”, 即“$\mu \neq \mu_0$”. 根据样

本信息，在这两个对立假设之间进行抉择的过程被称为**统计假设检验** (statistical hypothesis test)，简称**假设检验** (hypothesis test). 显然，这两个假设是对立的. 如果一个假设是对的，另一个就是错的. 因此，当检验一个假设，若样本信息表明它极不可能发生时，就意味着另一个假设很可能成立.

这两个假设被称为原假设和备择假设. **原假设** (null hypothesis) 是要检验的假设，记作 H_0. 在参数推断中，它给出总体参数的具体值. 原假设是假设检验的“起点”，常被理解为“无差异”. **备择假设** (alternative hypothesis) 也是对原假设中相同总体参数的陈述，给出该参数的不同取值，记作 H_1. 在上例中，两个对立假设“$\mu = \mu_0$”和“$\mu \neq \mu_0$”中哪个是原假设，哪个是备择假设呢?

原假设和备择假设的建立非常关键. 根据有限的样本信息，很难证明原假设是成立的，但是反证原假设不真还是有可能的. 因此，假设检验的基本思想是找到证据“驳斥”原假设. 既然原假设是可能被证明为错误的陈述，那么我们关心的情况 (认为正确的情况或想要的结果) 就要表示在备择假设里. 如果假设检验做出原假设不可能为真的决策，备择假设就可能是正确的. 备择假设有时被称为研究假设，因为它是研究者希望证明为真的假设. 关于例 7.1.1，因为样本具有随机性，根据一次抽样的结果很难证明这天生产的洗衣粉平均净重等于 500 克，但是要证明平均重量不等于 500 克还是有可能的. 因此，例 7.1.1 的假设是

$$H_0 : \mu = \mu_0; \qquad H_1 : \mu \neq \mu_0.$$

关于例 7.1.1，已经给出了原假设和备择假设，接下来的任务是依据样本观测值对原假设 $H_0 : \mu = \mu_0$ 是否为真做出决策. 由于 $\overline{X}$ 是 μ 的无偏估计，$\overline{X}$ 的观测值的大小在一定程度上反映了 μ 的大小. 由于样本的随机性，即使 H_0 为真，也不代表 $\overline{X}$ 恰好等于 μ_0. 但是，当 H_0 为真时，$|\overline{X} - \mu_0|$ 或者 $\dfrac{|\overline{X} - \mu_0|}{15/\sqrt{n}}$ 一般不应太大，倘若 $|\overline{X} - \mu_0|$ 或者 $\dfrac{|\overline{X} - \mu_0|}{15/\sqrt{n}}$ 过大，有理由怀疑 H_0 的真实性，从而拒绝 H_0. 记 $U = \dfrac{\overline{X} - \mu_0}{15/\sqrt{n}}$. 类似于 U 的统计量被称为**检验统计量** (test statistics)，其值的大小由样本数据而定，被用来判断“拒绝 H_0”或者“不拒绝 H_0”.

依据假设和样本，我们构建了统计量 U，可以计算其值. 确定一个非随机的常数 c，称为**临界值** (critical value，其确定方法下文待述)，可以制定如下**决策准则** (decision rule)，又称为**检验法则**: 当 $|U| \geqslant c$ 时，拒绝 H_0; 当 $|U| < c$ 时，不拒绝 H_0. 等价地，可以把样本空间 (通常为 $\mathbb{R}^n$) 划分为不相交的两部分:

$$W = \{(x_1, \cdots, x_n) : |U| \geqslant c\}$$

为**拒绝域**, 其补集

$$\overline{W} = \{(x_1, \cdots, x_n) : |U| < c\}$$

为**接受域**. 因此, 当样本属于 W 时, 拒绝 H_0; 当样本属于 $\overline{W}$ 时, 不拒绝 H_0. 易见, 确定一个决策准则等价于确定一个拒绝域.

在讨论如何确定临界值 c 之前, 我们先来分析由原假设为真或假、"拒绝 H_0" 和 "不拒绝 H_0" 相组合出现的四种情况, 如表 7.1 所示. 当原假设为真时, 不拒绝原假设, 则决策正确. 当原假设为假时, 拒绝原假设, 则决策也正确. 但是, 当正确的原假设被拒绝时, 我们犯了**第一类错误** (type I error), 又称为**拒真错误**. 当不正确的原假设被支持时, 我们犯了**第二类错误** (type II error), 又称为**存伪错误**.

表 7.1 假设检验的四种可能情况

决策	原假设 H_0	
	真	假
拒绝 H_0	犯第一类错误	正确
不拒绝 H_0	正确	犯第二类错误

由于检验结果受样本随机性的影响, 任何检验都可能犯错误, 我们所能做的就是控制犯错误的概率. 记犯第一类错误的概率和犯第二类错误的概率分别是 α 和 β. 于是, 我们有

$$\alpha = P\{(x_1, \cdots, x_n) \in W | H_0\}, \quad \beta = P\left\{(x_1, \cdots, x_n) \in \overline{W} | H_1\right\}.$$

表 7.2 给出了做每种决策时发生的概率.

表 7.2 检验时发生的概率

错误决策	类型	概率	正确决策	类型	概率
拒绝正确的 H_0	犯第一类错误	α	不拒绝正确的 H_0	正确决策	$1-\alpha$
不拒绝错误的 H_0	犯第二类错误	β	拒绝错误的 H_0	正确决策	$1-\beta$

注记 7.1.1 (1) 犯第一类错误与犯第二类错误不是对立事件.

(2) H_0 是否为真可能永远都不得而知; 无论假设检验中的哪种情况发生, 都无法确定做出的决策是否正确.

(3) 因为犯两类错误的概率 α 和 β 各自独立发生, 在做错误决策时, 不能只给一个概率.

(4) 一般地, $\alpha + \beta$ 不等于 1.

显然, 我们希望犯两类错误的概率越小越好. 实际上, α, β 以及样本量 n 之间相互关联. 这三个因素中的任意一个增大或减小, 都会对另外一个或两个产生

影响. 在例 7.1.1 中,

$$U=\frac{\overline{X}-\mu}{\sigma_0/\sqrt{n}}+\frac{\mu-500}{15/\sqrt{n}}\sim N\left(\frac{\mu-500}{15/\sqrt{n}},1\right).$$

从而,

$$\begin{aligned}P(|U|\geqslant c)&=P\left(\frac{\overline{X}-\mu}{15/\sqrt{n}}\geqslant c-\frac{\mu-500}{15/\sqrt{n}}\right)+P\left(\frac{\overline{X}-\mu}{15/\sqrt{n}}\leqslant -c-\frac{\mu-500}{15/\sqrt{n}}\right)\\&=1-\Phi\left(c-\frac{\mu-500}{15/\sqrt{n}}\right)+\Phi\left(-c-\frac{\mu-500}{15/\sqrt{n}}\right)\\&\equiv: g(\mu;c).\end{aligned}\tag{7.1.1}$$

这是样本 $(X_1,\cdots,X_n)$ 落入拒绝域 W 内的概率, 被称为假设检验的**势函数**或者**功效函数** (power function). 当 $H_0:\mu=\mu_0$ 成立时, $g(\mu;c)=2[1-\Phi(c)]$ 是犯第一类错误的概率 α; 当 $H_1:\mu\neq\mu_0$ 成立时, $1-g(\mu;c)$ 是犯第二类错误的概率 β, 而 $1-\beta=g(\mu;c)$ 是功效. 显然, 给定样本量 n, 当 c 减小时, α 减小但 β 增大; 反之, 当 c 增大时, β 减小但 α 增大. 一般地, 如果 α 减小, 则要么 β 增大, 要么 n 增大; 如果 β 减小, 则要么 α 增大, 要么 n 增大; 如果 n 减小, 则不是 α 增大就是 β 增大; 给定样本量 n, α 和 β 不能同时减小.

注记 7.1.2 (1) $1-\beta$ 是**假设检验的功效**, 它是对假设检验拒绝错误原假设的能力的度量, 这是一个非常重要的性质.

(2) 犯第二类错误的概率 β 在不少场合不易求出.

由上述可知, 如果要同时减少犯两类错误的概率, 只有增加样本容量 n, 但这在实际应用中可能会费时费财费力. 因此, 通常采取的一般原则是, 固定样本容量 n 和给定犯第一类错误的概率 α, 尽量使得犯第二类错误的概率 β 达到最小. 对于任意一个检验问题, 若一个检验的犯第一类错误的概率不超过 α, 即

$$P\left\{(x_1,\cdots,x_n)\in W|H_0\right\}\leqslant\alpha,$$

则称该检验为**费希尔显著性检验**, 称 α 为**显著性水平或检验水平**.

显著性检验的目的是控制犯第一类错误的概率 α, 其大小取决于错误的严重程度. 错误越严重, 我们越不希望它发生, 所以就会给定一个较小的概率. 但也不能使 α 太小 (这会使犯第二类错误的概率 β 太大). 常用的选择 $\alpha=0.05$, 有时也选 $\alpha=0.1$ 或 $\alpha=0.01$.

最后, 我们还需要依据显著性水平 α 确定拒绝域, 并给出决策和结论. 决策是对 H_0 的判断, 即说明 H_0 是否被拒绝. 依据的基本原理是**实际推断原理**: **小概率**

事件在一次试验中不会发生, 采用的方法是**反证法**. 在原假设成立时, 依据显著性水平 α (犯第一类错误的概率), 找出拒绝域 W. 既然 α 的值很小, 则相应的拒绝域 W 就很小. 假定 H_0 为真, 在一次试验或观察中, 小概率 (α) 事件发生了, 这是不合常理的. 这就表明原假设 H_0 是不可信的, 从而拒绝 H_0. 相反, 如果样本没有落入拒绝域, 并不代表 H_0 的确为真, 只是基于收集到的样本数据不能做出拒绝 H_0 的推断. 另一方面, 关于备择假设 H_1, 我们必须给出如下结论:

(1) 如果做出 "拒绝 H_0" 的决策, 则结论应表示为 "在某个显著性水平下, 有足够的证据表明 $\cdots$ (备择假设所表明的意思)".

(2) 如果做出 "不能拒绝 H_0" 的决策, 则结论应表示为 "在某个显著性水平下, 没有足够的证据表明 $\cdots$ (备择假设所表明的意思)".

给定显著性水平 α, 我们就可以确定上文提到的临界值 c, 从而确定拒绝域. 在例 7.1.1 中, 当 $H_0: \mu = \mu_0$ 成立时, $U = \dfrac{\overline{X} - \mu_0}{\sigma/\sqrt{n}} \sim N(0,1)$. 为了控制犯第一类错误的概率为 α, 即 $P(|U| \geqslant c|H_0) \leqslant \alpha$, 则 c 满足条件

$$c \geqslant u_{1-\alpha/2},$$

其中 $u_{1-\alpha/2}$ 为标准正态分布的 $1-\alpha/2$ 分位数. 由势函数 (7.1.1) 的定义可知犯第二类错误的概率 β 是 c 的单调递增函数, 为了使 β 最小, 取临界值 $c = u_{1-\alpha/2}$. 因此, 拒绝域为

$$W = \{(X_1, \cdots, X_n) : |U| \geqslant u_{1-\alpha/2}\},$$

简记为 $W = \{|U| \geqslant u_{1-\alpha/2}\}$.

当 $\alpha = 0.05$ 时, 查表得 $u_{0.975} = 1.96$, 相应的拒绝域为

$$W = \{|U| \geqslant u_{1-\alpha/2} = 1.96\}.$$

通过对样本观测值的计算, 我们得到 $\bar{x} = 511.22$, 代入检验统计量 U 中,

$$|U| = \left|\frac{511.22 - 500}{15/\sqrt{9}}\right| = 2.2,$$

而 $2.2 > 1.96$, 于是样本观测值落入拒绝域 W 内, 从而拒绝 H_0. 在显著性水平 $\alpha = 0.05$ 下, 有足够的证据表明当天包装机工作不正常.

综上所述, 假设检验的一般步骤可以总结如下:

(1) **提出假设**. 假设检验首先要根据实际问题对总体未知参数给出某种假设或论断, 即写出原假设 H_0 和备择假设 H_1.

(2) **选择检验统计量, 确定拒绝域形式**. 一旦确定了原假设 H_0 和备择假设 H_1 后, 可以选择一个合理的检验统计量, 其值的大小可以区分出原假设 H_0 和备择假设 H_1. 再根据检验统计量 T 的分布, 给出拒绝域 W 的形式, 即原假设 H_0 被拒绝时样本观测值所在区域.

(3) **根据显著性水平, 给出临界值**. 对给定的显著性水平 α, 查相应的分布函数表或分位数表, 得到临界值, 写出拒绝域 W 的具体形式.

(4) **代入样本观测值, 做出判断**. 代入样本观测值 $x_1, \cdots, x_n$, 计算检验统计量 T 的观测值并与临界值进行比较, 以判断样本 $(x_1, \cdots, x_n)$ 是否落入拒绝域 W 内. 若 $(x_1, \cdots, x_n)$ 落入拒绝域 W 中, 则拒绝原假设 H_0; 否则, 不拒绝 H_0. 最后, 给出关于 H_1 的结论.

注记 7.1.3 注意假设检验的结论不能说明任何问题, 因为无论做出哪种决策都可能犯错: “不拒绝 H_0” 可能犯第二类错误 (缺乏足够的证据), 而 “拒绝 H_0” 可能犯第一类错误 (样本的随机性和局限性).

注记 7.1.4 提出检验的原假设和备择假设后, 我们就在原假设为真的前提下开始检验, 直至有足够的信息让我们拒绝原假设.

7.1.2 假设检验问题的类型

假设检验的第一步就是给出原假设和备择假设, 本小节介绍假设检验问题的几个常用类型. 设 Θ 是参数空间, $\Theta_0 \subset \Theta$ 是 H_0 中参数可选择的空间. 故通常这样来描述两种假设: $H_0: \theta \in \Theta_0$; $H_1: \theta \in \Theta_1$. 综合起来, 将假设检验问题记为

$$H_0: \theta \in \Theta_0; \quad H_1: \theta \in \Theta_1.$$

在代数中, 两个数值存在三种关系之一: $<, =, >$. 这三种关系必须在两个对立假设中有所体现, 使得两个假设互为否命题. 另一方面, 原假设总是赋予参数一个特定的值, 所以原假设必须包含等号. 将这三个关系组合后, 三个常用的假设检验问题是

$$\text{I. } H_0: \theta \leqslant \theta_0; \ H_1: \theta > \theta_0;$$

$$\text{II. } H_0: \theta \geqslant \theta_0; \ H_1: \theta < \theta_0;$$

$$\text{III. } H_0: \theta = \theta_0; \ H_1: \theta \neq \theta_0.$$

一般称检验 I 和 II 为单边检验, III 为双边检验. 例如, 在例 7.1.1 中的假设检验问题就是一个关于参数 μ 的双边检验问题. 如果洗衣粉重量的要求是至少 500

克, 我们就要提出单边检验:

$$H_0 : \mu \geqslant 500; \quad H_1 : \mu < 500.$$

7.1.3 检验的 p 值

上面所述的假设检验方法是先构建检验统计量, 建立拒绝域, 再代入样本观测值计算统计量的值, 看样本是否落入拒绝域而加以判断. 在给定显著性水平 α 下, 依据样本观测值要么拒绝原假设 H_0, 要么接受 H_0. 显然, α 越大, 就越容易拒绝 H_0; α 越小, 就越不容易拒绝 H_0. 实际应用中, 为了便于使用假设检验, 我们给出下面的定义.

定义 7.1.1 在假设检验问题中, 由样本观测值能够做出拒绝原假设的最小显著性水平称为该**检验的 p 值**.

检验的 p 值是在原假设为真的前提下, 检验统计量等于计算结果或者更极端值 (备择假设方向) 的概率的最大值. p 值法是近年来比较流行的方法, 主要是因为计算机操作的简单性.

注记 7.1.5 有了检验的 p 值, 只需要将检验水平 α 与 p 值进行对照比较大小, 即可方便地做出拒绝或接受 H_0 的推断:

(1) 若 $\alpha \geqslant p$, 则在显著性水平 α 下拒绝 H_0;

(2) 若 $\alpha < p$, 则在显著性水平 α 下不拒绝 H_0.

在实践中, 当 $\alpha = p$ 时, 为慎重起见, 通常需要增加样本容量 n, 重新进行抽样检验.

在例 7.1.1 中, 检验统计量为 $U = \dfrac{\overline{X} - \mu_0}{\sigma/\sqrt{n}}$, 在显著性水平 α 下, 拒绝域为 $W = \{|U| \geqslant u_{1-\alpha/2}\}$. 代入样本观测值计算可得 $|U| = 2.2$. 据此可以由 $u_{1-p/2} = 2.2$, 查标准正态分布函数表, 得到 $p = 0.0278$. 题目中给定 $\alpha = 0.05$, 而 $0.05 > 0.0278$, 故拒绝 H_0. 倘若现在给定显著性水平为 0.01, 则由于 $0.01 < 0.0278$, 从而不拒绝 H_0.

✍习题 7.1

1. 在假设检验问题中, 若检验结果是接受原假设, 则检验可能犯哪一类错误? 若检验结果是拒绝原假设, 则又可能犯哪一类错误?

2. 在假设检验问题中, 检验水平 α 的意义是什么?

3. 在假设检验问题中, 检验的 p 值的意义是什么? 与检验水平 α 有什么区别和联系.

4. 试述假设检验的步骤.

5. 某工厂所生产的某种细纱支数服从正态分布 $N(\mu_0, \sigma_0^2)$, 其中 μ_0 和 σ_0^2 已知. 现从某日生产的一批产品中随机抽取 16 缕进行支数测量, 求得样本均值和样本方差, 要检验细纱支数的均匀度是否变劣, 请给出假设和检验统计量.

6. 设总体 $X \sim N(\mu, 1)$, $X_1, \cdots, X_n$ 是来自该总体的样本, $\overline{X}$ 是样本均值, 若 $P(\sqrt{n}(\overline{X} - \mu) \geqslant c)$, 试确定 c 的值.

7. 设 $X_1, \cdots, X_n$ 是来自正态总体 $N(\mu, 1)$ 的样本, 考虑如下假设检验问题:

$$H_0 : \mu = 2; \quad H_1 : \mu = 3.$$

若检验由拒绝域 $W = \{\overline{X} \geqslant 2.6\}$ 确定.

(1) 当 $n = 20$ 时, 求检验犯两类错误的概率.

(2) 证明当 $n \to +\infty$ 时, $\alpha \to 0$, $\beta \to 0$.

(3) 如果要使检验犯第二类错误的概率 $\beta \leqslant 0.01$, n 最小应取多少?

8. 设 $X_1, \cdots, X_n$ 是来自正态总体 $N(\mu, 1)$ 的样本, 考虑如下假设检验问题:

$$H_0 : \mu \leqslant 2; \quad H_1 : \mu > 2,$$

构建检验统计量 $U = \dfrac{\overline{X} - 2}{1/\sqrt{n}}$, 据样本求得 $U = 2.94$. 若拒绝域为 $W = \{U \geqslant 1.645\}$, 求检验的 p 值.

7.2 单个正态总体未知参数的假设检验问题

本节我们来考虑单个正态总体的未知参数的假设检验问题. 设总体 X 服从正态分布 $N(\mu, \sigma^2)$, 分别考虑均值 μ 和方差 σ^2 的假设检验问题.

7.2.1 单个正态总体均值 μ 的假设检验

设 $X_1, \cdots, X_n$ 是来自正态总体 $N(\mu, \sigma^2)$ 的简单随机样本, 考虑如下三种关于参数 μ 的假设检验问题:

$$\text{I. } H_0 : \mu \leqslant \mu_0;\ H_1 : \mu > \mu_0;$$

$$\text{II. } H_0 : \mu \geqslant \mu_0;\ H_1 : \mu < \mu_0;$$

$$\text{III. } H_0 : \mu = \mu_0;\ H_1 : \mu \neq \mu_0,$$

其中 μ_0 是一个已知常数. 下面分标准差 σ 已知和未知两种情况进行介绍.

1. $\sigma=\sigma_0$ 已知时均值 μ 的 u 检验

关于均值 μ 的假设检验, 我们总是从它的一个好的点估计样本均值 $\overline{X}$ 出发, 先构建检验统计量, 再进行统计决策. 易见, $\overline{X}$ 总是服从正态分布 $N\left(\mu,\dfrac{\sigma_0^2}{n}\right)$. 考虑上述三个检验问题的任何一个, 类似于例 7.1.1, 我们总是构建检验统计量

$$U=\frac{\overline{X}-\mu_0}{\sigma_0/\sqrt{n}}, \tag{7.2.1}$$

并且其分布为

$$U=\frac{\overline{X}-\mu}{\sigma_0/\sqrt{n}}+\frac{\mu-\mu_0}{\sigma_0/\sqrt{n}}\sim N\left(\frac{\mu-\mu_0}{\sigma_0/\sqrt{n}},1\right). \tag{7.2.2}$$

在 σ_0 已知时, 三种检验的检验统计量都是 U, 且服从正态分布, 故一般称为 u 检验.

首先, 考虑单侧假设检验问题 I, 即 $H_0:\mu\leqslant\mu_0; H_1:\mu>\mu_0$. 容易知道, 当样本均值 $\overline{X}$ 的取值不大于 μ_0, 即 U 的取值较小时, 倾向于 H_0 成立; 当样本均值 $\overline{X}$ 的取值大于 μ_0, 即 U 的取值较大时, 倾向于 H_1 成立. 因此, 使用统计量 U 是合理的, 可确定拒绝域的形式为

$$W_{\mathrm{I}}=\{(x_1,x_2,\cdots,x_n):U\geqslant c\},$$

简记为 $W_{\mathrm{I}}=\{U\geqslant c\}$, 其中 c 为待定的临界值.

接下来, 确定临界值 c, 进而确定拒绝域 W_{I}. 根据 (7.2.1) – (7.2.2), 可计算该检验的势函数:

$$\begin{aligned} g(\mu;c)&=P(U\geqslant c)\\ &=P\left(\frac{\overline{X}-\mu}{\sigma_0/\sqrt{n}}\geqslant c-\frac{\mu-\mu_0}{\sigma_0/\sqrt{n}}\right)\\ &=1-\Phi\left(c-\frac{\mu-\mu_0}{\sigma_0/\sqrt{n}}\right). \end{aligned} \tag{7.2.3}$$

显然, $g(\mu;c)$ 是 μ 的单调递增函数. 对于给定的显著性水平 α, 要使犯第一类错误的概率不超过 α, 等价于对每一个 $\mu\leqslant\mu_0$ 都有 $g(\mu;c)\leqslant\alpha$ 成立. 记原假设成立时拒绝原假设的最大概率为

$$G(c)=\sup_{\mu\leqslant\mu_0}g(\mu;c), \tag{7.2.4}$$

则 $G(c) \leqslant \alpha$. 由式 (7.2.3) 可得 $G(c) = g(\mu_0; c) = 1 - \Phi(c)$, 要使犯第一类错误的概率不超过 α, 那么 c 应满足 $c \geqslant u_{1-\alpha}$. 另一方面, 当 $\mu > \mu_0$ 时, 犯第二类错误的概率等于

$$1 - g(\mu; c) = \Phi\left(c - \frac{\mu - \mu_0}{\sigma_0/\sqrt{n}}\right),$$

它是 c 的单调递增函数. 要使得犯第二类错误的概率尽量小, 则应当取 $c = u_{1-\alpha}$. 从而得到拒绝域

$$W_{\mathrm{I}} = \{(x_1, \cdots, x_n) : U \geqslant u_{1-\alpha}\} = \{U \geqslant u_{1-\alpha}\}.$$

请参照图 7.1(a).

根据式 (7.2.3), 该检验的势函数

$$g(\mu) \equiv g(\mu; u_{1-\alpha}) = 1 - \Phi\left(u_{1-\alpha} - \frac{\mu - \mu_0}{\sigma_0/\sqrt{n}}\right)$$

是 μ 的增函数, 如图 7.1(b) 所示. 从图中可见, 当 $\mu \leqslant \mu_0$ 时, 则 $g(\mu) \leqslant \alpha$. 因此, 上述检验是显著性水平为 α 的检验.

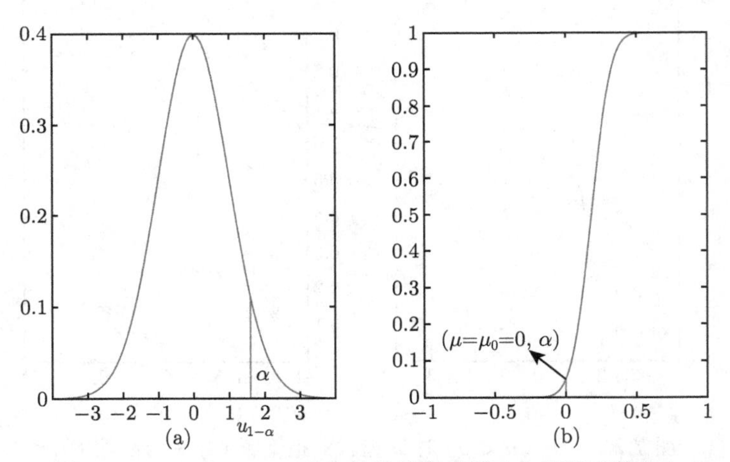

图 7.1 $H_1: \mu > \mu_0$ 时 u 检验的拒绝域 (a) 和势函数 (b)

关于检验问题 I, 也可以基于检验统计量 U 计算检验的 p 值. 回顾在 7.1.3 节的 p 值的定义, 它通常等于原假设成立时检验统计量等于当前值或者更极端 (备择假设方向) 的概率的最大值. 根据式 (7.2.1), 统计量 U 的值越大越倾向于支持 H_1. 再由定义在式 (7.2.4) 的函数 $G(\cdot)$, 该检验的 p 值是

$$p_{\mathrm{I}} = \sup_{\mu \leqslant \mu_0} P(U \geqslant u_*) = G(u_*) = P(\tilde{u} \geqslant u_*) = 1 - \Phi(u_*).$$

这里及以后, 我们总是用 $\tilde{u}$ 表示服从 $N(0,1)$ 的随机变量, 用 u_* 表示检验统计量 u 在当前样本下的值.

关于另一个单侧检验 Ⅱ, 即 $H_0: \mu \geqslant \mu_0; H_1: \mu < \mu_0$, 根据式 (7.2.1) 定义的检验统计量 U 和其表述在式 (7.2.2) 的分布信息, 可以类似地得到该检验的拒绝域为

$$W_{\mathrm{II}} = \{U \leqslant u_\alpha = -u_{1-\alpha}\},$$

相应的 p 值是

$$p_{\mathrm{II}} = \sup_{\mu \geqslant \mu_0} P(U \leqslant u_*) = \sup_{\mu \geqslant \mu_0} P\left(\frac{\overline{X} - \mu}{\sigma_0/\sqrt{n}} \leqslant u_* - \frac{\mu - \mu_0}{\sigma_0/\sqrt{n}}\right) = P(\tilde{u} \leqslant u_*) = \Phi(u_*),$$

以及检验的势函数为

$$g_{\mathrm{II}}(\mu) = \Phi\left(u_\alpha - \frac{\mu - \mu_0}{\sigma_0/\sqrt{n}}\right),$$

它是 μ 的单调递减函数. 若 $\mu \geqslant \mu_0$, 则 $g_{\mathrm{II}}(\mu) \leqslant \alpha$. 可见, 此检验也是显著性水平为 α 的检验. 关于该检验的拒绝域和势函数, 请参照图 7.2.

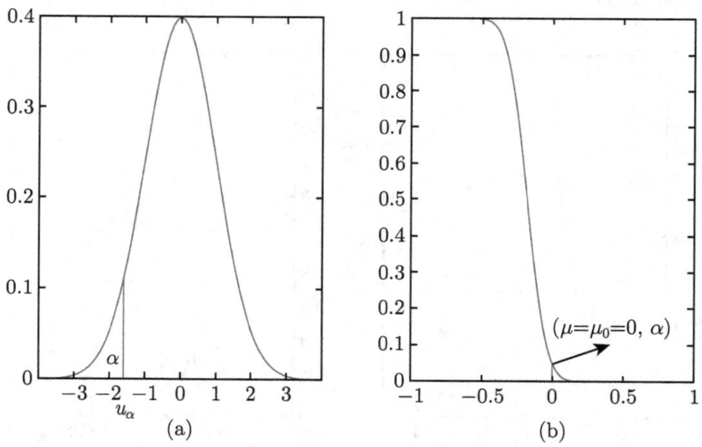

图 7.2 $H_1: \mu < \mu_0$ 时 u 检验的拒绝域 (a) 和势函数 (b)

最后, 关于双侧检验 Ⅲ, 即 $H_0: \mu = \mu_0; H_1: \mu \neq \mu_0$, 也可以得到类似推断: 给定显著性水平 α, 可得拒绝域为

$$W_{\mathrm{III}} = \{|U| \geqslant u_{1-\alpha/2}\};$$

相应的 p 值是

$$p_{\mathrm{III}} = \sup_{\mu = \mu_0} P(|U| \geqslant |u_*|)$$

$$
\begin{aligned}
&= P\left(\frac{|\overline{X}-\mu_0|}{\sigma_0/\sqrt{n}} \geqslant |u_*|\right) \\
&= P(|\tilde{u}| \geqslant |u_*|) = 2\left[1-\Phi(u_*)\right].
\end{aligned}
$$

该检验的势函数为

$$
\begin{aligned}
g_{\mathrm{III}}(\mu) &= P(|U| \geqslant u_{1-\alpha/2}) \\
&= 1-\Phi\left(u_{1-\alpha/2}-\frac{\mu-\mu_0}{\sigma_0/\sqrt{n}}\right)+\Phi\left(-u_{1-\alpha/2}-\frac{\mu-\mu_0}{\sigma_0/\sqrt{n}}\right). \qquad (7.2.5)
\end{aligned}
$$

$g_{\mathrm{III}}(\mu)$ 关于 μ 的单调性, 总结如下: 当 $\mu<\mu_0$ 时, $g_{\mathrm{III}}(\mu)$ 是关于 μ 的单调递减函数; 当 $\mu>\mu_0$ 时, $g_{\mathrm{III}}(\mu)$ 是关于 μ 的单调递增函数; 当 $\mu=\mu_0$ 时, $g_{\mathrm{III}}(\mu)=\alpha$. 由于篇幅的局限性, 关于结论证明留作练习题. 因此, 若 $\mu=\mu_0$, 则 $g_{\mathrm{II}}(\mu)=\alpha$. 可见, 此检验也是显著性水平为 α 的检验. 该检验的拒绝域和势函数如图 7.3 所示.

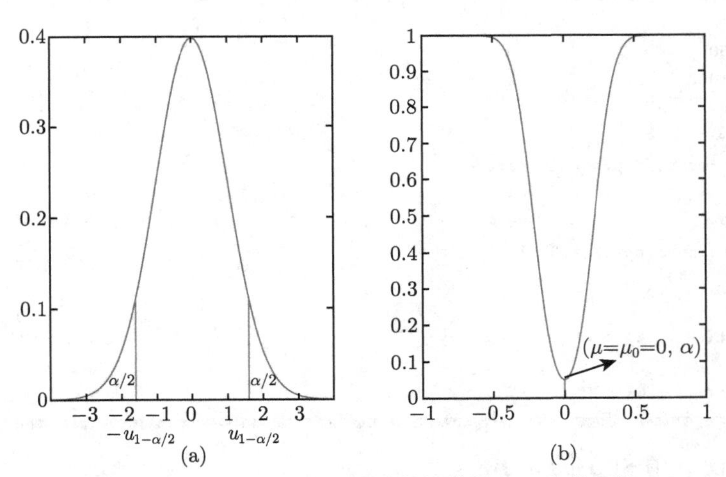

图 7.3 $H_1: \mu \neq \mu_0$ 时 u 检验的拒绝域 (a) 和势函数 (b)

例 7.2.1 要求一种元件使用寿命不得低于 1000 小时, 今从一批这种元件中随机抽取 25 件, 测得其寿命平均值为 950 小时, 已知该种元件寿命服从正态分布 $N(\mu, 100^2)$, 试在检验水平 $\alpha=0.05$ 下判断这批元件是否合格.

解 我们分四步来求解.

(1) 考虑假设检验问题

$$
H_0: \mu \geqslant \mu_0 = 1000; \quad H_1: \mu < \mu_0.
$$

(2) $\sigma^2=100^2$ 已知, 选用检验统计量 $U=\dfrac{\overline{X}-\mu_0}{\sigma/\sqrt{n}}$.

(3) 在检验水平 α 下, 拒绝域为 $W=\{U\leqslant -u_{1-\alpha}\}$.

(4) 当 $\alpha=0.05$ 时, 查表得 $u_{0.95}=1.645$; 代入样本数据 $\overline{x}=950$, 计算得

$$u_*=\frac{950-1000}{100/\sqrt{25}}=-2.5<-1.645,$$

即样本落在拒绝域内, 从而拒绝 H_0. 故在检验水平 $\alpha=0.05$ 下判断这批元件不合格.

此外, 也可以计算 p 值: $p=\Phi(u_*)=0.0062<0.05$. 故也是拒绝 H_0, 认为在检验水平 $\alpha=0.05$ 下判断这批元件不合格. □

例 7.2.1 的 Python 代码如下.

(1) 比较 U 统计量和临界值大小.

```
1  import numpy as np
2  from scipy import stats
3  n=25
4  mean=950
5  mean0=1000
6  std=100
7  #计算检验统计量
8  U=(mean-mean0)*np.sqrt(n)/std
9  #临界值
10 alpha=0.05
11 c=-stats.norm.ppf(1-a,0,1)
12 #比较U统计量和临界值大小
13 if U<c:
14    print('拒绝原假设')
15 else:
16    print('不能拒绝原假设')
```

(2) 比较 p 值和 α 的大小.

```
1  import numpy as np #计算p值
2  from scipy import stats
3  n=25
4  mean=950
5  mean0=1000
6  std=100
7  #计算检验统计量
8  U=(mean-mean0)*np.sqrt(n)/std
9  #计算p值
10 pval=stats.norm.cdf(-abs(U), 0,1)
11 alpha=0.05
12 #比较p值和α的大小
13 if pval<alpha:
```

```
14     print('拒绝原假设')
15 else:
16     print('不能拒绝原假设')
```

2. σ 未知时均值 μ 的 t 检验

在 σ 未知时, 显然 u 检验不再适用. 一个自然的想法是用样本方差 S 估计 σ, 得到另一个著名的检验统计量——t 统计量:

$$T=\frac{\overline{X}-\mu_0}{S/\sqrt{n}}. \tag{7.2.6}$$

当 $\mu=\mu_0$ 时, $T\sim t(n-1)$. 一般地, 基于上述 t 统计量的检验称为 t 检验.

类似于 u 检验, 可进行如下讨论. 关于检验问题 I, 即 $H_0:\mu\leqslant\mu_0;H_1:\mu>\mu_0$, 由备择假设可得拒绝域的形式是 $W=\{T\geqslant c\}$(c 为待定参数). 要确定 c, 先求第一类错误的最大值

$$\begin{aligned}G(c)&=\sup_{\mu\leqslant\mu_0}P(T\geqslant c)\\&=\sup_{\mu\leqslant\mu_0}P\left(\frac{\overline{X}-\mu}{S/\sqrt{n}}\geqslant c-\frac{\mu-\mu_0}{S/\sqrt{n}}\right)\\&=\sup_{\mu\leqslant\mu_0}P\left(\tilde{t}\geqslant c-\frac{\mu-\mu_0}{S/\sqrt{n}}\right)=P\left(\tilde{t}\geqslant c\right).\end{aligned}$$

这里及以后, 我们总是用 $\tilde{t}$ 表示服从 $t(n-1)$ 的随机变量. 若要使犯第一类错误的概率不超过 α, 即 $G(c)\leqslant\alpha$, 则

$$c\geqslant t_{1-\alpha}(n-1).$$

另一方面, 为了使犯第二类错误的概率尽量小, 则 c 应取为 $t_{1-\alpha}(n-1)$. 由此得到拒绝域

$$W_{\rm I}=\{T\geqslant t_{1-\alpha}(n-1)\}.$$

记统计量 T 的样本值为 t_*, 那么该检验的 p 值是

$$p_{\rm I}=\sup_{\mu\leqslant\mu_0}P_\mu(T\geqslant t_*)=P(t\geqslant t_*)=P(\tilde{t}\geqslant t_*).$$

我们也可以关于检验问题 Ⅱ 和检验问题 Ⅲ 进行类似推断, 得到显著性水平为 α 的检验的拒绝域和相应的 p 值分别为

$$W_{\rm II}=\{T\leqslant t_\alpha(n-1)\}\quad 和\quad p_{\rm II}=P(\tilde{t}\leqslant t_*),$$

$$W_{\mathrm{II}} = \{|T| \geqslant t_{1-\alpha/2}(n-1)\} \quad \text{和} \quad p_{\mathrm{II}} = P(|\tilde{t}| \geqslant |t_*)|.$$

上述三个检验问题的拒绝域如图 7.4 所示, 而单个正态总体的均值检验总结在表 7.3 中.

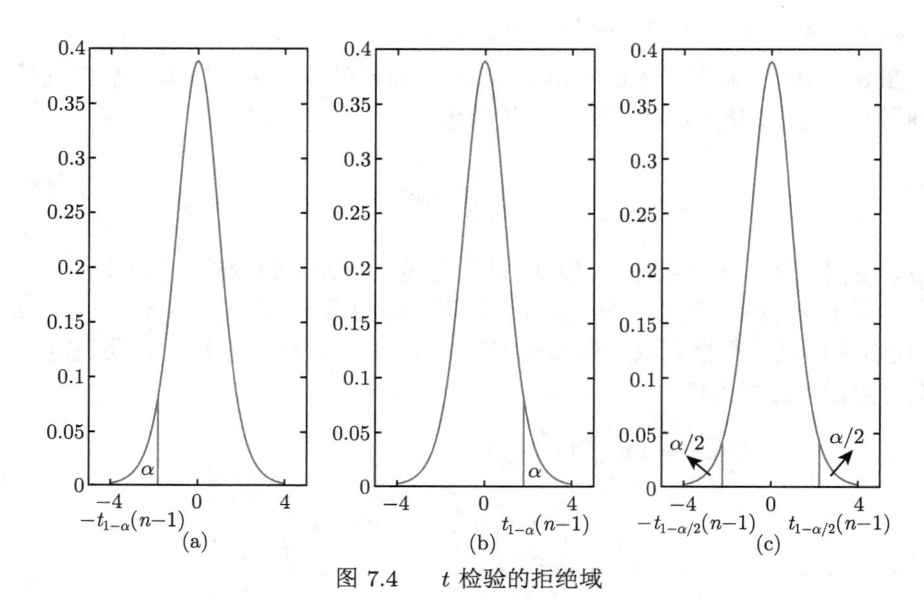

图 7.4 t 检验的拒绝域

表 7.3 单个正态总体均值的假设检验

检验法	H_0	H_1	检验统计量	拒绝域	p 值
u 检验 (σ 已知)	$\mu \leqslant \mu_0$	$\mu > \mu_0$	$U = \dfrac{\overline{X} - \mu_0}{\sigma/\sqrt{n}}$	$\{U \geqslant u_{1-\alpha}\}$	$1 - \Phi(u_*)$
	$\mu \geqslant \mu_0$	$\mu < \mu_0$		$\{U \leqslant u_\alpha\}$	$\Phi(u_*)$
	$\mu = \mu_0$	$\mu \neq \mu_0$		$\{\|U\| \geqslant u_{1-\alpha/2}\}$	$2 - 2\Phi(\|u_*\|)$
t 检验 (σ 未知)	$\mu \leqslant \mu_0$	$\mu > \mu_0$	$T = \dfrac{\overline{X} - \mu_0}{S/\sqrt{n}}$	$\{T \geqslant t_{1-\alpha}(n-1)\}$	$P(\tilde{t} > t_*)$
	$\mu \geqslant \mu_0$	$\mu < \mu_0$		$\{T \leqslant t_\alpha(n-1)\}$	$P(\tilde{t} < t_*)$
	$\mu = \mu_0$	$\mu \neq \mu_0$		$\{\|T\| \geqslant t_{1-\alpha/2}(n-1)\}$	$P(\|\tilde{t}\| > \|t_*\|)$

例 7.2.2 假设某产品的重量服从正态分布, 现在从一批产品中随机抽取 16 件, 测得平均重量为 820 克, 标准差为 60 克, 试在显著性水平 $\alpha = 0.05$ 下检验这批产品的平均重量是否是 800 克.

解 注意到总体分布中的标准差 σ 未知.

(1) 考虑关于参数 μ 的假设检验问题:

$$H_0: \mu = \mu_0 = 800; \qquad H_1: \mu \neq \mu_0.$$

(2) σ^2 未知, 采用 t 检验, 检验统计量为 $T=\dfrac{\overline{X}-\mu_0}{S}\sqrt{n}$.

(3) 在检验水平 α 下, 拒绝域 $W=\{|T|\geqslant t_{1-\alpha/2}(n-1)\}$.

(4) 当 $\alpha=0.05$ 时, 查表得 $t_{0.975}(15)=2.1314$; 代入样本数据 $\bar{x}=820$, $s=60$, 计算得

$$|t_*|=\left|\frac{820-800}{60}\sqrt{16}\right|=1.3333<2.1314.$$

即样本落在拒绝域之外, 故接受原假设 H_0. 此外, 也可以计算 p 值: $p=P(|\tilde{t}|>|t_*|)=0.2023$. 在显著性水平 $\alpha=0.05$ 下, 应当不拒绝原假设, 认为没有足够的证据证明该批产品的平均重量不是 800 克. □

例 7.2.2 的 Python 代码如下.

(1) 比较 t 统计量和临界值大小.

```
1  import numpy as np
2  from scipy import stats
3  n=16
4  mean=820
5  mean0=800
6  std=60
7  #计算检验统计量
8  T=(mean-mean0)*np.sqrt(n)/std
9  #临界值
10 alpha=0.05
11 c= stats.t.ppf(1-alpha/2,n-1)
12 #比较t统计量和临界值大小
13 if abs(T) > c:
14   print('拒绝原假设')
15 else:
16   print('不能拒绝原假设')
```

(2) 比较 p 值和 α 的大小.

```
1  import numpy as np
2  from scipy import stats
3  n=16
4  mean=820
5  mean0=800
6  std=60
7  #计算检验统计量
8  T=(mean-mean0)*np.sqrt(n)/std
9  #计算p值
10 pval=2*stats.t.cdf(-abs(T), n-1)
11 alpha=0.05
12 #比较p值和α的大小
```

```
13 if pval< alpha:
14     print('拒绝原假设')
15 else:
16     print('不能拒绝原假设')
```

例 7.2.3 一个中学校长在报纸上看到这样的报道: “这一城市的初中学生平均每周收看 8 小时电视节目.” 他认为他所领导的学校中的学生看电视的时间明显小于该数字. 为此他向 100 个学生作调查, 得知平均每周收看电视的时间 $\bar{x} = 6.5$ 小时, 标准差 $s = 2$ 小时. 问是否可以认为这位校长的看法是正确的? (假定该校学生收看电视时间服从正态分布 $N(\mu, \sigma^2)$, 检验水平 $\alpha = 0.05$.)

解 注意到总体分布中的标准差 σ^2 未知.

(1) 考虑关于参数 μ 的假设检验问题:

$$H_0 : \mu = \mu_0 = 8; \qquad H_1 : \mu < \mu_0.$$

(2) 选取检验统计量 $T = \dfrac{\overline{X} - \mu_0}{S}\sqrt{n}$.

(3) 在检验水平 α 下, 拒绝域 $W = \{T \leqslant -t_{1-\alpha}(n-1)\}$.

(4) 当 $\alpha = 0.05$ 时, $t_{0.95}(99) \approx u_{0.95} = 1.645$; 代入样本数据 $\bar{x} = 6.5$, $s = 2$ 计算得

$$t_* = \frac{6.5 - 8}{2}\sqrt{100} < -1.645.$$

即样本落在拒绝域内, 从而拒绝 H_0. 所以在检验水平 $\alpha = 0.05$, 应当不拒绝原假设, 认为没有足够的证据证明这位校长的看法是错误的. 此外, 可以计算 p 值为 0.0182, 得到相同的结论. □

例 7.2.3 的 Python 代码如下.

(1) 比较 t 统计量和临界值大小.

```
1 import numpy as np
2 from scipy import stats
3 n=100
4 mean=6.5
5 mean0=8
6 std=2
7 #计算检验统计量
8 T=(mean-mean0)*np.sqrt(n)/std
9 #临界值
10 alpha=0.05
11 c= stats.t.ppf(alpha,n-1)
12 #比较t统计量和临界值大小
13 if T<c:
```

```
14    print('拒绝原假设')
15 else:
16    print('不能拒绝原假设')
```

(2) 比较 p 值和 α 的大小.

```
1 import numpy as np
2 from scipy import stats
3 n=100
4 mean=6.5
5 mean0=8
6 std=2
7 #计算检验统计量
8 T=(mean-mean0)*np.sqrt(n)/std
9 #计算p值
10 pval=stats.t.cdf(-abs(T), n-1)
11 alpha=0.05
12 #比较p值和α的大小
13 if pval< alpha:
14    print('拒绝原假设')
15 else:
16    print('不能拒绝原假设')
```

注记 7.2.1 实际中也可能会遇到以下的假设:

$$\text{IV}.\ H_0: \mu = \mu_0;\ H_1: \mu > \mu_0;$$
$$\text{V}.\ H_0: \mu = \mu_0;\ H_1: \mu < \mu_0.$$

当方差已知时, 前面介绍的 u 检验方法仍然适用.

(1) 问题 IV 的拒绝域与问题 I ($H_0: \mu \leqslant \mu_0$; $H_1: \mu > \mu_0$) 相同, 都是 $W = \{U \geqslant u_{1-\alpha}\}$. 原因有两点: 两个检验问题的备择假设相同, 故拒绝域形式相同; 问题 I 的犯第一类错误概率在 $\mu = \mu_0$ 时达到最大. 此外, 二者的 p 值也相等:

$$\sup_{\mu \leqslant \mu_0} P(U \geqslant u_*) = P(\tilde{u} \geqslant u_*).$$

(2) 类似地, 我们有问题 V 与检验问题 II ($H_0: \mu \geqslant \mu_0$; $H_1: \mu < \mu_0$) 的拒绝域和 p 值相同, 分别是

$$W = \{U \leqslant u_\alpha\} \text{ 和 } \sup_{\mu \geqslant \mu_0} P(U \leqslant u_*) = P(\tilde{t} \leqslant u_*).$$

当方差未知时, 可以用 t 检验方法. 类似地, 有如下结论.

(1) 问题 IV 与问题 I 的拒绝域和 p 值相同, 分别是

$$W=\{T\geqslant t_{1-\alpha}(n-1)\} \text{ 和 } \sup_{\mu\geqslant\mu_0} P_\mu(T\geqslant t_*)=P(\tilde{t}\geqslant t_*).$$

(2) 问题 V 与检验问题 Ⅱ 的拒绝域和 p 值相同, 分别是

$$W=\{T\leqslant t_\alpha(n-1)\} \quad \text{和} \quad \sup_{\mu\geqslant\mu_0} P(T\leqslant t_*)=P(\tilde{t}\leqslant t_*).$$

注记 7.2.2 当自由度很大时, 由中心极限定理, t 分布的分位数可以由标准正态分布分位数来替代.

7.2.2 单个正态总体方差 σ^2 的假设检验

上一节介绍了单个正态总体均值的假设检验, 实际中关于方差或者标准差的检验也很重要. 比如, 例 7.2.2 中产品的平均重量固然重要, 但是并不能保证生产线的运行良好. 如果方差过大, 就会使得有些产品偏重, 而有些产品偏轻. 因此, 厂家总是希望方差或者标准差尽可能小. 设 $X_1,\cdots,X_n$ 是来自正态总体 $N(\mu,\sigma^2)$ 的简单随机样本, 考虑如下三种关于参数 σ^2 的假设检验问题:

$$\text{I. } H_0:\sigma^2\leqslant\sigma_0^2;\ H_1:\sigma^2>\sigma_0^2;$$

$$\text{Ⅱ. } H_0:\sigma^2\geqslant\sigma_0^2;\ H_1:\sigma^2<\sigma_0^2;$$

$$\text{Ⅲ. } H_0:\sigma^2=\sigma_0^2;\ H_1:\sigma^2\neq\sigma_0^2.$$

因为标准差是方差的平方根, 总体标准差的假设检验等价于总体方差的假设检验. 在实际中, μ 已知但 σ^2 未知的情形非常罕见. 因此, 本书只讨论 μ 未知时 σ^2 的检验问题.

首先, 考虑检验问题 I. 无论原假设 H_0 成立与否, 样本方差 $S^2=\dfrac{1}{n-1}\sum\limits_{i=1}^{n}(X_i-\overline{X})^2$ 都是 σ^2 的一个无偏估计. 因此, S^2/σ^2 较大时原假设很可能不真; S^2/σ^2 较小时原假设很可能成立. 为了更容易确定临界值, 一个合理的检验统计量为

$$\chi^2=\frac{(n-1)S^2}{\sigma_0^2}, \tag{7.2.7}$$

并且

$$\frac{(n-1)S^2}{\sigma^2}=\frac{\sigma_0^2}{\sigma^2}\chi^2\sim\chi^2(n-1).$$

特别地, 当 $\sigma^2=\sigma_0^2$ 时, 则 $\chi^2\sim\chi^2(n-1)$. 因此, 基于统计量 (7.2.7) 的检验被称为 χ^2 检验.

显然, 检验问题 I 的拒绝域的形式为

$$W_{\text{I}}=\{\chi^2\geqslant c\},$$

其中 c 为待定的临界值. 为了确定 c, 需要计算犯第一类错误概率的最大值

$$G(c) = \sup_{\sigma^2 \leqslant \sigma_0^2} P(\chi^2 \geqslant c) = \sup_{\sigma^2 \leqslant \sigma_0^2} P\left(\frac{\sigma_0^2}{\sigma^2} \cdot \chi^2 \geqslant \frac{\sigma_0^2}{\sigma^2} \cdot c\right)$$

$$= \sup_{\sigma^2 \leqslant \sigma_0^2} P\left(\tilde{\chi}^2 \geqslant \frac{\sigma_0^2}{\sigma^2} \cdot c\right) = P\left(\tilde{\chi}^2 \geqslant c\right),$$

其中随机变量 $\tilde{\chi}^2$ 服从 $\chi^2(n-1)$. 给定显著性水平 α, 则 $G(c) \leqslant \alpha$, 进而

$$c \geqslant \chi^2_{1-\alpha}(n-1).$$

另一方面, 当 $\sigma^2 > \sigma_0^2$ 时, 犯第二类错误的概率是

$$P(\chi^2 < c) = P(\tilde{\chi}^2 < c\sigma_0^2/\sigma^2).$$

为使第二类错误尽量小, c 应当尽量小. 为满足显著性水平 α 的要求, c 应当不小于 $\chi^2_{1-\alpha}(n-1)$. 由此可知, 当 $c = \chi^2_{1-\alpha}(n-1)$ 时, 在满足显著性水平要求同时该检验的犯第二类错误概率达到最小. 因此, 得到检验问题 I 的拒绝域为

$$W_{\mathrm{I}} = \left\{\chi^2 \geqslant \chi^2_{1-\alpha}(n-1)\right\}.$$

记 χ^2_* 是 χ^2 的样本值, 则检验的 p 值是

$$p_{\mathrm{I}} = G(\chi^2_*) = P(\tilde{\chi}^2 \geqslant \chi^2_*).$$

类似地, 对检验问题 II 和检验问题 III, 检验统计量仍然是定义在式 (7.2.7) 中的统计量 χ^2. 对给定的检验水平 α, 相应的拒绝域分别为

$$W_{\mathrm{II}} = \left\{\chi^2 \leqslant \chi^2_{\alpha}(n-1)\right\}$$

和

$$W_{\mathrm{III}} = \left\{\chi^2 \leqslant \chi^2_{\alpha/2}(n-1) \text{ 或者 } \chi^2 \geqslant \chi^2_{1-\alpha/2}(n-1)\right\},$$

相应的 p 值分别是

$$p_{\mathrm{II}} = P\left(\tilde{\chi}^2 \leqslant \chi^2_*\right)$$

和

$$p_{\mathrm{III}} = 2\min\left\{P(\tilde{\chi}^2 \leqslant \chi^2_*), P(\tilde{\chi}^2 \geqslant \chi^2_*)\right\}.$$

此外, 上述方差的三类检验问题的拒绝域展示见图 7.5.

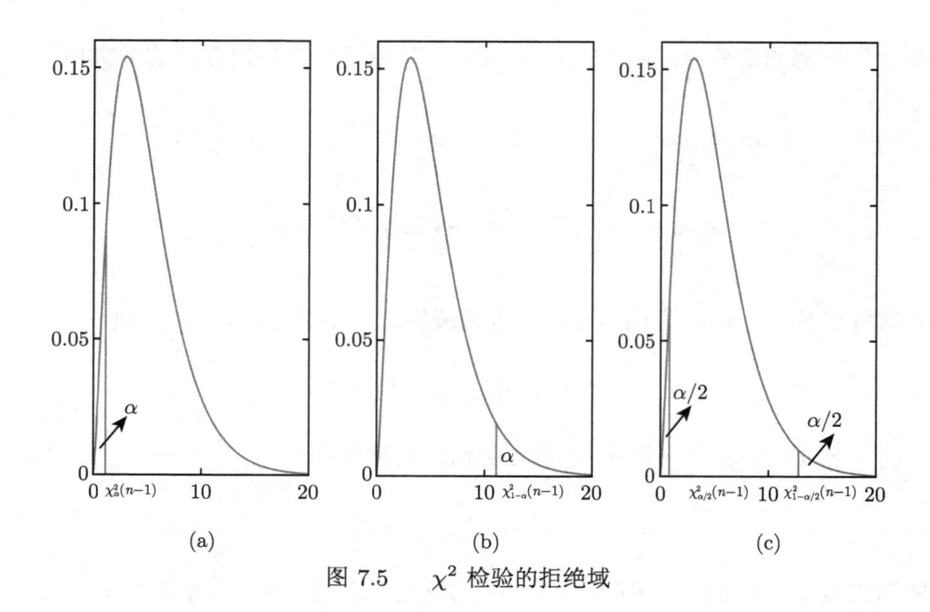

图 7.5 χ^2 检验的拒绝域

例 7.2.4 某种导线电阻服从正态分布, 生产标准要求其电阻的标准差不得超过 0.005 欧姆, 今在生产的一批这种导线中取样品 9 根, 测得 $s = 0.007$ 欧姆, 问在显著性水平 $\alpha = 0.05$ 下能否认为这批导线的标准差显著偏大?

解 注意到总体分布中的均值 μ 未知. 记 $\sigma_0 = 0.005$.

(1) 考虑关于参数 σ 的假设检验问题.

$$H_0 : \sigma \leqslant \sigma_0 = 0.005; \qquad H_1 : \sigma > \sigma_0.$$

(2) 总体均值 μ 未知, 选取检验统计量 $\chi^2 = \dfrac{(n-1)S^2}{\sigma_0^2}$.

(3) 在检验水平 α 下, 拒绝域 $W = \{\chi^2 \geqslant \chi^2_{1-\alpha}(n-1)\}$.

(4) 当 $\alpha = 0.05$ 时, 查卡方分布分位数表得 $\chi^2_{0.95}(8) = 15.5073$; 代入样本数据 $s = 0.007$ 计算得

$$\chi^2_* = \frac{(9-1) \times 0.007^2}{0.005^2} = 15.68 > 15.5073.$$

即样本落在拒绝域内, 从而拒绝 H_0. 故在显著性水平 $\alpha = 0.05$ 下能认为这批导线的标准差显著偏大. □

例 7.2.4 的 Python 代码如下.

(1) 比较卡方统计量和临界值大小.

```
1 import numpy as np
2 from scipy import stats
3 #数据信息
4 n=9
5 std=0.007
6 std0=0.005
7 #计算检验统计量
8 chi2=(n-1)*std*std/std0/std0
9 #临界值
10 alpha=0.05
11 c= stats.chi2.ppf(1-alpha,n-1)
12 #比较统计量和临界值大小
13 if chi2> c:
14     print('拒绝原假设')
15 else:
16     print('不能拒绝原假设')
```

(2) 比较 p 值和 α 的大小.

```
1 import numpy as np
2 from scipy import stats
3 #数据信息
4 n=9
5 std=0.007
6 std0=0.005
7 #计算检验统计量
8 chi2=(n-1)*std*std/std0/std0
9 #计算p值
10 pval=1-stats.chi2.cdf(chi2, n-1)
11 alpha=0.05
12 #比较p值和α的大小
13 if pval< alpha:
14     print('拒绝原假设')
15 else:
16     print('不能拒绝原假设')
```

注记 7.2.3 正态总体的参数假设检验与其区间估计是相互对应的. 置信水平为 $1-\alpha$ 的置信区间对应同一参数显著性水平为 α 的双边检验的接受域, 枢轴量与检验统计量相对应. 例如, 当 σ 已知时, 参数 μ 的置信水平为 $1-\alpha$ 的置信区间是

$$\left[\overline{X}-u_{1-\alpha/2}\frac{\sigma}{\sqrt{n}},\overline{X}+u_{1-\alpha/2}\frac{\sigma}{\sqrt{n}}\right],$$

其正好与参数 μ 的 u 检验相对应.

✍习题 7.2

1. 某电器零件的平均电阻 (单位: 欧姆) 一直保持在 2.64, 改变加工工艺后, 测得 100 个零件的平均电阻为 2.62, 如改变工艺前后电阻的标准差保持在 0.06, 问新工艺对此零件的电阻有无显著影响 (假设检验水平为 0.01).

2. 某工厂宣称该厂日用水量平均为 350 升, 抽查 11 天的日用水量的记录为

$$340,\ 344,\ 362,\ 375,\ 356,\ 380,\ 354,\ 364,\ 332,\ 402,\ 340.$$

假设用水量服从正态分布, 能否同意该厂的看法 (设检验水平为 0.05, 用水越少越好)?

3. 根据去年的调查, 某城市一个家庭每月的耗电量服从正态分布 $N(32, 10^2)$, 为了确定今年家庭平均每月耗电量有否提高, 随机抽查 100 个家庭, 统计得他们每月的耗电量的平均值为 34.25, 你能做出什么样的结论 (检验水平取为 0.05)?

4. 测定某种溶液中的水分, 它的 10 个测定值给出样本均值 $\bar{x} = 0.452\%$, 样本标准差 $s = 0.037\%$, 设测定值总体为正态分布, σ^2 为总体方差. 试在显著性水平 5% 下检验假设

$$H_0 : \sigma = 0.04\%; \quad H_1 : \sigma \neq 0.04\%.$$

5. 某工厂所生产的某种细纱支数的标准差为 1.2 缕, 现从某日生产的一批产品中随机抽 16 缕进行支数测量, 求得样本标准差为 2.1 缕, 问纱的均匀度是否变劣 (假设检验水平为 0.05).

7.3 双正态总体未知参数的假设检验问题

本节我们来考虑两个正态总体下的未知参数的假设检验问题. 设总体 X 服从正态分布 $N(\mu_1, \sigma_1^2)$, 总体 Y 服从正态分布 $N(\mu_2, \sigma_2^2)$, 且 X 与 Y 相互独立. 又设 $X_1, \cdots, X_m$ 和 $Y_1, \cdots, Y_n$ 分别是来自总体 X 与 Y 的两个相互独立的样本, 相应的样本均值和样本方差分别记为

$$\overline{X} = \frac{1}{m}\sum_{i=1}^{m} X_i, \qquad S_X^2 = \frac{1}{m-1}\sum_{i=1}^{m}(X_i - \overline{X})^2;$$

$$\overline{Y} = \frac{1}{n}\sum_{j=1}^{n} Y_j, \qquad S_Y^2 = \frac{1}{n-1}\sum_{j=1}^{n}(Y_j - \overline{Y})^2.$$

我们将要考虑关于参数 $\mu_1 - \mu_2$ 和 σ_1^2/σ_2^2 的假设检验问题.

7.3.1 双正态总体均值差的假设检验问题

本小节中, 记 $\theta=\mu_1-\mu_2$, $\theta_0=0$, 考虑如下的三类假设检验问题:

$$\text{I}.\ H_0:\theta\leqslant\theta_0;\ H_1:\theta>\theta_0;$$

$$\text{II}.\ H_0:\theta\geqslant\theta_0;\ H_1:\theta<\theta_0;$$

$$\text{III}.\ H_0:\theta=\theta_0;\ H_1:\theta\neq\theta_0.$$

由于推断的过程与前一节单个正态总体的均值检验类似, 为节约篇幅, 我们仅简要地给出检验统计量、三个问题对应的拒绝域和 p 值. 根据两个总体方差的不同条件, 下面分五种情形来讨论.

1. σ_1 和 σ_2 已知时两样本 u 检验

由于 $\mu_1-\mu_2$ 的点估计为 $\overline{X}-\overline{Y}$, 并且

$$\overline{X}-\overline{Y}\sim N\left(\mu_1-\mu_2,\frac{\sigma_1^2}{m}+\frac{\sigma_2^2}{n}\right),\tag{7.3.1}$$

一个合理的检验统计量为

$$U=\frac{\overline{X}-\overline{Y}}{\sqrt{\dfrac{\sigma_1^2}{m}+\dfrac{\sigma_2^2}{n}}}.$$

由于方差已知, 可以利用 7.2.1 节的单个正态总体均值的 u 检验进行类似推断. 因此, 在显著性水平 α 下, 三类假设检验问题的拒绝域依次为

$$W_{\text{I}}=\{U\geqslant u_{1-\alpha}\},\quad W_{\text{II}}=\{U\leqslant -u_{1-\alpha}\},\quad W_{\text{III}}=\{|U|\geqslant u_{1-\alpha/2}\},$$

相应的 p 值分别为

$$p_{\text{I}}=P\left(\tilde{u}\geqslant u_*\right),\quad p_{\text{II}}=P\left(\tilde{u}\leqslant u_*\right),\quad p_{\text{III}}=P(|\tilde{u}|\geqslant u_*),$$

其中 $\tilde{u}\sim N(0,1)$, 而 u_* 是统计量 U 的样本值.

例 7.3.1 为比较吸烟与否对人的寿命的影响, 专家从不吸烟的成人人群和吸烟的成人人群中各抽取 400 名和 600 名跟踪调查, 测得其平均寿命分别是 78.2 岁和 70.4 岁. 已知两种情形下人的寿命都服从正态分布, 且标准差分别为 8.5 岁和 8.8 岁. 试问能否认为不吸烟的成人人群的寿命比吸烟的成人人群的寿命要高? (检验水平 $\alpha=0.05$)

解 设 X 与 Y 分别表示不吸烟的成人人群的寿命和吸烟的成人人群的寿命, 则 $X \sim N(\mu_1, 8.5^2)$, $Y \sim N(\mu_2, 8.8^2)$. 考虑假设检验问题:

$$H_0: \mu_1 \leqslant \mu_2; \qquad H_1: \mu_1 > \mu_2.$$

由于 σ_1, σ_2 已知, 采用 u 检验, 选取检验统计量为

$$U = \frac{\overline{X} - \overline{Y}}{\sqrt{\dfrac{\sigma_1^2}{m} + \dfrac{\sigma_2^2}{n}}}.$$

在显著性水平 α 下, 拒绝域为 $W = \{U \geqslant u_{1-\alpha}\}$.

当 $\alpha = 0.05$ 时, 查表得 $u_{0.95} = 1.645$. 代入样本数据计算得

$$u_* = \frac{78.2 - 70.4}{\sqrt{\dfrac{8.5^2}{400} + \dfrac{8.8^2}{600}}} = 14.016 > 1.645,$$

故拒绝原假设 H_0, 即在显著性水平 $\alpha = 0.05$ 下可以认为不吸烟的成人人群的寿命比吸烟的成人人群的寿命要高. □

例 7.3.1 的 Python 代码如下.

(1) 比较 U 统计量和临界值大小.

```
1 import numpy as np
2 from scipy import stats
3 mean1=78.2
4 mean2=70.4
5 mean0=0
6 std=np.sqrt(8.5*8.5/400+8.8*8.8/600)
7 #计算检验统计量
8 U=(mean1-mean2-0)/std
9 #临界值
10 alpha=0.05
11 c=stats.norm.ppf(1-alpha,0,1)
12 #比较U统计量和临界值大小
13 if T>c:
14   print('拒绝原假设')
15 else:
16   print('不能拒绝原假设')
```

(2) 比较 p 值和 α 的大小.

```
1 import numpy as np
2 from scipy import stats
```

```
3 mean1=78.2
4 mean2=70.4
5 mean0=0
6 std=np.sqrt(8.5*8.5/400+8.8*8.8/600)
7 #计算检验统计量
8 U=(mean1-mean2-0)/std
9 #计算p值
10 pval=1-stats.norm.cdf(U, 0,1)
11 alpha=0.05
12 #比较p值和α的大小
13 if pval< alpha:
14     print('拒绝原假设')
15 else:
16     print('不能拒绝原假设')
```

2. $\sigma_1=\sigma_2=\sigma$ 但未知时两样本 t 检验

若 $\sigma_1=\sigma_2=\sigma$, 则

$$\overline{X}-\overline{Y}\sim N\left(\mu_1-\mu_2,\left(\frac{1}{m}+\frac{1}{n}\right)\sigma^2\right).$$

在 σ_1^2 和 σ_2^2 未知时, 自然考虑用它们各自的样本方差 S^2 来替代. 由于

$$S_X^2=\frac{1}{m-1}\sum_{i=1}^{m}(X_i-\overline{X})^2 \quad \text{和} \quad S_Y^2=\frac{1}{n-1}\sum_{j=1}^{n}(Y_j-\overline{Y})^2$$

都是 σ^2 的无偏估计, 我们有

$$S_W^2=\frac{(m-1)S_X^2+(n-1)S_Y^2}{m+n-2}$$

也是 σ^2 的无偏估计. 该估计量与 $\overline{X}-\overline{Y}$ 独立, 并且 $\dfrac{(m+n-2)S_W^2}{\sigma^2}\sim\chi^2(m+n-2)$. 于是, 一个合理的检验统计量为

$$T=\frac{\overline{X}-\overline{Y}}{S_W\sqrt{\dfrac{1}{m}+\dfrac{1}{n}}}.$$

注意到

$$T-\frac{\mu_1-\mu_2}{S_W\sqrt{\dfrac{1}{m}+\dfrac{1}{n}}}=\frac{\overline{X}-\overline{Y}-(\mu_1-\mu_2)}{S_W\sqrt{\dfrac{1}{m}+\dfrac{1}{n}}}\sim t(n+m-2).$$

类似于 t 检验, 在显著性水平 α 下, 可得三类假设检验问题的拒绝域依次为

$$W_{\mathrm{I}}=\{T\geqslant t_{1-\alpha}(m+n-2)\},\quad W_{\mathrm{II}}=\{T\leqslant t_{\alpha}(m+n-2)\},$$
$$W_{\mathrm{III}}=\left\{|T|\geqslant t_{1-\alpha/2}(m+n-2)\right\},$$

相应的 p 值分别为

$$p_{\mathrm{I}}=P\left(\tilde{t}\geqslant t_*\right),\quad p_{\mathrm{II}}=P\left(\tilde{t}\leqslant t_*\right),\quad p_{\mathrm{III}}=P(|\tilde{t}|\geqslant t_*),$$

其中 $\tilde{t}\sim t(m+n-2)$, 而 t_* 是统计量 T 的样本值.

例 7.3.2 已知甲、乙两厂生产的灯泡寿命都服从正态分布. 现从甲、乙两厂分别抽取 50 个与 60 个样品, 测得样品的寿命数据, 计算得样本均值和样本标准差的观测值分别为

甲厂: $m=50,\bar{x}=1282$ 小时, $s_X=80$ 小时;

乙厂: $n=60,\bar{y}=1208$ 小时, $s_Y=94$ 小时.

试在显著性水平 $\alpha=0.05$ 下判断两厂生产的灯泡寿命是否相同.

解 设甲、乙两厂生产的灯泡寿命分别为 X 和 Y, 则 X 服从正态分布 $N(\mu_1,\sigma_1^2)$, Y 服从正态分布 $N(\mu_2,\sigma_2^2)$. 假定方差相等, 即 $\sigma_1=\sigma_2=\sigma$. 考虑假设检验问题:

$$H_0:\mu_1=\mu_2;\qquad H_1:\mu_1\neq\mu_2.$$

采用 t 检验, 检验统计量为

$$T=\frac{\overline{X}-\overline{Y}}{S_W\sqrt{\dfrac{1}{m}+\dfrac{1}{n}}}.$$

在显著性水平 α 下, 拒绝域为 $W=\{|T|\geqslant t_{1-\alpha/2}(m+n-2)\}$.

当 $\alpha=0.05$, $m=50$, $n=60$ 时, 临界值 $t_{0.975}(108)\approx u_{1.975}=1.96$. 代入样本数据计算得

$$T=\frac{1282-1208}{\sqrt{\dfrac{49\times80^2+59\times94^2}{50+60-2}\left(\dfrac{1}{50}+\dfrac{1}{60}\right)}}=4.395.$$

由于 $|t_*|=4.395>1.96\approx t_{0.975}(108)$, 故拒绝 H_0, 即认为两厂生产的灯泡寿命有显著差异. □

例 7.3.2 的 Python 代码如下.

(1) 比较 t 统计量和临界值大小.

```
import numpy as np
from scipy import stats
mean1=1282
mean2=1208
mean0=0
std=np.sqrt(((50-1)*80*80+(60-1)*94*94)/(50+60-2))
#计算检验统计量
alpha=0.05
c= stats.t.ppf(1-alpha/2,50+60-2)
#比较t统计量和临界值大小
if abs(T)> c:
T=(mean1-mean2)/std/np.sqrt(1/50+1/60)
  print('拒绝原假设')
else:
  print('不能拒绝原假设')
```

(2) 比较 p 值和 α 的大小.

```
import numpy as np
from scipy import stats
mean1=1282
mean2=1208
mean0=0
std=np.sqrt(((50-1)*80*80+(60-1)*94*94)/(50+60-2))
#计算检验统计量
T=(mean1-mean2)/std/np.sqrt(1/50+1/60)
#计算p值
pval=2*stats.t.cdf(-T, 50+60-2)
alpha=0.05
#比较p值和α的大小
if pval< alpha:
  print('拒绝原假设')
else:
  print('不能拒绝原假设')
```

3. σ_1 和 σ_2 未知但 $m=n$ 时两样本 t 检验

当 $m=n$ 时, 令 $Z_i=X_i-Y_i$, 则 $Z_1,\cdots,Z_n$ 可以视为是来自总体 $Z=X-Y$ 的简单随机样本. 注意到 $Z=X-Y\sim N(\mu_1-\mu_2,\sigma_1^2+\sigma_2^2)$, 因此参数 $\mu_1-\mu_2$ 的假设检验问题归结为单个正态总体方差未知情形下均值的 t 检验.

记 $\overline{Z}$ 和 S_Z^2 分别为由样本 $Z_1,\cdots,Z_n$ 计算所得的样本均值和样本方差, 自然地选择检验统计量为

$$T=\frac{\overline{Z}}{S_Z/\sqrt{n}}.$$

易见 $T-\dfrac{\mu_1-\mu_2}{S_Z/\sqrt{n}}=\dfrac{\overline{Z}-(\mu_1-\mu_2)}{S_Z/\sqrt{n}}\sim t(n-1)$. 在显著性水平 α 下, 可得三类假设检验问题的拒绝域依次为

$$W_{\text{I}}=\{T\geqslant t_{1-\alpha}(n-1)\},\quad W_{\text{II}}=\{T\leqslant t_{\alpha}(n-1)\},\quad W_{\text{III}}=\left\{|T|\geqslant t_{1-\alpha/2}(n-1)\right\},$$

相应的 p 值分别为

$$p_{\text{I}}=P\left(\tilde{t}\geqslant t_*\right),\quad p_{\text{II}}=P\left(\tilde{t}\leqslant t_*\right),\quad p_{\text{III}}=P(|\tilde{t}|\geqslant t_*),$$

其中 $\tilde{t}\sim t(n-1)$, 而 t_* 是统计量 T 的样本值.

4. σ_1 和 σ_2 未知且 m,n 很大时大样本 u 检验

当 m 和 n 充分大时, 选择检验统计量

$$T=\frac{\overline{X}-\overline{Y}}{\sqrt{S_X^2/m+S_Y^2/n}}.$$

尽管 T 的分布并不明确, 但由中心极限定理, 可以近似认为 T 服从标准正态分布, 即 $T\dot{\sim}N(0,1)$. 因此, 可以应用 u 检验进行讨论. 在显著性水平 α 下, 三类假设检验问题的拒绝域依次为

$$W_{\text{I}}=\{T\geqslant u_{1-\alpha}\},\quad W_{\text{II}}=\{T\leqslant -u_{1-\alpha}\},\quad W_{\text{III}}=\{|T|\geqslant u_{1-\alpha/2}\},$$

相应的 p 值分别为

$$p_{\text{I}}=P\left(\tilde{u}\geqslant t_*\right),\quad p_{\text{II}}=P\left(\tilde{u}\leqslant t_*\right),\quad p_{\text{III}}=P(|\tilde{u}|\geqslant t_*),$$

其中 $\tilde{u}\sim N(0,1)$, 而 t_* 是统计量 T 的样本值.

5. σ_1 和 σ_2 未知且 m,n 较小时近似 t 检验

当 m 和 n 不大时, 采用的统计量还是

$$T=\frac{\overline{X}-\overline{Y}}{\sqrt{S_X^2/m+S_Y^2/n}}.$$

此时 T 不服从正态分布, 但近似服从自由度为 l 的 t 分布, 其中

$$l=\left(\frac{S_X^2}{m}+\frac{S_Y^2}{n}\right)^2\bigg/\left\{\frac{S_X^4}{m^2(m-1)}+\frac{S_Y^4}{n^2(n-1)}\right\}.$$

一般 l 不是整数, 可取最接近的整数代替. 在显著性水平 α 下, 三类假设检验问题的拒绝域依次为

$$W_{\mathrm{I}}=\{T\geqslant t_{1-\alpha}(l)\},\quad W_{\mathrm{II}}=\{T\leqslant t_{\alpha}(l)\},\quad W_{\mathrm{III}}=\{|T|\geqslant t_{1-\alpha/2}(l)\},$$

相应的 p 值分别为

$$p_{\mathrm{I}}=P\left(\tilde{t}\geqslant t_*\right),\quad p_{\mathrm{II}}=P\left(\tilde{t}\leqslant t_*\right),\quad p_{\mathrm{III}}=P(|\tilde{t}|\geqslant t_*),$$

其中 $\tilde{t}\sim t(l)$, 而 t_* 是统计量 T 的样本值.

7.3.2 双正态总体方差比的假设检验问题

本小节中, 记 $\theta=\dfrac{\sigma_1^2}{\sigma_2^2}$, $\theta_0=1$, 考虑如下的三类假设检验问题:

$$\text{I. } H_0:\theta\leqslant\theta_0;\ H_1:\theta>\theta_0;$$

$$\text{II. } H_0:\theta\geqslant\theta_0;\ H_1:\theta<\theta_0;$$

$$\text{III. } H_0:\theta=\theta_0;\ H_1:\theta\neq\theta_0.$$

同样, 这三类假设检验所采用的检验统计量都是相同的, 差别在拒绝域上. 这里仅考虑 μ_1 和 μ_2 都是未知的情形.

注意到 S_X^2 和 S_Y^2 分别是 σ_1^2 和 σ_2^2 的无偏估计, $(m-1)S_X^2/\sigma_1^2$ 服从卡方分布 $\chi^2(m-1)$, $(n-1)S_Y^2/\sigma_2^2$ 服从卡方分布 $\chi^2(n-1)$. 记 $F=\dfrac{S_X^2}{S_Y^2}$, 由 F 分布的构造知, 当 $\sigma_1^2=\sigma_2^2$ 时, F 服从自由度为 $(m-1,n-1)$ 的 F 分布, 即

$$F=\frac{S_X^2}{S_Y^2}\sim F(m-1,n-1).$$

故选择 F 为检验统计量. 在显著性水平 α 下, 三类假设检验问题的拒绝域依次为

$$W_{\mathrm{I}}=\{F\geqslant F_{1-\alpha}(m-1,n-1)\},\quad W_{\mathrm{II}}=\{F\leqslant F_{\alpha}(m-1,n-1)\},$$

$$W_{\mathrm{III}}=\{F\leqslant F_{\alpha/2}(m-1,n-1)\quad\text{或}\quad F\geqslant F_{1-\alpha/2}(m-1,n-1)\}.$$

设 F_* 是由当前样本算得的 F 值, $\tilde{F} \sim F(m-1,n-1)$. 那么相应的 p 值分别是

$$p_{\mathrm{I}} = P(\tilde{F} \geqslant F_*), \quad p_{\mathrm{II}} = P(\tilde{F} \leqslant F_*), \quad p_{\mathrm{III}} = 2\min\{P(\tilde{F} \geqslant F_*), P(\tilde{F} \leqslant F_*)\}.$$

上述三个拒绝域展示见图 7.6.

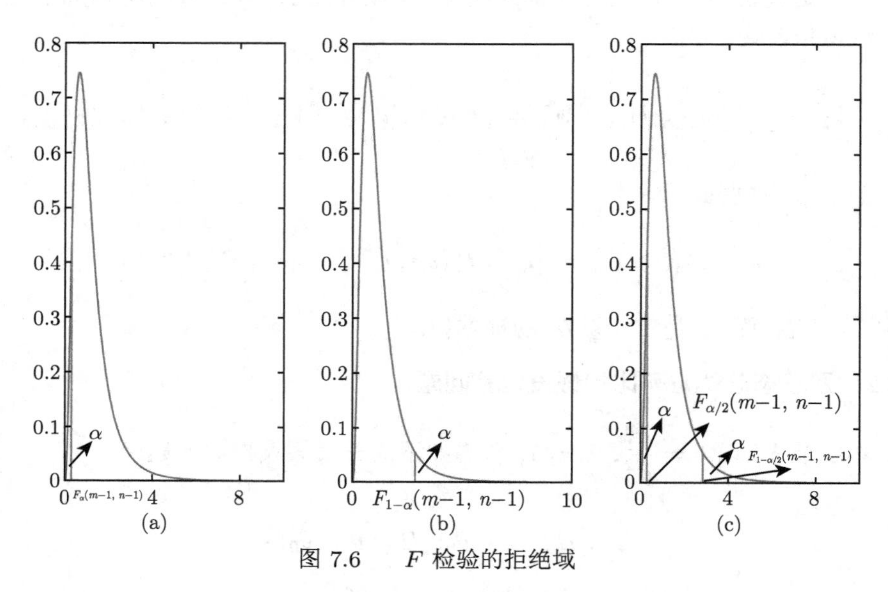

图 7.6　F 检验的拒绝域

上述利用 F 统计量得出的检验方法称为 F 检验法.

注记 7.3.1　读者可以自行考虑: 对 μ_1 和 μ_2 已知或有一个已知时的情形, 该如何选用检验统计量和相应的拒绝域.

例 7.3.3　甲、乙两台机床加工某种零件, 零件的直径服从正态分布, 其中方差反映了加工精度. 现从各自加工的零件中分别抽取 8 件和 7 件样品, 测得直径 (单位: 毫米) 分别为

机床甲: 20.5, 19.8, 19.7, 20.4, 20.1, 20.0, 19.0, 19.9;

机床乙: 20.7, 19.8, 19.5, 20.8, 20.4, 20.2, 19.6.

试问在显著性水平 $\alpha = 0.05$ 下可否认为这两台机床加工的零件精度一致?

解　设甲、乙两台机床生产的零件直径分别为 X 和 Y, 则 X 和 Y 依次服从正态分布 $N(\mu_1, \sigma_1^2)$ 和 $N(\mu_2, \sigma_2^2)$. 考虑假设检验问题:

$$H_0: \sigma_1 = \sigma_2; \qquad H_1: \sigma_1 \neq \sigma_2.$$

采用 F 检验, 检验统计量为 $F = \dfrac{S_X^2}{S_Y^2}$, 在显著性水平 α 下, 拒绝域为

$$W = \{F \leqslant F_{\alpha/2}(m-1,n-1) \text{ 或 } F \geqslant F_{1-\alpha/2}(m-1,n-1)\}.$$

经计算得 $s_X^2 = 0.2164$, $s_Y^2 = 0.2729$. 于是 $F_* = \dfrac{0.2164}{0.2729} = 0.793$.

当 $\alpha = 0.05$ 时, 查表得 $F_{0.975}(7,6) = 5.70$, 而

$$F_{0.025}(7,6) = \frac{1}{F_{0.975}(6,7)} = \frac{1}{5.12} = 0.195.$$

由于 $0.195 < 0.793 < 5.70$, 故接受 H_0, 即在显著性水平 $\alpha = 0.05$ 下可认为这两台机床加工的零件精度一致. □

例 7.3.3 的 Python 代码如下.

```
1  import numpy as np
2  from scipy import stats
3  data1=[20.5, 19.8, 19.7, 20.4, 20.1, 20.0, 19.0, 19.9]
4  data2=[20.7, 19.8, 19.5, 20.8, 20.4, 20.2, 19.6]
5  n1=len(d1)
6  n2=len(d2)
7  var1=np.var(d1, ddof=1) #ddof=1 样本方差
8  var2=np.var(d2, ddof=1) #ddof=1 样本方差
9  alpha=0.05
10 F=var1/var2
11 fscore0=stats.f.isf(alpha/2, dfn=n1-1, dfd=n2-1) #F分布临界值
12 fscore1=stats.f.isf(1-alpha/2, dfn=n1-1, dfd=n2-1) #F分布临界值
13 if (F<fscore0 or F>fscore1):
14   print('拒绝原假设')
15 else:
16   print('不能拒绝原假设')
```

✍习题 7.3

1. 甲、乙两厂生产相同规格的灯泡, 寿命 X 与 Y 分别服从正态分布 $N(\mu_1, 84^2)$ 和 $N(\mu_2, 96^2)$. 现从两厂生产的灯泡中各取 60 只, 测得甲厂灯泡平均寿命为 1295 小时, 乙厂灯泡平均寿命为 1230 小时, 问在检验水平 $\alpha = 0.05$ 下能否认为两厂灯泡寿命无显著差异.

2. 假设甲、乙两煤矿所出煤的含灰率分别服从正态分布 $N(\mu_1, \sigma_1^2)$ 和 $N(\mu_2, \sigma_2^2)$. 为检验这两个煤矿的含灰率有无显著差异, 从两矿中各取若干份, 分析结果 (%) 分别为

甲矿: 24.3, 18.8, 22.7, 19.3, 20.4;

乙矿: 25.2, 28.9, 24.2, 26.7, 22.3, 20.4.

试在显著性水平 $\alpha = 0.05$ 之下, 检验“含灰率无差异”这个假设.

3. 随机地挑选 20 位失眠者, 分别服用甲、乙两种安眠药, 记录下他们睡

眠的延长时间 (单位: 小时), 得到数据分别为

服用甲药: 1.9, 0.8, 1.1, 0.1, -0.1, 4.4, 5.6, 1.6, 4.6, 3.4;

服用乙药: 0.7, -1.6, -0.2, -0.1, 3.4, 3.7, 0.8, 0, 2.0, -1.2.

试问在显著性水平 $\alpha = 0.05$ 下能否认为甲药的疗效显著地高于乙药 (提示: 考虑假设检验问题 $H_0: \mu_1 = \mu_2; H_1: \mu_1 > \mu_2$)?

4. 从某锌矿的东西两支矿脉中, 各抽取样本容量分别为 8 与 9 的样本进行测试, 计算得样本含锌平均数及样本方差分别为

东支: $\bar{x} = 0.269, s_1^2 = 0.1736$;

西支: $\bar{x} = 0.230, s_2^2 = 0.1337$.

问东西两支矿脉含锌量的平均值是否可以看作一样 (假设显著性水平 $\alpha = 0.10$)?

5. 有两台机器生产金属部件, 重量都服从正态分布, 分别在两台机器所生产的部件中各取一容量 $m = 60$ 和 $n = 40$ 的样本, 测得部件重量的样本方差分别为 $s_1^2 = 15.46$ 和 $s_2^2 = 9.66$, 设两样本相互独立, 试在显著性水平 $\alpha = 0.05$ 下检验两台机器生产金属部件的重量方差是否相等.

6. 用两种方法生产某种化工产品的产量均服从正态分布, 需要检验这两种方法的产量的方差是否相同, 为此用第一种方法生产 10 批, 其样本方差为 0.14, 用第二种方法生产 11 批, 其样本方差为 0.25, 你能得出什么结论 (设显著性水平 $\alpha = 0.05$)?

7. 某种作物有甲、乙两个品种, 为了比较它们的优劣, 两个品种各种 10 亩, 假设亩产量服从正态分布, 收获后测得甲品种的亩产量 (单位: 千克) 的均值为 30.97, 标准差为 26.7; 乙品种的亩产量的均值为 21.79, 标准差为 12.1, 取显著性水平为 0.01, 能否认为这两个品种的产量没有差别 (提示: 先检验两个品种的亩产量的方差是否相等, 再检验均值是否相等)?

*7.4 补充

前面讨论的假设检验问题, 总体服从的分布类型是已知的, 只是分布中的某个参数未知, 例如知道总体服从正态分布 $N(\mu, \sigma^2)$, 但 μ 或 σ^2 未知, 这类已知分布检验参数的假设检验问题, 我们称之为参数假设检验问题. 但是在实际问题中, 总体的分布类型常常是不知道的, 这类在未确切了解总体的分布类型的情形下, 需要根据样本对总体的分布类型的各种假设进行检验的问题, 就是非参数检验. 本节补充讲述两种非参数检验: 分布检验和独立性检验.

7.4.1 分布检验

分布检验是关于总体分布类型的假设检验, 其基本思想是用样本确定的经验分布替代总体分布, 并与假设的理论分布进行比较. 由于样本的随机性, 不可避免地, 这种替代会出现偏差. 分布检验的核心问题是选取恰当的统计量来衡量这种偏差的大小. 由 Karl Pearson 提出的 χ^2 拟合优度检验是一种常用的分布检验方法. 下面具体介绍此种方法.

设总体 X 的分布函数 $F(x)$ 未知, $X_1, \cdots, X_n$ 是来自该总体的样本. 考虑假设检验问题:

$$H_0: F(x) = F_0(x); \quad H_1: F(x) \neq F_0(x),$$

这里 $F_0(x)$ 是某个已知的分布函数.

选取 $k-1$ 个实数 $a_1, \cdots, a_{k-1}$ 将 $\mathbb{R}$ 分成 k 个区间

$$(-\infty, a_1], (a_1, a_2], \cdots, (a_{k-1}, +\infty),$$

当样本观测值落入第 i 个区间, 就将其视为第 i 类. 由此, 这 k 个区间将样本观测值划分为 k 个类, 各类的频数记为 $n_1, \cdots, n_k$. 显然, $n = \sum\limits_{i=1}^{k} n_i$.

当 H_0 成立时, 总体 X 落入第 i 类的概率为

$$p_i = P(a_{i-1} < X \leqslant a_i) = F_0(a_i) - F_0(a_{i-1}), \quad i = 1, 2, \cdots, k,$$

其中记 $a_0 = -\infty, a_k = +\infty$. 因此, 当 H_0 成立时, n 个观测值落入第 i 类的理论频数应为 np_i. 故当 H_0 成立时, np_i 应与频数 n_i 相差不大, 为此, Karl Pearson 提出如下的检验统计量:

$$\chi^2 = \sum_{i=1}^{k} \frac{(n_i - np_i)^2}{np_i}$$

来衡量观察频数和理论频数的相对差异的总和. Karl Pearson 给出了著名的 Pearson 定理, 证明了当 n 充分大时, 上述检验统计量 χ^2 渐近服从自由度为 $k-1$ 的 χ^2 分布.

当 H_0 为真时, 相对差异的总和 $\chi^2 = \sum\limits_{i=1}^{k} \dfrac{(n_i - np_i)^2}{np_i}$ 应该不能太大, 若太大, 就有理由怀疑原假设 H_0 的正确性. 故对给定的显著性水平 α, 拒绝域 $W = \{\chi^2 \geqslant \chi^2_{1-\alpha}(k-1)\}$.

由样本观测值计算统计量 χ^2 的值, 若 $\chi^2 \geqslant \chi^2_{1-\alpha}(k-1)$, 则拒绝 H_0; 若 $\chi^2 < \chi^2_{1-\alpha}(k-1)$, 则接受 H_0.

注记 7.4.1 1924 年, 英国统计学家 Fisher 推广了 Pearson 定理. 当在总体分布 F_0 中含有 s 个独立的未知参数时, 先用这 s 个未知参数的极大似然估计来代替这些未知参数, 从而得到 p_i 的相应的估计量 $\hat{p}_i$. Fisher 证明了当 n 充分大且 H_0 为真时,

$$\chi^2=\sum_{i=1}^{k}\frac{(n_i-n\hat{p}_i)^2}{n\hat{p}_i}$$

渐近服从自由度为 $k-s-1$ 的 χ^2 分布, 其中 k 为样本观测值被分的类数, s 为待估计参数的个数. 故对给定的显著性水平 α, 拒绝域 $W=\{\chi^2\geqslant\chi^2_{1-\alpha}(k-s-1)\}$.

注记 7.4.2 使用 χ^2 拟合优度检验时, 通常不仅要求样本容量 n 充分大, 且理论频数 np_i 不能过少, 一般来说要求 $np_i\geqslant 5$. 若理论频数小于 5 时, 将其并入相邻的类别.

例 7.4.1 在一批灯泡中抽取 300 只测得其寿命数据如表 7.4 所示.

表 7.4 300 只灯泡寿命数据

寿命 t/时	$t\leqslant 100$	$100<t\leqslant 200$	$200<t\leqslant 300$	$t>300$
灯泡数 n_i/只	121	78	43	58

试在显著性水平 $\alpha=0.05$ 下检验假设: 这批灯泡的寿命服从指数分布 Exp(0.005).

解 记 $F_0(x)$ 为指数分布 Exp(0.005) 的分布函数, 考虑假设检验

$$H_0: F(x)=F_0(x);\quad H_1: F(x)\neq F_0(x).$$

若 H_0 为真, 容易求得

$$p_1=P(t\leqslant 100)=0.393,\quad p_2=P(100<t\leqslant 200)=0.239,$$
$$p_3=P(200<t\leqslant 300)=0.145,\quad p_4=P(t>300)=0.223.$$

代入样本数据计算得

$$\chi^2=\sum_{i=1}^{4}\frac{(n_i-np_i)^2}{np_i}=1.825.$$

又查表得 $\chi^2_{0.95}(3)=7.815$. 故样本落在拒绝域之外, 从而接受 H_0. 即这批灯泡的寿命服从指数分布 Exp(0.005). □

7.4.2 独立性检验

拟合优度检验是对一个分类变量的检验, 有时会遇到两个分类变量的问题, 需要考察这两个分类变量是否存在联系. 对于两个分类变量的分析和检验, 称为**独立性检验**, 分析过程可以通过列联表的形式呈现. 列联表是将观测数据按照两个或更多属性分类时所列出的频数表.

设总体中的个体按照两个属性 A 和 B 分类, A 有 r 类 $A_1,\cdots,A_r$, B 有 c 类 $B_1,\cdots,B_c$. 现有来自总体的容量为 n 的样本, 将它们按照所属类别进行分类, 频数列表如表 7.5 所示.

表 7.5 $r\times c$ 列联表

A \ B	1	2	$\cdots$	c	合计
1	n_{11}	n_{12}	$\cdots$	n_{1c}	$n_{1\cdot}$
2	n_{21}	n_{22}	$\cdots$	n_{2c}	$n_{2\cdot}$
$\vdots$	$\vdots$	$\vdots$		$\vdots$	$\vdots$
r	n_{r1}	n_{r2}	$\cdots$	n_{rc}	$n_{r\cdot}$
合计	$n_{\cdot 1}$	$n_{\cdot 2}$	$\cdots$	$n_{\cdot c}$	n

利用列联表可以考察各属性之间有无关联, 即判别两属性是否独立.

记总体为 X, 设

$$p_{ij}=P(X\in A_iB_j),\qquad i=1,\cdots,r,\ j=1,\cdots,c;$$

$$p_{i\cdot}=P(X\in A_i)=\sum_{j=1}^{c}p_{ij},\quad i=1,\cdots,r;$$

$$p_{\cdot j}=P(X\in B_j)=\sum_{i=1}^{r}p_{ij},\quad j=1,\cdots,c.$$

考虑假设检验问题

$$H_0: p_{ij}=p_{i\cdot}\cdot p_{\cdot j},\qquad i=1,\cdots,r,\ j=1,\cdots,c.$$

检验统计量为

$$\chi^2=\sum_{i=1}^{r}\sum_{j=1}^{c}\frac{(n_{ij}-n\hat{p}_{ij})^2}{n\hat{p}_{ij}},$$

其中 $\hat{p}_{ij}$ 是 H_0 为真时 p_{ij} 的最大似然估计, 即

$$\hat{p}_{ij}=\hat{p}_{i\cdot}\cdot\hat{p}_{\cdot j}=\frac{n_{i\cdot}}{n}\cdot\frac{n_{\cdot j}}{n}.$$

当 H_0 为真时, rc 个参数 p_{ij} 由 $r+c$ 个参数 $p_{1\cdot},\cdots,p_{r\cdot}$ 和 $p_{\cdot 1},\cdots,p_{\cdot c}$ 决定, 又因为

$$\sum_{i=1}^{r}p_{i\cdot}=1,\quad \sum_{j=1}^{c}p_{\cdot j}=1,$$

故这 rc 个参数 p_{ij} 实际上由 $r+c-2$ 个独立参数确定. 于是, 在 H_0 为真时, 上述统计量 χ^2 近似服从自由度为 $rc-(r+c-2)-1=(r-1)(c-1)$ 的 χ^2 分布. 故对给定的显著性水平 α, 拒绝域为

$$W=\{\chi^2 \geqslant \chi^2_{1-\alpha}((r-1)(c-1))\}.$$

例 7.4.2 为调查吸烟与患慢性气管炎的关系情况, 现有 339 名 50 岁以上居民的部分数据如表 7.6 所示.

表 7.6

	患慢性气管炎	未患慢性气管炎	总计
吸烟	43	162	205
不吸烟	13	121	134
总计	56	283	339

试问: 吸烟与患慢性气管炎是否有关?(显著性水平 $\alpha=0.05$)

解 考虑假设检验问题 H_0: 吸烟与患慢性气管炎无关.

检验统计量为

$$\chi^2=\sum_{i=1}^{r}\sum_{j=1}^{c}\frac{(n_{ij}-n\hat{p}_{ij})^2}{n\hat{p}_{ij}}=\sum_{i=1}^{2}\sum_{j=1}^{2}\frac{(n_{ij}-n_{i\cdot}n_{\cdot j}/n)^2}{n_{i\cdot}n_{\cdot j}/n},$$

代入数据计算得 $\chi^2=6.674$. 当显著性水平 $\alpha=0.05$ 时, 查表得 $\chi^2_{0.95}(1)=3.841$. 因为 $6.674>3.841$, 故拒绝 H_0, 即认为吸烟与患慢性气管炎有关. □

代码解析 4

第 7 章测试题

参 考 文 献

丁万鼎, 等, 1988. 概率论与数理统计 [M]. 上海: 上海科学技术出版社.

匡继昌, 2004. 常用不等式 [M]. 3 版. 济南: 山东科学技术出版社.

李少辅, 阎国军, 戴军, 等, 2011. 概率论 [M]. 北京: 科学出版社.

李贤平, 2010. 概率论基础 [M]. 3 版. 北京: 高等教育出版社.

茆诗松, 程依明, 濮晓龙, 2011. 概率论与数理统计教程 [M]. 2 版. 北京: 高等教育出版社.

苏淳, 冯群强, 2020. 概率论 [M]. 3 版. 北京: 科学出版社.

周民强, 2008. 实变函数论 [M]. 2 版. 北京: 北京大学出版社.

A. H. 施利亚耶夫, 2008. 概率论习题集 [M]. 苏淳, 译. 北京: 高等教育出版社.

Billingsley P, 1995. Probability and Measure[M]. 3rd ed. New York: John Wiley.

Boccaletti S, Latora V, Moreno Y, et al, 2006. Complex networks: Structure and dynamics[J]. Physics Reports, 424: 175-308.

Bollobás B, 2011. Random Graphs[M]. 2nd ed. Cambridge: Cambridge University Press.

DasGupta A, 2010. Fundamentals of Probability: A First Course[M]. New York: Springer.

DeGroot M H, Schervish M J, 2012. Probability and Statistics[M]. 4th ed. Boston: Pearson Education.

Durrett R, 2013. Probability: Theory and Examples[M]. 4th ed. Cambridge: Cambridge University Press.

Lefebvre M, 2009. Basic Probability Theory with Applications[M]. New York: Springer.

Lin Z Y, Bai Z D, 2010. Probability Inequalities[M]. New York: Springer.

Resnick S I, 2014. A Probability Path[M]. Boston: Birkhäuser.

Sen P K, Singer J, 1993. Large Sample Methods in Statistics: An Introduction with Applications[M]. New York: Chapman and Hall.

附　表

附表 1　泊松分布函数表

$$P(X \leqslant k) = \sum_{i=0}^{k} \frac{\lambda^i}{i!} \mathrm{e}^{-\lambda}$$

k \ λ	0.1	0.2	0.3	0.4	0.5	0.6
0	0.904837	0.818731	0.740818	0.670320	0.606531	0.548812
1	0.995321	0.982477	0.963064	0.938448	0.909796	0.878099
2	0.999845	0.998852	0.996401	0.992074	0.985612	0.976885
3	0.999996	0.999943	0.999734	0.999224	0.998248	0.996642
4	1.000000	0.999998	0.999984	0.999939	0.999828	0.999606
5	1.000000	1.000000	0.999999	0.999996	0.999986	0.999961
6	1.000000	1.000000	1.000000	1.000000	0.999999	0.999997
7	1.000000	1.000000	1.000000	1.000000	1.000000	1.000000

k \ λ	0.7	0.8	0.9	1	1.5	2
0	0.496585	0.449329	0.406570	0.367879	0.223130	0.135335
1	0.844195	0.808792	0.772482	0.735759	0.557825	0.406006
2	0.965858	0.952577	0.937143	0.919699	0.808847	0.676676
3	0.994247	0.990920	0.986541	0.981012	0.934358	0.857123
4	0.999214	0.998589	0.997656	0.996340	0.981424	0.947347
5	0.999910	0.999816	0.999657	0.999406	0.995544	0.983436
6	0.999991	0.999979	0.999957	0.999917	0.999074	0.995466
7	0.999999	0.999998	0.999995	0.999990	0.999830	0.998903
8	1.000000	1.000000	1.000000	0.999999	0.999972	0.999763
9	1.000000	1.000000	1.000000	1.000000	0.999996	0.999954
10	1.000000	1.000000	1.000000	1.000000	0.999999	0.999992
11	1.000000	1.000000	1.000000	1.000000	1.000000	0.999999
12	1.000000	1.000000	1.000000	1.000000	1.000000	1.000000

续表

k \ λ	2.5	3	3.5	4	4.5	5
0	0.082085	0.049787	0.030197	0.018316	0.011109	0.006738
1	0.287297	0.199148	0.135888	0.091578	0.061099	0.040428
2	0.543813	0.423190	0.320847	0.238103	0.173578	0.124652
3	0.757576	0.647232	0.536633	0.433470	0.342296	0.265026
4	0.891178	0.815263	0.725445	0.628837	0.532104	0.440493
5	0.957979	0.916082	0.857614	0.785130	0.702930	0.615961
6	0.985813	0.966491	0.934712	0.889326	0.831051	0.762183
7	0.995753	0.988095	0.973261	0.948866	0.913414	0.866628
8	0.998860	0.996197	0.990126	0.978637	0.959743	0.931906
9	0.999723	0.998898	0.996685	0.991868	0.982907	0.968172
10	0.999938	0.999708	0.998981	0.997160	0.993331	0.986305
11	0.999987	0.999929	0.999711	0.999085	0.997596	0.994547
12	0.999998	0.999984	0.999924	0.999726	0.999195	0.997981
13	1.000000	0.999997	0.999981	0.999924	0.999748	0.999302
14	1.000000	0.999999	0.999996	0.999980	0.999926	0.999774
15	1.000000	1.000000	0.999999	0.999995	0.999980	0.999931
16	1.000000	1.000000	1.000000	0.999999	0.999995	0.999980
17	1.000000	1.000000	1.000000	1.000000	0.999999	0.999995
18	1.000000	1.000000	1.000000	1.000000	1.000000	0.999999
19	1.000000	1.000000	1.000000	1.000000	1.000000	1.000000
20	1.000000	1.000000	1.000000	1.000000	1.000000	1.000000
21	1.000000	1.000000	1.000000	1.000000	1.000000	1.000000
22	1.000000	1.000000	1.000000	1.000000	1.000000	1.000000
23	1.000000	1.000000	1.000000	1.000000	1.000000	1.000000
24	1.000000	1.000000	1.000000	1.000000	1.000000	1.000000
25	1.000000	1.000000	1.000000	1.000000	1.000000	1.000000
26	1.000000	1.000000	1.000000	1.000000	1.000000	1.000000
27	1.000000	1.000000	1.000000	1.000000	1.000000	1.000000
28	1.000000	1.000000	1.000000	1.000000	1.000000	1.000000
29	1.000000	1.000000	1.000000	1.000000	1.000000	1.000000
30	1.000000	1.000000	1.000000	1.000000	1.000000	1.000000

续表

k \ λ	6	7	8	9	10
0	0.002479	0.000912	0.000335	0.000123	0.000045
1	0.017351	0.007295	0.003019	0.001234	0.000499
2	0.061969	0.029636	0.013754	0.006232	0.002769
3	0.151204	0.081765	0.042380	0.021226	0.010336
4	0.285057	0.172992	0.099632	0.054964	0.029253
5	0.445680	0.300708	0.191236	0.115691	0.067086
6	0.606303	0.449711	0.313374	0.206781	0.130141
7	0.743980	0.598714	0.452961	0.323897	0.220221
8	0.847237	0.729091	0.592547	0.455653	0.332820
9	0.916076	0.830496	0.716624	0.587408	0.457930
10	0.957379	0.901479	0.815886	0.705988	0.583040
11	0.979908	0.946650	0.888076	0.803008	0.696776
12	0.991173	0.973000	0.936203	0.875773	0.791556
13	0.996372	0.987189	0.965819	0.926149	0.864464
14	0.998600	0.994283	0.982743	0.958534	0.916542
15	0.999491	0.997593	0.991769	0.977964	0.951260
16	0.999825	0.999042	0.996282	0.988894	0.972958
17	0.999943	0.999638	0.998406	0.994680	0.985722
18	0.999982	0.999870	0.999350	0.997574	0.992813
19	0.999995	0.999956	0.999747	0.998944	0.996546
20	0.999999	0.999986	0.999906	0.999561	0.998412
21	1.000000	0.999995	0.999967	0.999825	0.999300
22	1.000000	0.999999	0.999989	0.999933	0.999704
23	1.000000	1.000000	0.999996	0.999975	0.999880
24	1.000000	1.000000	0.999999	0.999991	0.999953
25	1.000000	1.000000	1.000000	0.999997	0.999982
26	1.000000	1.000000	1.000000	0.999999	0.999994
27	1.000000	1.000000	1.000000	1.000000	0.999998
28	1.000000	1.000000	1.000000	1.000000	0.999999
29	1.000000	1.000000	1.000000	1.000000	1.000000
30	1.000000	1.000000	1.000000	1.000000	1.000000

附表 2　标准正态分布函数表

$$\Phi(x)=\frac{1}{\sqrt{2\pi}}\int_{-\infty}^{x}\mathrm{e}^{-t^2/2}\mathrm{d}t$$

x	0	0.01	0.02	0.03	0.04	0.05	0.06	0.07	0.08	0.09
0.0	0.5000	0.5040	0.5080	0.5120	0.5160	0.5199	0.5239	0.5279	0.5319	0.5359
0.1	0.5398	0.5438	0.5478	0.5517	0.5557	0.5596	0.5636	0.5675	0.5714	0.5753
0.2	0.5793	0.5832	0.5871	0.5910	0.5948	0.5987	0.6026	0.6064	0.6103	0.6141
0.3	0.6179	0.6217	0.6255	0.6293	0.6331	0.6368	0.6406	0.6443	0.6480	0.6517
0.4	0.6554	0.6591	0.6628	0.6664	0.6700	0.6736	0.6772	0.6808	0.6844	0.6879
0.5	0.6915	0.6950	0.6985	0.7019	0.7054	0.7088	0.7123	0.7157	0.7190	0.7224
0.6	0.7257	0.7291	0.7324	0.7357	0.7389	0.7422	0.7454	0.7486	0.7517	0.7549
0.7	0.7580	0.7611	0.7642	0.7673	0.7704	0.7734	0.7764	0.7794	0.7823	0.7852
0.8	0.7881	0.7910	0.7939	0.7967	0.7995	0.8023	0.8051	0.8078	0.8106	0.8133
0.9	0.8159	0.8186	0.8212	0.8238	0.8264	0.8289	0.8315	0.8340	0.8365	0.8389
1.0	0.8413	0.8438	0.8461	0.8485	0.8508	0.8531	0.8554	0.8577	0.8599	0.8621
1.1	0.8643	0.8665	0.8686	0.8708	0.8729	0.8749	0.8770	0.8790	0.8810	0.8830
1.2	0.8849	0.8869	0.8888	0.8907	0.8925	0.8944	0.8962	0.8980	0.8997	0.9015
1.3	0.9032	0.9049	0.9066	0.9082	0.9099	0.9115	0.9131	0.9147	0.9162	0.9177
1.4	0.9192	0.9207	0.9222	0.9236	0.9251	0.9265	0.9279	0.9292	0.9306	0.9319
1.5	0.9332	0.9345	0.9357	0.9370	0.9382	0.9394	0.9406	0.9418	0.9429	0.9441
1.6	0.9452	0.9463	0.9474	0.9484	0.9495	0.9505	0.9515	0.9525	0.9535	0.9545
1.7	0.9554	0.9564	0.9573	0.9582	0.9591	0.9599	0.9608	0.9616	0.9625	0.9633
1.8	0.9641	0.9649	0.9656	0.9664	0.9671	0.9678	0.9686	0.9693	0.9699	0.9706
1.9	0.9713	0.9719	0.9726	0.9732	0.9738	0.9744	0.9750	0.9756	0.9761	0.9767
2.0	0.9772	0.9778	0.9783	0.9788	0.9793	0.9798	0.9803	0.9808	0.9812	0.9817
2.1	0.9821	0.9826	0.9830	0.9834	0.9838	0.9842	0.9846	0.9850	0.9854	0.9857
2.2	0.9861	0.9864	0.9868	0.9871	0.9875	0.9878	0.9881	0.9884	0.9887	0.9890
2.3	0.9893	0.9896	0.9898	0.9901	0.9904	0.9906	0.9909	0.9911	0.9913	0.9916
2.4	0.9918	0.9920	0.9922	0.9925	0.9927	0.9929	0.9931	0.9932	0.9934	0.9936
2.5	0.9938	0.9940	0.9941	0.9943	0.9945	0.9946	0.9948	0.9949	0.9951	0.9952
2.6	0.9953	0.9955	0.9956	0.9957	0.9959	0.9960	0.9961	0.9962	0.9963	0.9964
2.7	0.9965	0.9966	0.9967	0.9968	0.9969	0.9970	0.9971	0.9972	0.9973	0.9974
2.8	0.9974	0.9975	0.9976	0.9977	0.9977	0.9978	0.9979	0.9979	0.9980	0.9981
2.9	0.9981	0.9982	0.9982	0.9983	0.9984	0.9984	0.9985	0.9985	0.9986	0.9986
3.0	0.9987	0.9987	0.9987	0.9988	0.9988	0.9989	0.9989	0.9990	0.9990	0.9990

附表 3 χ^2 分布 $1-\alpha$ 分位数表

$$P(\chi^2 > \chi^2_{1-\alpha}(n)) = \alpha$$

n \ α	0.005	0.01	0.025	0.05	0.10	0.90	0.95	0.975	0.99	0.995
1	7.8794	6.6349	5.0239	3.8415	2.7055	0.0158	0.0039	0.0010	0.0002	0.0000
2	10.5966	9.2103	7.3778	5.9915	4.6052	0.2107	0.1026	0.0506	0.0201	0.0100
3	12.8382	11.3449	9.3484	7.8147	6.2514	0.5844	0.3518	0.2158	0.1148	0.0717
4	14.8603	13.2767	11.1433	9.4877	7.7794	1.0636	0.7107	0.4844	0.2971	0.2070
5	16.7496	15.0863	12.8325	11.0705	9.2364	1.6103	1.1455	0.8312	0.5543	0.4117
6	18.5476	16.8119	14.4494	12.5916	10.6446	2.2041	1.6354	1.2373	0.8721	0.6757
7	20.2777	18.4753	16.0128	14.0671	12.0170	2.8331	2.1673	1.6899	1.2390	0.9893
8	21.9550	20.0902	17.5345	15.5073	13.3616	3.4895	2.7326	2.1797	1.6465	1.3444
9	23.5894	21.6660	19.0228	16.9190	14.6837	4.1682	3.3251	2.7004	2.0879	1.7349
10	25.1882	23.2093	20.4832	18.3070	15.9872	4.8652	3.9403	3.2470	2.5582	2.1559
11	26.7568	24.7250	21.9200	19.6751	17.2750	5.5778	4.5748	3.8157	3.0535	2.6032
12	28.2995	26.2170	23.3367	21.0261	18.5493	6.3038	5.2260	4.4038	3.5706	3.0738
13	29.8195	27.6882	24.7356	22.3620	19.8119	7.0415	5.8919	5.0088	4.1069	3.5650
14	31.3193	29.1412	26.1189	23.6848	21.0641	7.7895	6.5706	5.6287	4.6604	4.0747
15	32.8013	30.5779	27.4884	24.9958	22.3071	8.5468	7.2609	6.2621	5.2293	4.6009
16	34.2672	31.9999	28.8454	26.2962	23.5418	9.3122	7.9616	6.9077	5.8122	5.1422
17	35.7185	33.4087	30.1910	27.5871	24.7690	10.0852	8.6718	7.5642	6.4078	5.6972
18	37.1565	34.8053	31.5264	28.8693	25.9894	10.8649	9.3905	8.2307	7.0149	6.2648
19	38.5823	36.1909	32.8523	30.1435	27.2036	11.6509	10.1170	8.9065	7.6327	6.8440
20	39.9968	37.5662	34.1696	31.4104	28.4120	12.4426	10.8508	9.5908	8.2604	7.4338
21	41.4011	38.9322	35.4789	32.6706	29.6151	13.2396	11.5913	10.2829	8.8972	8.0337
22	42.7957	40.2894	36.7807	33.9244	30.8133	14.0415	12.3380	10.9823	9.5425	8.6427
23	44.1813	41.6384	38.0756	35.1725	32.0069	14.8480	13.0905	11.6886	10.1957	9.2604
24	45.5585	42.9798	39.3641	36.4150	33.1962	15.6587	13.8484	12.4012	10.8564	9.8862
25	46.9279	44.3141	40.6465	37.6525	34.3816	16.4734	14.6114	13.1197	11.5240	10.5197
26	48.2899	45.6417	41.9232	38.8851	35.5632	17.2919	15.3792	13.8439	12.1981	11.1602
27	49.6449	46.9629	43.1945	40.1133	36.7412	18.1139	16.1514	14.5734	12.8785	11.8076
28	50.9934	48.2782	44.4608	41.3371	37.9159	18.9392	16.9279	15.3079	13.5647	12.4613
29	52.3356	49.5879	45.7223	42.5570	39.0875	19.7677	17.7084	16.0471	14.2565	13.1211
30	53.6720	50.8922	46.9792	43.7730	40.2560	20.5992	18.4927	16.7908	14.9535	13.7867

附表 4　t 分布 $1-\alpha$ 分位数表

$$P(t > t_{1-\alpha}(n)) = \alpha$$

n \ α	0.005	0.01	0.025	0.05	0.10	0.25
1	63.6567	31.8205	12.7062	6.3138	3.0777	1.0000
2	9.9248	6.9646	4.3027	2.9200	1.8856	0.8165
3	5.8409	4.5407	3.1824	2.3534	1.6377	0.7649
4	4.6041	3.7469	2.7764	2.1318	1.5332	0.7407
5	4.0321	3.3649	2.5706	2.0150	1.4759	0.7267
6	3.7074	3.1427	2.4469	1.9432	1.4398	0.7176
7	3.4995	2.9980	2.3646	1.8946	1.4149	0.7111
8	3.3554	2.8965	2.3060	1.8595	1.3968	0.7064
9	3.2498	2.8214	2.2622	1.8331	1.3830	0.7027
10	3.1693	2.7638	2.2281	1.8125	1.3722	0.6998
11	3.1058	2.7181	2.2010	1.7959	1.3634	0.6974
12	3.0545	2.6810	2.1788	1.7823	1.3562	0.6955
13	3.0123	2.6503	2.1604	1.7709	1.3502	0.6938
14	2.9768	2.6245	2.1448	1.7613	1.3450	0.6924
15	2.9467	2.6025	2.1314	1.7531	1.3406	0.6912
16	2.9208	2.5835	2.1199	1.7459	1.3368	0.6901
17	2.8982	2.5669	2.1098	1.7396	1.3334	0.6892
18	2.8784	2.5524	2.1009	1.7341	1.3304	0.6884
19	2.8609	2.5395	2.0930	1.7291	1.3277	0.6876
20	2.8453	2.5280	2.0860	1.7247	1.3253	0.6870
21	2.8314	2.5176	2.0796	1.7207	1.3232	0.6864
22	2.8188	2.5083	2.0739	1.7171	1.3212	0.6858
23	2.8073	2.4999	2.0687	1.7139	1.3195	0.6853
24	2.7969	2.4922	2.0639	1.7109	1.3178	0.6848
25	2.7874	2.4851	2.0595	1.7081	1.3163	0.6844
26	2.7787	2.4786	2.0555	1.7056	1.3150	0.6840
27	2.7707	2.4727	2.0518	1.7033	1.3137	0.6837
28	2.7633	2.4671	2.0484	1.7011	1.3125	0.6834
29	2.7564	2.4620	2.0452	1.6991	1.3114	0.6830
30	2.7500	2.4573	2.0423	1.6973	1.3104	0.6828
31	2.7440	2.4528	2.0395	1.6955	1.3095	0.6825
32	2.7385	2.4487	2.0369	1.6939	1.3086	0.6822
33	2.7333	2.4448	2.0345	1.6924	1.3077	0.6820
34	2.7284	2.4411	2.0322	1.6909	1.3070	0.6818
35	2.7238	2.4377	2.0301	1.6896	1.3062	0.6816
36	2.7195	2.4345	2.0281	1.6883	1.3055	0.6814
37	2.7154	2.4314	2.0262	1.6871	1.3049	0.6812
38	2.7116	2.4286	2.0244	1.6860	1.3042	0.6810
39	2.7079	2.4258	2.0227	1.6849	1.3036	0.6808
40	2.7045	2.4233	2.0211	1.6839	1.3031	0.6807

附表 5 F 分布 0.90 分位数表

$$P(F > F_{0.90}(m,n)) = 0.10$$

n / m	1	2	3	4	5	6	7	8	9	10	12	15	20	24	30	40	60	120	$+\infty$
1	39.86	8.53	5.54	4.54	4.06	3.78	3.59	3.46	3.36	3.29	3.18	3.07	2.97	2.93	2.88	2.84	2.79	2.75	2.71
2	49.50	9.00	5.46	4.32	3.78	3.46	3.26	3.11	3.01	2.92	2.81	2.70	2.59	2.54	2.49	2.44	2.39	2.35	2.30
3	53.59	9.16	5.39	4.19	3.62	3.29	3.07	2.92	2.81	2.73	2.61	2.49	2.38	2.33	2.28	2.23	2.18	2.13	2.08
4	55.83	9.24	5.34	4.11	3.52	3.18	2.96	2.81	2.69	2.61	2.48	2.36	2.25	2.19	2.14	2.09	2.04	1.99	1.95
5	57.24	9.29	5.31	4.05	3.45	3.11	2.88	2.73	2.61	2.52	2.39	2.27	2.16	2.10	2.05	2.00	1.95	1.90	1.85
6	58.20	9.33	5.28	4.01	3.40	3.05	2.83	2.67	2.55	2.46	2.33	2.21	2.09	2.04	1.98	1.93	1.87	1.82	1.77
7	58.91	9.35	5.27	3.98	3.37	3.01	2.78	2.62	2.51	2.41	2.28	2.16	2.04	1.98	1.93	1.87	1.82	1.77	1.72
8	59.44	9.37	5.25	3.95	3.34	2.98	2.75	2.59	2.47	2.38	2.24	2.12	2.00	1.94	1.88	1.83	1.77	1.72	1.67
9	59.86	9.38	5.24	3.94	3.32	2.96	2.72	2.56	2.44	2.35	2.21	2.09	1.96	1.91	1.85	1.79	1.74	1.68	1.63
10	60.19	9.39	5.23	3.92	3.30	2.94	2.70	2.54	2.42	2.32	2.19	2.06	1.94	1.88	1.82	1.76	1.71	1.65	1.60
12	60.71	9.41	5.22	3.90	3.27	2.90	2.67	2.50	2.38	2.28	2.15	2.02	1.89	1.83	1.77	1.71	1.66	1.60	1.55
15	61.22	9.42	5.20	3.87	3.24	2.87	2.63	2.46	2.34	2.24	2.10	1.97	1.84	1.78	1.72	1.66	1.60	1.55	1.49
20	61.74	9.44	5.18	3.84	3.21	2.84	2.59	2.42	2.30	2.20	2.06	1.92	1.79	1.73	1.67	1.61	1.54	1.48	1.42
24	62.00	9.45	5.18	3.83	3.19	2.82	2.58	2.40	2.28	2.18	2.04	1.90	1.77	1.70	1.64	1.57	1.51	1.45	1.38
30	62.26	9.46	5.17	3.82	3.17	2.80	2.56	2.38	2.25	2.16	2.01	1.87	1.74	1.67	1.61	1.54	1.48	1.41	1.34
40	62.53	9.47	5.16	3.80	3.16	2.78	2.54	2.36	2.23	2.13	1.99	1.85	1.71	1.64	1.57	1.51	1.44	1.37	1.30
60	62.79	9.47	5.15	3.79	3.14	2.76	2.51	2.34	2.21	2.11	1.96	1.82	1.68	1.61	1.54	1.47	1.40	1.32	1.24
120	63.06	9.48	5.14	3.78	3.12	2.74	2.49	2.32	2.18	2.08	1.93	1.79	1.64	1.57	1.50	1.42	1.35	1.26	1.17
$+\infty$	63.33	9.49	5.13	3.76	3.11	2.72	2.47	2.29	2.16	2.06	1.90	1.76	1.61	1.53	1.46	1.38	1.29	1.19	1.01

附表 6 F 分布 0.95 分位数表

$$P(F > F_{0.95}(m,n)) = 0.05$$

m \ n	1	2	3	4	5	6	7	8	9	10	12	15	20	24	30	40	60	120	$+\infty$
1	161.45	18.51	10.13	7.71	6.61	5.99	5.59	5.32	5.12	4.96	4.75	4.54	4.35	4.26	4.17	4.08	4.00	3.92	3.84
2	199.50	19.00	9.55	6.94	5.79	5.14	4.74	4.46	4.26	4.10	3.89	3.68	3.49	3.40	3.32	3.23	3.15	3.07	3.00
3	215.71	19.16	9.28	6.59	5.41	4.76	4.35	4.07	3.86	3.71	3.49	3.29	3.10	3.01	2.92	2.84	2.76	2.68	2.61
4	224.58	19.25	9.12	6.39	5.19	4.53	4.12	3.84	3.63	3.48	3.26	3.06	2.87	2.78	2.69	2.61	2.53	2.45	2.37
5	230.16	19.30	9.01	6.26	5.05	4.39	3.97	3.69	3.48	3.33	3.11	2.90	2.71	2.62	2.53	2.45	2.37	2.29	2.21
6	233.99	19.33	8.94	6.16	4.95	4.28	3.87	3.58	3.37	3.22	3.00	2.79	2.60	2.51	2.42	2.34	2.25	2.18	2.10
7	236.77	19.35	8.89	6.09	4.88	4.21	3.79	3.50	3.29	3.14	2.91	2.71	2.51	2.42	2.33	2.25	2.17	2.09	2.01
8	238.88	19.37	8.85	6.04	4.82	4.15	3.73	3.44	3.23	3.07	2.85	2.64	2.45	2.36	2.27	2.18	2.10	2.02	1.94
9	240.54	19.38	8.81	6.00	4.77	4.10	3.68	3.39	3.18	3.02	2.80	2.59	2.39	2.30	2.21	2.12	2.04	1.96	1.88
10	241.88	19.40	8.79	5.96	4.74	4.06	3.64	3.35	3.14	2.98	2.75	2.54	2.35	2.25	2.16	2.08	1.99	1.91	1.83
12	243.91	19.41	8.74	5.91	4.68	4.00	3.57	3.28	3.07	2.91	2.69	2.48	2.28	2.18	2.09	2.00	1.92	1.83	1.75
15	245.95	19.43	8.70	5.86	4.62	3.94	3.51	3.22	3.01	2.85	2.62	2.40	2.20	2.11	2.01	1.92	1.84	1.75	1.67
20	248.01	19.45	8.66	5.80	4.56	3.87	3.44	3.15	2.94	2.77	2.54	2.33	2.12	2.03	1.93	1.84	1.75	1.66	1.57
24	249.05	19.45	8.64	5.77	4.53	3.84	3.41	3.12	2.90	2.74	2.51	2.29	2.08	1.98	1.89	1.79	1.70	1.61	1.52
30	250.10	19.46	8.62	5.75	4.50	3.81	3.38	3.08	2.86	2.70	2.47	2.25	2.04	1.94	1.84	1.74	1.65	1.55	1.46
40	251.14	19.47	8.59	5.72	4.46	3.77	3.34	3.04	2.83	2.66	2.43	2.20	1.99	1.89	1.79	1.69	1.59	1.50	1.39
60	252.20	19.48	8.57	5.69	4.43	3.74	3.30	3.01	2.79	2.62	2.38	2.16	1.95	1.84	1.74	1.64	1.53	1.43	1.32
120	253.25	19.49	8.55	5.66	4.40	3.70	3.27	2.97	2.75	2.58	2.34	2.11	1.90	1.79	1.68	1.58	1.47	1.35	1.22
$+\infty$	254.31	19.50	8.53	5.63	4.37	3.67	3.23	2.93	2.71	2.54	2.30	2.07	1.84	1.73	1.62	1.51	1.39	1.25	1.02

附表 7 F 分布 0.975 分位数表

$$P(F > F_{0.975}(m,n)) = 0.025$$

m \ n	1	2	3	4	5	6	7	8	9	10	12	15	20	24	30	40	60	120	$+\infty$
1	647.79	38.51	17.44	12.22	10.01	8.81	8.07	7.57	7.21	6.94	6.55	6.20	5.87	5.72	5.57	5.42	5.29	5.15	5.02
2	799.50	39.00	16.04	10.65	8.43	7.26	6.54	6.06	5.71	5.46	5.10	4.77	4.46	4.32	4.18	4.05	3.93	3.80	3.69
3	864.16	39.17	15.44	9.98	7.76	6.60	5.89	5.42	5.08	4.83	4.47	4.15	3.86	3.72	3.59	3.46	3.34	3.23	3.12
4	899.58	39.25	15.10	9.60	7.39	6.23	5.52	5.05	4.72	4.47	4.12	3.80	3.51	3.38	3.25	3.13	3.01	2.89	2.79
5	921.85	39.30	14.88	9.36	7.15	5.99	5.29	4.82	4.48	4.24	3.89	3.58	3.29	3.15	3.03	2.90	2.79	2.67	2.57
6	937.11	39.33	14.73	9.20	6.98	5.82	5.12	4.65	4.32	4.07	3.73	3.41	3.13	2.99	2.87	2.74	2.63	2.52	2.41
7	948.22	39.36	14.62	9.07	6.85	5.70	4.99	4.53	4.20	3.95	3.61	3.29	3.01	2.87	2.75	2.62	2.51	2.39	2.29
8	956.66	39.37	14.54	8.98	6.76	5.60	4.90	4.43	4.10	3.85	3.51	3.20	2.91	2.78	2.65	2.53	2.41	2.30	2.19
9	963.28	39.39	14.47	8.90	6.68	5.52	4.82	4.36	4.03	3.78	3.44	3.12	2.84	2.70	2.57	2.45	2.33	2.22	2.11
10	968.63	39.40	14.42	8.84	6.62	5.46	4.76	4.30	3.96	3.72	3.37	3.06	2.77	2.64	2.51	2.39	2.27	2.16	2.05
12	976.71	39.41	14.34	8.75	6.52	5.37	4.67	4.20	3.87	3.62	3.28	2.96	2.68	2.54	2.41	2.29	2.17	2.05	1.95
15	984.87	39.43	14.25	8.66	6.43	5.27	4.57	4.10	3.77	3.52	3.18	2.86	2.57	2.44	2.31	2.18	2.06	1.94	1.83
20	993.10	39.45	14.17	8.56	6.33	5.17	4.47	4.00	3.67	3.42	3.07	2.76	2.46	2.33	2.20	2.07	1.94	1.82	1.71
24	997.25	39.46	14.12	8.51	6.28	5.12	4.41	3.95	3.61	3.37	3.02	2.70	2.41	2.27	2.14	2.01	1.88	1.76	1.64
30	1001.41	39.46	14.08	8.46	6.23	5.07	4.36	3.89	3.56	3.31	2.96	2.64	2.35	2.21	2.07	1.94	1.82	1.69	1.57
40	1005.60	39.47	14.04	8.41	6.18	5.01	4.31	3.84	3.51	3.26	2.91	2.59	2.29	2.15	2.01	1.88	1.74	1.61	1.48
60	1009.80	39.48	13.99	8.36	6.12	4.96	4.25	3.78	3.45	3.20	2.85	2.52	2.22	2.08	1.94	1.80	1.67	1.53	1.39
120	1014.02	39.49	13.95	8.31	6.07	4.90	4.20	3.73	3.39	3.14	2.79	2.46	2.16	2.01	1.87	1.72	1.58	1.43	1.27
$+\infty$	1018.24	39.50	13.90	8.26	6.02	4.85	4.14	3.67	3.33	3.08	2.73	2.40	2.09	1.94	1.79	1.64	1.48	1.31	1.02

附表 8 F 分布 0.99 分位数表

$$P(F > F_{0.99}(m,n)) = 0.01$$

m \ n	1	2	3	4	5	6	7	8	9	10	12	15	20	24	30	40	60	120	$+\infty$
1	4052.18	98.50	34.12	21.20	16.26	13.75	12.25	11.26	10.56	10.04	9.33	8.68	8.10	7.82	7.56	7.31	7.08	6.85	6.64
2	4999.50	99.00	30.82	18.00	13.27	10.92	9.55	8.65	8.02	7.56	6.93	6.36	5.85	5.61	5.39	5.18	4.98	4.79	4.61
3	5403.35	99.17	29.46	16.69	12.06	9.78	8.45	7.59	6.99	6.55	5.95	5.42	4.94	4.72	4.51	4.31	4.13	3.95	3.78
4	5624.58	99.25	28.71	15.98	11.39	9.15	7.85	7.01	6.42	5.99	5.41	4.89	4.43	4.22	4.02	3.83	3.65	3.48	3.32
5	5763.65	99.30	28.24	15.52	10.97	8.75	7.46	6.63	6.06	5.64	5.06	4.56	4.10	3.90	3.70	3.51	3.34	3.17	3.02
6	5858.99	99.33	27.91	15.21	10.67	8.47	7.19	6.37	5.80	5.39	4.82	4.32	3.87	3.67	3.47	3.29	3.12	2.96	2.80
7	5928.36	99.36	27.67	14.98	10.46	8.26	6.99	6.18	5.61	5.20	4.64	4.14	3.70	3.50	3.30	3.12	2.95	2.79	2.64
8	5981.07	99.37	27.49	14.80	10.29	8.10	6.84	6.03	5.47	5.06	4.50	4.00	3.56	3.36	3.17	2.99	2.82	2.66	2.51
9	6022.47	99.39	27.35	14.66	10.16	7.98	6.72	5.91	5.35	4.94	4.39	3.89	3.46	3.26	3.07	2.89	2.72	2.56	2.41
10	6055.85	99.40	27.23	14.55	10.05	7.87	6.62	5.81	5.26	4.85	4.30	3.80	3.37	3.17	2.98	2.80	2.63	2.47	2.32
12	6106.32	99.42	27.05	14.37	9.89	7.72	6.47	5.67	5.11	4.71	4.16	3.67	3.23	3.03	2.84	2.66	2.50	2.34	2.19
15	6157.28	99.43	26.87	14.20	9.72	7.56	6.31	5.52	4.96	4.56	4.01	3.52	3.09	2.89	2.70	2.52	2.35	2.19	2.04
20	6208.73	99.45	26.69	14.02	9.55	7.40	6.16	5.36	4.81	4.41	3.86	3.37	2.94	2.74	2.55	2.37	2.20	2.03	1.88
24	6234.63	99.46	26.60	13.93	9.47	7.31	6.07	5.28	4.73	4.33	3.78	3.29	2.86	2.66	2.47	2.29	2.12	1.95	1.79
30	6260.65	99.47	26.50	13.84	9.38	7.23	5.99	5.20	4.65	4.25	3.70	3.21	2.78	2.58	2.39	2.20	2.03	1.86	1.70
40	6286.78	99.47	26.41	13.75	9.29	7.14	5.91	5.12	4.57	4.17	3.62	3.13	2.69	2.49	2.30	2.11	1.94	1.76	1.59
60	6313.03	99.48	26.32	13.65	9.20	7.06	5.82	5.03	4.48	4.08	3.54	3.05	2.61	2.40	2.21	2.02	1.84	1.66	1.47
120	6339.39	99.49	26.22	13.56	9.11	6.97	5.74	4.95	4.40	4.00	3.45	2.96	2.52	2.31	2.11	1.92	1.73	1.53	1.33
$+\infty$	6365.76	99.50	26.13	13.46	9.02	6.88	5.65	4.86	4.31	3.91	3.36	2.87	2.42	2.21	2.01	1.81	1.60	1.38	1.03